2019年江苏省高等学校重点教材
高等职业院校精品教材系列

创新思维与实战训练

主编 金明 王书旺
副主编 聂佰玲 顾纪铭
主审 于宝明

电子工业出版社
Publishing House of Electronics Industry
北京·BEIJING

内 容 简 介

本书根据理工类专业就业岗位所需的创新能力调查报告，组织专家研讨，选取感受创新训练、创新思维方法训练、创新技法训练和专利文件撰写与申请训练等典型训练项目，整合理工类专业领域创新训练基本技能，构建"创新思维方法与实践"课程后编写。全书在多个典型创新训练任务引领下，系统地介绍了创新思维方法的原理、技法及专利撰写方法等，重点强调尊重思维规律来培养学生感受问题、产生创新冲动、收集与整理信息、制订创新计划、实施创新项目和撰写专利申请书等职业创新能力。

本书为高等职业本科、专科院校创新能力训练课程的教材，也可作为开放大学、成人教育、自学考试、中职学校、培训班的教材，以及自主创新创业人员的参考书。

未经许可，不得以任何方式复制或抄袭本书之部分或全部内容。
版权所有，侵权必究。

图书在版编目（CIP）数据

创新思维与实战训练 / 金明，王书旺主编. —北京：电子工业出版社，2023.12
高等职业院校精品教材系列
ISBN 978-7-121-37859-1

Ⅰ. ①创… Ⅱ. ①金… ②王… Ⅲ. ①创造性思维－高等职业教育－教材 Ⅳ. ①B804.4

中国版本图书馆 CIP 数据核字（2019）第 252411 号

责任编辑：陈健德（E-mail:chenjd@phei.com.cn）
文字编辑：赵　娜
印　　刷：北京天宇星印刷厂
装　　订：北京天宇星印刷厂
出版发行：电子工业出版社
　　　　　北京市海淀区万寿路 173 信箱　邮编 100036
开　　本：787×1 092　1/16　印张：13　字数：333 千字
版　　次：2023 年 12 月第 1 版
印　　次：2023 年 12 月第 1 次印刷
定　　价：48.00 元

凡所购买电子工业出版社图书有缺损问题，请向购买书店调换。若书店售缺，请与本社发行部联系，联系及邮购电话：（010）88254888，88258888。
质量投诉请发邮件至 zlts@phei.com.cn，盗版侵权举报请发邮件至 dbqq@phei.com.cn。
本书咨询联系方式：chenjd@phei.com.cn。

前 言

创新是民族的灵魂，是国家兴旺发达的不竭动力，充满竞争并飞速发展的 21 世纪更是一个创造性思维的时代。著名教育家泰勒说："创造力不仅仅对科技进步有影响，更对国家乃至全世界都有重要的影响。哪个国家能最大限度地发现、发展、鼓励人民的潜在创造性，哪个国家在世界上就处于十分重要的地位。"由此可见，在知识经济时代，创新才是灵魂和支柱，离开了知识创新和技术创新就不会有知识经济。对一个国家来说，培养大批创造型人才是要解决的最重要的问题之一。

高职学生应该是最具创新意识和创新能力的群体之一，可现实是，由于传统的教育方法及各种原因，高职学生变成了最缺乏、最需要提高创新思维的群体之一。

不少学生总会这样问自己：别人能想到好点子、别人能创新，我怎么就不能呢？

聪明的人在想什么？他们怎么想？我能不能变成一个聪明的人？

……

其实，这就是创新能力的差异。创新能力是人在发现问题、分析问题、解决问题时思维和思路的变化，它使人进一步发现新问题并不断推动事物发展。人人都羡慕达·芬奇、爱迪生、爱因斯坦拥有无与伦比的创造灵感，每个人也都希望自己拥有良好的创造力，能够经常产生与众不同的创意。无数的事实证明，世界上绝大多数人都拥有一定的创新天赋，但多数人并没有有效地将其挖掘出来。也就是说，创造力是可以培养的，创新思维也是可以改变的，任何人都可以通过后天的努力变得聪明，改变命运并获得成功。

本书提出了一系列创新思维的法则和创新思路，能让学生找到一条适合自己的创新思维方法，体会思维变化所具有的非凡魔力，在不知不觉中提高自己的创新能力。

本书由南京信息职业技术学院金明、王书旺担任主编，南京信息职业技术学院聂佰玲、钛能科技有限公司顾纪铭担任副主编，南京信息职业技术学院段维嘉参与编写。在编写本书的过程中，编者得到了多位专家、教师、企业工程技术人员的指导，在此表示衷心的感谢，同时，对参考文献、网站的作者和资源库的建设者一并表示感谢，对关心、帮助本书编写、出版、发行的各位同志也表示衷心的谢意。

由于编者水平有限，书中疏漏与不妥之处在所难免，敬请有关专家和读者批评指正。

本书配有免费的电子教学课件、专利文书等资源，请有此需要的教师登录华信教育资源网（http://www.hxedu.com.cn）免费注册后进行下载。如果有问题，请在网站留言或与电子工业出版社联系（E-mail：hxedu@phei.com.cn）。

编 者

目 录

绪论 ··· 1
    一、课程内容的设计 ·· 1
    二、课程目标的设计 ·· 1
    三、课程教学内容的设计与评价 ··· 2
    四、教学建议 ··· 3

项目一   感受创新训练 ·· 4
    一、感受问题与创新冲动 ··· 6
    二、信息收集与处理 ·· 8
    三、制订创新计划 ··· 18
    四、创新实施 ··· 23
    五、专利文件撰写 ··· 24
    六、检验评估 ··· 29

项目二   创新思维方法训练 ··· 33
    任务 2.1   发散思维方法训练 ·· 34
        一、感受问题与创新冲动 ·· 35
        二、信息收集与处理 ·· 36
        三、案例分析 ··· 45
        四、自我训练 ··· 46
        五、检验评估 ··· 51
    任务 2.2   收敛思维方法训练 ·· 55
        一、感受问题与创新冲动 ·· 56
        二、信息收集与处理 ·· 57
        三、案例分析 ··· 61
        四、自我训练 ··· 62
        五、检验评估 ··· 67
    任务 2.3   形象思维方法训练 ·· 69
        一、感受问题与创新冲动 ·· 69
        二、信息收集与处理 ·· 71
        三、案例分析 ··· 76
        四、自我训练 ··· 79
        五、检验评估 ··· 85
    任务 2.4   逻辑思维方法训练 ·· 88
        一、感受问题与创新冲动 ·· 89
        二、信息收集与处理 ·· 91
        三、案例分析 ··· 95
        四、自我训练 ··· 100

　　　　五、检验评估 ··· 104

项目三　创新技法训练 ··· 110
　　一、多向思维 ·· 110
　　二、注意观察 ·· 112
　　三、相互组合 ·· 113
　　四、模仿发明 ·· 114
　　任务3.1　设问法创新训练 ··· 116
　　　　一、感受问题与创新冲动 ··· 116
　　　　二、信息收集与处理 ··· 119
　　　　三、案例分析 ··· 125
　　　　四、自我训练 ··· 128
　　　　五、检验评估 ··· 134
　　任务3.2　移植法创新训练 ··· 136
　　　　一、感受问题与创新冲动 ··· 137
　　　　二、信息收集与处理 ··· 139
　　　　三、案例分析 ··· 143
　　　　四、创新实施 ··· 146
　　　　五、检验评估 ··· 154
　　任务3.3　组合法创新训练 ··· 155
　　　　一、感受问题与创新冲动 ··· 156
　　　　二、信息收集与处理 ··· 157
　　　　三、案例分析 ··· 161
　　　　四、创新实施 ··· 164
　　　　五、检验评估 ··· 169
　　任务3.4　列举法创新训练 ··· 171
　　　　一、感受问题与创新冲动 ··· 171
　　　　二、信息收集与处理 ··· 173
　　　　三、案例分析 ··· 177
　　　　四、自我训练 ··· 179
　　　　五、检验评估 ··· 186

项目四　专利文件撰写与申请训练 ··· 188
　　一、创新发明的特点与属性 ·· 188
　　二、创新发明的程序 ·· 189
　　三、申请前的准备 ··· 192
　　四、专利文档撰写 ··· 193
　　五、专利提交与费用 ·· 201

参考文献 ·· 202

绪　论

一、课程内容的设计

本课程设有感受创新训练、创新思维方法训练、创新技法训练三个教学训练项目，内容包括多个典型训练任务，最后设有一个学生自学的专利文件撰写与申请训练项目。本课程的具体教学安排建议如表 0-1 所示。

表 0-1　本课程的具体教学安排建议

项目名称	典型训练任务	课时分配
感受创新训练	感受创新训练	2
创新思维方法训练	发散思维方法训练	2
	收敛思维方法训练	2
	形象思维方法训练	2
	逻辑思维方法训练	2
创新技法训练	设问法创新训练	4
	移植法创新训练	4
	组合法创新训练	4
	列举法创新训练	4
专利文件撰写与申请训练	专利文件撰写与申请训练	4

扫一扫看本课程电子教案

扫一扫看本课程教学大纲

二、课程目标的设计

本课程的目标设计，如表 0-2 所示。

表 0-2　本课程的目标设计

核心能力	本课程对应核心能力的比例分配	教学目标
E 终身学习：具备终身学习意识和自主学习能力	10%	EOB1：能够根据课前学习任务单、学习训练要求等，自主完成学习任务
F 沟通合作：尊重多元观点，能够与他人进行有效的交流；具备全局观念，能够与团队其他成员进行良好协作	10%	FOB1：能够尊重小组成员的不同观点
		FOB2：能够与他人进行有效沟通与交流，在技术团队中能够很好地履行自身角色的职责
		FOB3：能够清晰表达，通过文档、PPT 等多种形式展示任务完成情况
H：具备创新意识，了解基本的创新方法	80%	HOB1：找到问题并运用创新性思维思考解决方案
		HOB2：了解延伸法、扩展法等基本的创新方法
		HOB3：能够展现创造性和创新性，工作积极主动
合计	100%	

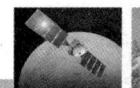

三、课程教学内容的设计与评价

本课程教学内容的设计与评价，如表 0-3 所示。

表 0-3 本课程教学内容的设计与评价

项目名称	教学内容	学时 理论	学时 实践	教学方式	评价方式
感受创新训练	1．组织学生观看创新产品，感受创新的力量； 2．讲解当今时代特征，分析与比较创新带来的社会变革； 3．组织学生重点研习创新思维的障碍，以及克服障碍的方法	2	0	现场教学	提交创新观后感报告（100%）
创新思维方法训练	1．介绍创新思维方法的概念、特点和内涵； 2．介绍信息收集与处理的方法； 3．组织学生分组讨论创新思维的方法； 4．各种思维方法的案例分析； 5．各种思维方法训练	4	4	翻转课堂 项目式教学 分组学习	小组讨论展示（40%） 完成创新思维训练的效果（60%）
创新技法训练	1．介绍创新技法的基本知识； 2．组织学生分组分析与讨论创新案例； 3．听取学生分组汇报调研成果，进行点评； 4．组织学生分组进行创新实践训练	8	8	翻转课堂 分组学习	小组讨论展示（20%） 完成创新思维训练的效果（60%）
专利文件撰写与申请训练	1．介绍专利文件撰写方法； 2．分组讨论专利文件撰写的注意事项； 3．组织学生重点分析专利文件撰写中的错误； 4．组织学生利用实例来模拟撰写专利文件	2	2	翻转课堂 分组学习	小组讨论展示（20%） 专利文件撰写（80%）

成绩评定方式（请说明本课程的总评成绩如何组成）：

总评成绩=过程考核成绩（50%）+专利撰写（50%）。

其中：

1．过程考核成绩=各项目评价总成绩×各项目权重。

项目序号	1	2	3	4
项目权重	10%	30%	40%	20%

2．专利文件撰写，主要考查学生撰写专利文件的创新性、可行性和规范性。

考查内容	创新性	可行性	规范性
内容权重	70%	20%	10%

四、教学建议

本课程是高等职业院校电子信息工程技术等多个专业的必修/选修课程,是基于提高学生的创新能力而设置的项目训练课程。各训练项目之间为递进关系。本书的训练项目按照创新过程的原则组织编写,即按照训练项目工作流程"感受问题与创新冲动—资料收集与整理—制订创新计划—创新实施—专利文件撰写"确定本书的编写思路。

建议按创新工作过程系统化项目教学和任务驱动组织教学,以解决创新案例为主线,将感受问题、资料收集与处理、创新思维方法或创新技法学习、模拟训练、创新实施过程与检验、专利撰写等渗透到各训练项目或任务中,以完成训练任务展开学习,边学边做任务。通过项目训练,培养学生"感受问题与创新冲动—资料收集与整理—制订创新计划—创新实施—专利文件撰写"等创新能力,实现训中学、学中训的一体化教学核心思想。在教学过程中,要求体现教师引导、学生训练、讨论为主的现代职业教育理念(职业活动行动导向教学法),在培养学生创新能力的同时全过程渗透职业核心能力训练。同时还潜移默化地丰富了解决问题的思路与方法,培养学生的创新思维能力。

项目一

感受创新训练

创新是一个民族进步的灵魂。21 世纪，科学技术得到迅猛发展，经济全球化，人类正在步入知识经济时代。知识创新和技术创新未来可能会是一个国家和民族赖以发展的生命线。习近平总书记在多次讲话中提醒我们要创新，党的十八届五中全会更是明确提出了"创新、协调、绿色、开放、共享"的发展理念，"创新"一词排在第一位。

在创新理念的引领下，各行各业都掀起了创新的热潮，形成了大众创业、万众创新的局面，取得了举世瞩目的成绩。

国内某大型网站在 2018 年 10 月刊登过一篇报道——《盘点中国近两年的重大科研成果，厉害了！我的国》。文中列举了我国近几年的重要科研成果：

（1）第五代战机歼 20 正式服役；
（2）中国首艘航母下海；
（3）动车组"复兴号"首发；
（4）万吨级驱逐舰下海；
（5）港珠澳大桥震撼世界；
（6）世界首列新能源空铁投入运行；
（7）发射首颗量子卫星"墨子号"；
（8）第二台深海载人潜水器"深海勇士"完成测试；
（9）大型客机 C919 试飞成功；

扫一扫看本项目教学课件

扫一扫下载专利案例文件：一种车内降温系统

（10）"天眼"射电望远镜向宇宙发射信号；

（11）两只克隆的猴子诞生于中国；

（12）电磁监测卫星"张衡一号"成功发射；

（13）针灸疗法发现治疗哮喘靶标；

（14）实现全球首例人体自体肺干细胞移植再生；

（15）中国研究人员培育出"亨廷顿舞蹈病"猪；

（16）揭示水稻遗传信息密码；

（17）嫦娥四号中继星发射；

（18）科学钻探井，"松科二井"入地7 018米；

（19）袁隆平团队沙漠种植水稻成功；

（20）我国自主研发的"天鲲号"试航成功。

这些重大科研成果，离不开科研人员的不懈努力。未来，我国在世界上将会有更多的话语权，中国也会更强大，为世界做出更大的贡献！

然而，有一部分人把"创造""创新"看成高层次的东西，一谈"创造""创新"，就把它与科学家的创造发明或超人智慧联系起来。这是误解。什么是创新？创新就是各种要素的新的组合，就是创造、发展、交流和应用新的想法，使之转化为市场适销的商品与服务的活动。它主要包括四个层面：

（1）原始性发现和发明。

（2）再次发现或发展。

（3）知识（信息）重组，即通过对相关要素（知识、信息、物质）的不同组合而产生新想法、新技术、新事物。

（4）知识信息（方法）的转化、推广和应用。

请看实例：如何用创新的方法解决共享单车乱停乱放的问题？

学习思维导读

扫一扫下载专利案例文件：一种共享单车指定停放系统

项目描述	深圳万辆共享单车挤爆景区，北京共享单车"围堵"公交车站……一边是便利出行、绿色交通，一边却是野蛮生长、无序发展。面对共享单车乱停乱放的局面，看看别人是如何创新解决的，感受一下创新的魅力。在感受创新魅力的同时，学会创新的理论知识
项目目标	1. 掌握创新的概念与创新的基本原理； 2. 了解创新能力及创新能力的构成； 3. 学会创新能力的培养方法； 4. 了解思维定势障碍产生的原因及克服思维障碍的方法
项目任务	1. 学习创新的理论知识； 2. 感受创新的力量； 3. 认真体会专利申请书的写法

续表

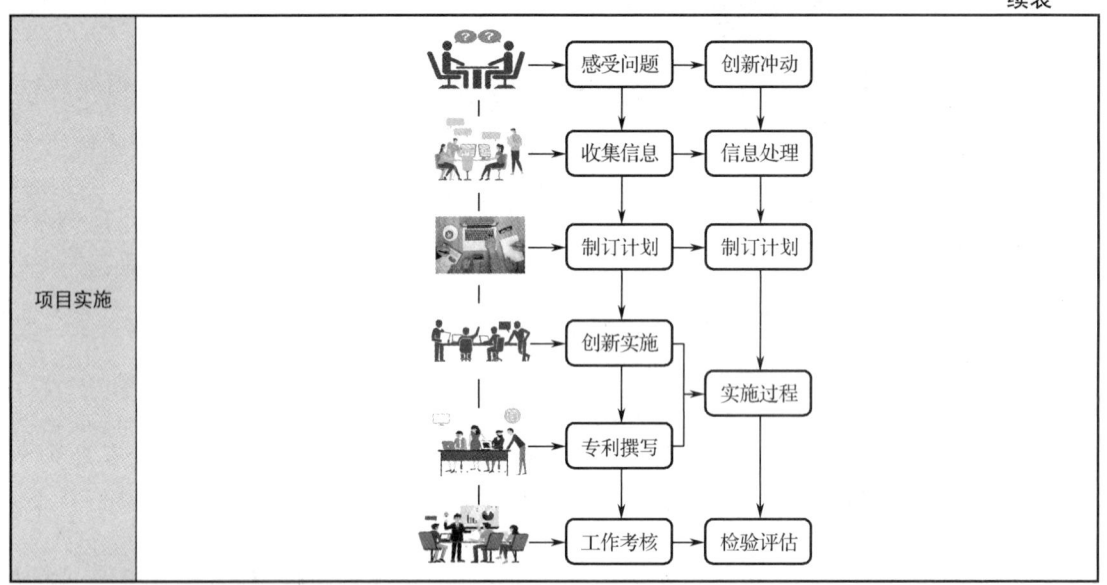

项目实施	感受问题 → 创新冲动 收集信息 → 信息处理 制订计划 → 制订计划 创新实施 → 实施过程 专利撰写 工作考核 → 检验评估

一、感受问题与创新冲动

新闻场景——爱恨交加的共享单车

共享单车自问世以来，就广受人们的欢迎，它解决了人们出行"最后一公里"的问题，极大地方便了人们的出行。尤其是北上广深等一线城市，更是利用率极高。然而，在共享单车繁荣的背后，乱停乱放的问题也让政府部门几乎束手无策。如图1-1所示为某街头的共享单车堆放现场，上万辆各种颜色的共享单车被摆放得密密麻麻。据介绍，仅南京市江宁区，城管清理出来的共享单车就多达几万辆，统一运送至停车场并通知各家单车企业，但未有任何一家企业前来领取，使后续处置面临困难。

图1-1 某街头共享单车堆放现场

关于共享单车的乱象，究其原因，第一，共享单车投放量大且密度高，而停放点较为分散。"随借随还"的模式本身就容易造成混乱，加上企业管理不到位，如有些单车企业认为整治乱停乱放的成本过高，抱怨政府部门没有合理规划共享单车停车区域，加之企业自身管理力度不够，没有相应的惩罚措施，导致了问题愈演愈烈。第二，发展太快，多数城市管理没有跟上，没有在人员密集、出行集中的地方留出自行车停放地。第三，市民的素养问题。少部分人不守规矩、乱停乱放，加速了乱象的出现。例如，因为共享单车是属于企业的，执法部门无法对乱停乱放的人进行处理，导致了问题频繁出现。又因为单车处理成本太高导致企业对被扣留的车辆采取放任的态度。

那么，如何让共享单车摆脱"成长的烦恼"？首先，应出台监管措施对共享单车进行规范管理。例如，2016 年 12 月 27 日，深圳市交通运输委会同相关部门起草了《关于鼓励规范互联网自行车发展的若干意见（征求意见稿）》；2017 年 1 月 9 日，成都出台了《成都市关于鼓励共享单车发展的试行意见（征求意见稿）》等。其次，政府部门要积极开展教育，引导群众养成在规定位置停车的习惯，加强对违规单车使用者的查处，更多地安排单车的停车区域，最大限度地方便人们的出行。再次，作为共享单车运营的企业也应该采取措施从根本上解决问题，及时进行产品升级、后期维护、故障处理，并优化管理、运营方式等。最后，对用户而言，在享受共享单车便捷的同时，要遵守共享单车使用、停放规则，自觉做一个守纪律的好公民。

共享单车是互联网时代的产物，是方便我们出行的一大创新，我们有义务保护它健康成长。

读完这则新闻，你是否有一种冲动，想解决共享单车乱停乱放的问题？

如果你暂时还没有找到创新的方法，请先参考一下别人是如何创新的。根据上述新闻完成的创新冲动表，如表 1-1 所示。

表 1-1　创新冲动表

1. 详细记录感受到的问题，确定问题关键。 2. 初步思考大致的解决方案		
创新冲动记录表 时间：＿＿＿＿　地点：＿＿＿＿　天气：＿＿＿＿		
问题描述：深圳万辆共享单车挤爆景区，北京共享单车"围堵"公交车站……一边是便利出行、绿色交通，一边却是野蛮生长、无序发展。面对共享单车的这一局面，人们不禁要问：政府部门到底要不要监管？ 治理共享单车之乱，关键不在于政府部门要不要监管，而在于该怎么监管。一些地方因循守旧，采取为市场设置准入障碍，试图把共享单车"关进笼子里"。这些传统的监管办法在短时期内可能会收到不错的效果，但从长远看，阻碍了市场的内生动力，束缚了创造创新能力，不利于社会经济的发展。 要实现对共享单车的有效监管，就必须处理好政府和市场的关系，在充分发挥市场作用的基础上，更好地发挥政府作用。监管部门应当转变思维方式，从互联网经济的本质特点出发，构建一套全新的监管模式。例如，充分运用大数据的力量，通过与企业的数据共享，加强对企业平台的管理，达到"政府管平台，平台管单车"的目的；还可以从构建诚信经济的角度出发，把对共享单车的使用纳入社会信用体系中来，等等		
	心理状态	感觉问题很严重，让人痛心
	自我暗示	一定要找到问题的解决方案
	原因分析	共享单车乱停乱放的原因： （1）政府没有规划停车点； （2）使用者素质不齐，部分人不遵守规则
	初步思考方案	（1）指定停放区域； （2）不是停放区域不能停车，即无法上锁，也就不能还车
1. 说明：记录时间、地点和天气等信息，为了便于回忆当时的情景。 2. 初步思考方法：在一项问题的解决方案中，可以列举多种解决方法，但这些解决方法有的能实现，有的不能实现，需查阅相关资料才能确定		

二、信息收集与处理

收集关于共享单车乱停乱放的问题，听听政府部门怎么说，城管同志怎么说，共享单车企业怎么说，市民怎么说，再去中国知网查阅论文资料，查阅中国专利信息网的相关资料，将各种信息分门别类地整理，结合自己的生活经验、所学知识，去想想还有没有其他的方法，并填入表1-2中。

表1-2　通过百度、中国知网、中国专利信息网等搜寻及自己思考的关于共享单车乱停乱放的解决方法

序号	资料来源	解决方法
1	百度	
2	中国知网	
3	中国专利信息网	
4	自己思考	

惊叹！别人已经找到了这么多解决方法，我能再找到一种吗？
1. 什么是创新？
2. 什么是创新能力？
3. 创新的基本原理是 _____、_____、_____。
4. 创新能力的构成是 _____、_____、_____、_____。
5. 如何培养创新能力？

针对共享单车乱停乱放的问题，我们通过百度、中国知网、中国专利信息网等收集解决的方案，并记录下来。同时，自己也思考了新的解决方法。

讨论解决两个问题：第一，有切实可行的解决方案吗？第二，能想到新的方法，我们的思维存在哪些障碍？

> 情景一：如图1-2所示的讨论现场，教师、学生6个人一组，围坐一起。
> 老师：同学们，通过查找资料，我们发现很多人就这个问题提出了不同的想法，但也没有完全真正解决问题。现在，看看我们能不能再找到一种解决方法呢？
> 情景二：同学轻声讨论起来。

图1-2　讨论现场

> 情景三：各组同学开始汇报。
> 每个小组都提出了不同方案，但经教师点评后，同学们有些沮丧。
> 同学们不禁要问：我们想出来的方案为什么不够好呢？
> 老师解释说，因为我们思维不畅，缺乏创新与创新能力。
> 那么，什么是创新呢？同学们又展开了热烈的讨论。

1. 什么是创新

《伊索寓言》里有这样一个故事，在一个暴风雨的日子里，有一个穷人到富人家讨饭。

仆人说："滚开！不要来打搅我们！"

穷人说："只要让我进去，在你们的火炉上烤干衣服就行了。"仆人以为这不需要花费什么，就让他进去了。

进到屋里，穷人请富人家的厨娘给他一个小锅，以便他"煮点石头汤喝"。

"石头汤？"厨娘说，"我想看看你怎样能用石头做成汤。"于是她就答应了。

穷人到路上拣了块石头洗净后放在锅里煮。

"可是，你总得放点盐吧。"厨娘说着就给了他一些盐，后来又给了他豌豆、薄荷、香菜。最后，又把能够找到的碎肉末都放在汤里。

这个穷人后来把石头捞出来扔回路上，美美地喝了一锅肉汤。

如果一开始穷人就对仆人说："行行好吧！请给我一锅肉汤。"会得到什么结果呢？结果肯定是被拒绝。这就是创新思维的力量！因此，故事的结尾处说道："坚持下去，方法正确，你就能成功！"

创新（innovation），《现代汉语词典》中解释为抛弃旧的，创立新的，英文的意思是创造、改革、新方法、新奇事物等，泛指人类为了满足自身的需要，不断拓展对客观世界及其自身行为的认知活动。或具体地讲，创新是指人为了一定的目的，在遵循事物发展规律的前提下，对事物的整体或其中的某些部分进行变革，从而使其得以更新或发展的活动。

清华大学社会学系教授李正风认为："创新"一词在我国存在着两种理解，一是从经济学角度来理解创新，二是根据日常含义来理解创新。目前，人们经常谈及的创新，简单来说就是"创造和发现新东西"。

所以，通俗地说，创新就是创造出了一个前所未有的事物。创新，大致可分为两种：一种是创造了新事物，这和创造一样；另一种是更新或造出一个新事物来代替旧事物，这时的创新中包含了创造，但创造一般也建立在原有事物或原有事物转化的基础上，包含了对原有事物的创新，即创造中又包含了创新。

人类的创造创新可以分解为两个部分：一是思考，想出新主意；二是行动，根据新主意做出新事物。一般是先有创造创新的主意，才有创造创新的行动。创造和创新还有一种特定的含义，在学术界，主流定义为创造是指想新的，创新是指做新的。

在西方，创新原意有三层含义：第一，更新，就是对原有的东西进行替换；第二，创造新的东西，就是创造出原来没有的东西；第三，改变，就是对原有的东西进行发展和改造。

从定义上可以看出，构成创新需要有四个基本要素，即人（包括科学家、企业家、发明家等）、实施过程、新成果、更高效益（社会方面的和经济方面的）。其目的是，通过各种要素的创造和组合产生新的、有用的东西。

因此，创新可以存在于人类的一切活动中，包括社会、经济、政治和文化等各个领域，一般可分为知识创新、技术创新、制度创新和管理创新四大类。

2. 创新的基本原理

美国加州理工学院的罗杰·斯佩里教授在实验中发现，人类的大脑由大脑纵裂分成左、右两个大脑半球，两半球经胼胝体，即连接两半球的横向神经纤维相连。大脑的奇妙之处在于两半球分工不同。斯佩里教授证实了大脑不对称性的"左右脑分工理论"，并因此荣获1981年的诺贝尔生理学或医学奖。

"左右脑分工理论"的主要思想为大脑的两个半球以完全不同的方式在进行思考，左脑偏向用语言和逻辑思考，右脑则以图像和心像进行思考，两半球以每秒10亿位元的速度彼此交流。尽管如此，两个半脑彼此的动作并非分工式进行，而是互相支援、协调，正因如此，两岁内的婴幼儿如果有脑机能损伤，大脑功能仍可以重新定位，由未受伤的半脑担负起已受伤半脑的工作，而且表现得与一般人无异。

罗杰·斯佩里教授的左右脑分工理论、大脑功能分区是我们进行全脑潜能开发的理论基础。根据此理论，我们明确潜能开发的内容和方向，明确对大脑进行相关诊断和评价的方法，给潜能开发提供了崭新的思路。

由以上可知：

（1）创新第一原理：创新是人脑的一种机能和属性——与生俱来。

（2）创新第二原理：创新是人类自身的本质属性——人人皆有。

（3）创新第三原理：创新是可以由某种原因激活或教育培训引发的一种潜在的心理品质——潜力巨大。

拓展阅读——创新的重要性

创新对企业、对国家都是非常重要的。创新是一个民族进步的灵魂，是一个国家兴旺发达的不竭源泉，也是中华民族最鲜明的民族禀赋。在新一轮的全球增长面前，我国只有通过不断改革与创新，才能获得更多的发展机遇。大众创业、万众创新已是新时代的潮流。创新思维已成为社会的主流思维方式，而思维又是智力的核心，任何战略的竞争实质上都是思维的竞争，因此，创新无止境。

在新经济时代，无论国家、企业，还是个人，生存环境或成功规则都已经发生了急剧的变革，唯有那些具备较多创新基因的组织和个人才懂得如何灵活应变，把握先机，成为变革中的成功者。

世界经济长远发展的动力源自创新。习近平总书记说："总结历史经验，我们会发现，体制机制变革释放出的活力和创造力，科技进步造就的新产业和新产品，是历次重大危机后世界经济走出困境、实现复苏的根本。"因此，提升组织和个人的创新能力不是需不需要的问题，而是已经太迟、太慢的问题。竞争越是趋于残酷，模仿法就越是失去效用。无论是组织还是个人，如果只会模仿而没有创新能力，就意味着快速僵化、快速同化，进而被快速替代、快速淘汰。

据有关资料报道，1789年，中国人口占世界的1/6，工业总产值已占世界的1/3；到1830年，中国工业总产值达到英国的3倍。但由于当时受到封建政治体制的制约，整个

民族整体上缺乏创新，使得近代工业落伍了。1842年，英国人利用中国古代的创新成果——炸药、指南针等制造的"洋枪洋炮"，乘船万里，撞开了中国的国门。从此，中国沦为半封建、半殖民地的社会，长期受帝国主义的压迫，人民生活处于水深火热之中。

纵观历史，民族之间或国家之间的进步和落后的差异，大都是由创新所致。竞争归根到底都是创新人才及创新人才所具备的创新能力的竞争，是创新速度与效率的竞争。

改革开放以后，党和国家的领导人都多次强调创新和创新人才的培养。

邓小平同志在20世纪80年代视察建设中的上海宝山钢铁总厂时，为宝钢题词："掌握新技术，要善于学习，要善于创新"。

江泽民同志说："一个没有创新能力的民族，难以屹立于世界先进民族之林。"

胡锦涛同志强调："重点培养人的学习能力、实践能力，着力提高人的创新能力"。

习近平总书记多次强调创新的重要性，强调要坚持创新驱动，推动产学研结合和技术成果转化，强化对创新的激励和创新成果应用，加大对创新动力的扶持，培育良好创新环境。特别是习近平总书记在2016年4月26日考察中国科技大学、中科大先进技术研究院时再次强调，当今世界科技革命和产业变革方兴未艾，我们要增强使命感，把创新作为最大政策，奋起直追、迎头赶上。

党的十八大之后，我国的科技在创新的引领下，取得了举世瞩目的成就，无论是工业、农业、制造业、航空航天业还是军工业，都取得了辉煌的成就。德国经济新闻网刊文称：中国政府正在大力鼓励创新，数字产业的下一个世界领导者将来自中国。曾经被美国、欧洲主宰的科技创新领域，正面临中国的强劲挑战。在电动汽车、高铁等领域，西方老牌制造商不得不重视来自中国的竞争对手。世界银行前经济学家姆旺吉·瓦吉拉曾向记者表示：近年来，中国在科技领域不断取得令世人震惊的成就，正在成为掌握诸多前沿科技的全球引领者。中国在太空探索、深海探索、高铁建设、桥梁建设、超级计算机、5G通信等领域取得了许多重大突破，企业创新活力十足，在移动支付、共享经济、大数据、人工智能等方面更是世界领先。2017年12月，东京大学宇宙物理学教授须藤靖在《朝日新闻》上发表了题为"中国在科学界将成为世界第一"的文章。须藤靖教授回想起从1998年第一次去中国到现在的近20年时间里中国科技创新水平的发展，惊叹不已。须藤靖教授以自己的见闻介绍了中国科学技术发展的原因，呼吁日本政府学习中国的科技战略，跟上时代的步伐。

在谈到创新思维与创新意识后，同学们又提出了问题：到底什么是创新能力？

同学们通过查找资料发表不同看法：

有的把创新能力描绘成发明某些新奇、适宜、经济、别致或有价值的东西。例如，发明一支能永久使用的圆珠笔，或者发明一种至少比现在通用圆珠笔使用时间长得多的圆珠笔，就可以算是创新能力。

有的则强调创造的过程，认为创新能力是一种思维，一种发散性思维，是寻求过去认为无关的理论之间的关系，或探索未知的关系，其特点是广泛探索、想象飞跃、深思熟虑、见解新颖等。

有的则认为创新能力是人的某种禀性，如马斯洛认为创新能力与坦率、感受、关心他人、渴望成长和实现自己的潜力等有关。

有人认为创新能力是个体运用一切已知信息，包括已有的知识和经验等，形成某种独特、新颖、有社会或个人价值的产物的能力，它包括创新意识、创新思维和创新技能三部分，核心是创新思维。

有人认为创新能力表现为两个相互关联的部分，一部分是对已有知识的获取、改造和运用，另一部分是对新思想、新技术、新产品的研究与发明。

还有人认为创新能力应具备的知识结构包括基础知识、专业知识、工具性知识或方法论知识及综合性知识四类。

教师针对同学们的讨论，进行归纳总结。

3. 创新能力与创新能力的构成

创新能力是指在各种实践活动领域中不断提供具有经济价值、社会价值、生态价值的新思想、新理论、新方法和新发明的能力。

在理解上，要避免出现片面性。如果只根据产品的新奇性、适应性、外观漂亮来判断创造能力，有时会发现，这些创造性产物既可能是偶然发现或产生的，也可能是由于非创造过程而发现或产生的，这不一定是创新能力；同样，如果只通过创造过程而不是通过创造性产物来判断创造能力，幻想家可能是最优秀的创造者。假如想象和思维等均发生在幻想期间或心潮澎湃的时候，这明显不符合事实：幻想家与创造者显然是不能划等号的。

人的创新能力又是怎样构成的呢？除了先天的因素，后天的因素主要有以下四个：知识因素、智能因素、情操因素、心理因素。它们之间的关系：知识因素是基础，智能因素是核心，情操因素是动力，心理因素是保证，四者缺一不可。

1）知识因素是构成创新能力的基础

科学创新需要丰富的想象，但任何想象不可能脱离相应的知识，即任何创新都离不开知识，知识是创新的坚实基础，也是创新的载体。回顾近代的创新史，几乎所有具有重大成就的发明家，都是其相应专业领域知识最丰富的人，即使不是掌握最丰富知识的人，至少也是掌握了相当丰富知识的人，而绝不可能是这个知识领域的门外汉。

大家都知道贝尔发明电话的故事。贝尔出生于英国苏格兰，他的父亲和祖父都是著名的语音学家。这一家庭环境使贝尔从小在语音学领域具有丰富的知识，成了一个"小专家"。他移居美国后很快被聘为波士顿大学生理声学教授。在一次电信试验的偶然启发下，他产生了把电流强度的变化模拟成声波变化的想法，这就是电话的基本原理。但当时贝尔在电学方面的知识很浅薄，阻碍了他的发明。后来，贝尔在当时的电学权威亨利的鼓励下，决心从电学入手开始学习专业基础知识。经历了整整两年，他的发明终于取得成功。

2）智能因素是构成创新能力的核心

所谓智能，通常是指一个人在完成一定活动时所表现出来的一种本领，或者说是人们认识客观事物并运用知识解决实际问题的智力与技能，它集中表现在反映客观事物深刻、正确、完全的程度上，以及应用知识解决实际问题的速度和质量上。智能往往是通过观察力、记忆力、想象力、思考力、判断力以及知识的迁移力等方式表现出来的。智能是一个人的先天素质、社会环境、教育及个人主观努力几方面因素相互作用的产物，它是人们在参加客观实践活动中逐渐形成的。

3）情操因素是构成创新能力的动力

创新能力的构成还少不了情操因素，因为任何发明创造都是由一定的动机所推动的，没有动力因素就没有创新，而这种动机与动力都来自人的情操，如理想、信念、欲望、热情等构成的创造志向。

关于这一问题，爱因斯坦说："真善美——一再激起我心灵深处的欢乐和勇气，照亮我生活道路的理想。""人只有献身社会，才能找出短暂而有风险的生命的意义。"正是这种对真善美的追求，正是这种"献身社会"的高尚情操，才使爱因斯坦成为一名伟大的科学家。

4）心理因素是构成创新能力的保证

构成创新能力的心理因素指一个人在创造过程中所必须具备的稳定的心态，它的主要标志就是意志和毅力——坚强持久，目标始终如一，不怕困难，百折不挠，不达目的决不罢休的心理品质。在创新过程中，创新者如果没有良好的心理素质，要取得成功几乎是不可能的。

爱迪生一生的发明创造多达 2 000 多项，其中获得专利的就有 1 093 项。就个人发明数量而言，至今仍首屈一指。然而，就是这样一个成功的发明家，他所经历的失败也是最多的，他的成功是建立在无数次失败的基础上的。1879 年，爱迪生发明了白炽灯。而为了找到更好的灯丝材料，爱迪生和助手们先后试验了 1 600 多种材料。难怪在被称赞为天才时，爱迪生感慨："天才，百分之一是灵感，百分之九十九是血汗。"

创新能力有什么样的表现形式？

谈到创新能力时，同学们发表了许多意见，归纳起来有：

（1）因为"懒惰"。对什么工作都想发明一个东西去代替他工作，经常对现状不满意，结果就是发明各种东西予以改进。

（2）"爱心泛滥"。对别人的不幸处境充满同情，所以看到别人哪里有问题就试图去解决。

（3）对机械结构感兴趣。从小就开始把家里的家电"大卸八块"，使用电器从来不用看说明书，家里有东西坏了都是自己维修。

（4）观察力强，经常能发现生活中的不足；思考能力强，对一个构想可以付出大量时间去研究，普通人坚持十分钟但自己可以坚持数小时或更久。

（5）有积极的心态，坚信一切问题都有解决的方法，不努力就不会有收获。

（6）善于从全局高度分析问题，发散性思维强大，别人觉得无法解决的问题，自己总可以另辟蹊径。

4．创新能力的表现形式

创新能力是各种能力的聚合。能力，通常指完成一定活动的本领，包括完成一定活动的具体方式及顺利完成一定活动所必需的心理特征。例如，从事音乐活动既要掌握歌唱、演奏等具体活动方式，又要形成语调感、节奏感、音乐听觉表象等心理特征。不同活动所需的心理特征在各个人身上的发展程度和结合方式是不同的，因而能力特征也不同。能力是在人的生理素质的基础上，经过教育、培养和训练，并在实践活动中吸取古今人类的智慧、经验而形成和发展起来的。显然，能力作为一种本领，不是单一的，而是不同的人面对不同的活动呈现出的不同本领，即能力。因此，多种能力的聚合，则可表现为一种创新创造能力。从这个角度分析，心理学家吉尔福特的观点值得借鉴。

吉尔福特把创新创造能力概括为六个表现：①敏感性，指容易接受新事物，善于发现新问题；②流畅性，指思维敏捷，反应迅速，对特定的问题情景能提出多种答案；③灵活性，即具有较强的应变能力；④独创性，指产生新的非凡思想的能力，表现为产生新奇、罕见、首创的观念和成就；⑤再定义性，即善于发现特定事物的多种使用方法；⑥洞察性，即能通过事物的表面现象把握内在含义和本质特征。可以说，这六个表现形式就构成了创新创造能力。

由此推断，结合吉尔福特的定义，创新创造能力的表现可做如下概括。

1）流畅性

流畅性指一个人对某个问题提出若干解答办法的能力，是一种富于想象的能力。例如，我们要求列出砖有多少种用途，有人可以列出五种，有人可能列出十五种甚至二十种。能列出大量用途的人就是观念、思维流畅的人。爱迪生在发明白炽灯时，为解决灯丝材料的问题，先后进行了1 600多次实验，在实验时连友人的头发和胡子都被考虑到了。流畅性反映了创新创造能力的速度和量的特征，是一种重要的创造特性，它可用单位时间内解决问题的数量或产生新观念新办法的数量来计量。

图1-3 门铃

【测试一下】如图1-3所示的门铃，你还能想到它的其他用途吗？

2）灵活性

灵活性即对一个问题能够快速敏捷地给出不同的解决办法，能从不同角度分析思考，对同一问题提出不同的处理方法。所以，有人将灵活性称为变通性。灵活性表现的是创新能力的跨域转换水平，它可以用从一类事物转换到另一类事物的数量来衡量。当一个人在某一方向的思考遇到堵塞时，能够灵活地转向新的角度、新的层次、新的范围，最终给出问题的解决办法，这就是灵活性。例如，一个人可以列出砖的诸多用途，但这些用途可能只与用作建筑材料这个角度有关，如建造房屋、建筑桥梁、修筑水坝、构架围墙等，而另一个人能够撇开建筑材料这个角度，扩大范围，给出新的用途设想，如用作泥泞路中的垫脚石，用作搁板底垫等，这就显示出其创造性思维的灵活性。

3）首创性

首创性指能够提出不寻常的且又适宜的解决办法，能产生新的非凡思想的能力。所给出的解决办法，别人未提过，历史上未见过，即使只是方法的某个部分、思想的局部内容是别人未提过的，就具有首创性。如把砖当作哑铃锻炼身体，是人们从前未曾提到过的，这就具有首创意义。不同寻常的、意料之外的、别出心裁的、新奇独特的思想观点、解决办法、产品构架、科技制作等，都是首创性的能力体现和作用结果。

图1-4 触摸开关

【测试一下】如图1-4所示的触摸开关，你想用它再做什么？

4）敏感性

敏感性是指敏锐地发现问题的能力。有创造性能力的人和没有创造性能力的人相比，敏感性差异特别明显。如有人就能够很深入地发现现代城市的问题（拥挤、竞争、污染、缺少文化生活、缺少温馨氛围、缺少祥和环境等）。一个有创新能力的人，往往就在三大步骤上显现出其特点：会提问—尝试解答（给出办法）—准确处理。

【测试一下】牛顿被苹果砸，发现了万有引力，瓦特看到壶盖跳动发明了蒸汽机，你看到语音电路能想到什么？

5）洞察性

洞察性指能通过事物的表面现象发现其本质的能力。只有发现了问题的本质，才更有可能提出符合实际且切实可行的解决办法。没有敏锐的洞察力，往往被事物的表面现象所迷惑，根据表面现象做出判断，其结果往往是不准确的，也就无法正确解决问题。

【想一想】关于3D打印机，你能分析出它的创意来源吗？

6）概括性

概括性即吉尔福特所说的"再定义性"，能够通过详尽阐述现象的原因并追究其实质的能力。也就是说，在发现问题后，能够给出解决问题的办法，设想出合理且可行的结果，并通过缜密的思维抽象提炼出来。

上述六个表现为创新素质的特性。显然，创造性能力和一般能力是有明显区别的。一般的思维解决日常生活中社会与生产的问题，可以简单地利用现有的信息储存，通过较简单的分析、综合、判断、推理的过程实现。而创造性的思维能力则具有严密的逻辑性，是在创造者强烈的创新意识和愿望的支配下，把头脑中的感性和理性知识信息按照科学的思路，凭借想象与联想、直觉与灵感，在渐进性和突发性中对信息进行重新组合、脱颖、升华，从而出现了思想的闪光或顿悟，为社会创造出有价值的新观点、新理论、新知识或新产品。

5. 构成创新能力的要素

通过分析前人的创新过程，可以概括出创新能力要素：

（1）创新动机。没有创新动机就不可能创新，创新的内在条件是需要创新的外在条件——创新动机进行刺激诱导的。

（2）创新兴趣。对创新的强烈兴趣，是进行创新活动最重要的心理条件之一。只有对一项创新活动有兴趣，才能"钻"进去，不知疲倦、不畏艰险地去闯。著名学者郭沫若说过："兴趣爱好也有助于天才的形成。爱好出勤奋，勤奋出天才。"当我们被兴趣引起的求知直至突破的欲望完全"控制"的时候，就到了"钻研入迷"的程度。培养兴趣——创新"入迷"—获得成功，这通常是创新成功的"三部曲"。

（3）创新意志。要在创新上有所成就，就离不开坚韧的意志。意志是创新的支柱，是人在完成一种有目的活动时所进行选择、决定和执行的心理过程。

意志是自觉地认识并确定目标，根据目标来支配和调节自己的行动，克服各种困难，从而实现目标的主观能动过程。创新就是一种意志行为，创新的特征就是克服困难，做前人和别人没有做的事。因此，在诸多非智力因素中，意志与创新的联系是最为密切的。意志能够使人调集身体各部分的潜在能力，做出超出人的一般体能的事情来，而创新就需要人能在创新活动中迸发出更大的力量。创新者的意志越自觉、越坚定，控制和支配自己情感的意志就越坚强、越持久，产生的创新力量也就越大。

（4）创新气质。气质通常表现为人的相对稳定性，即人的个性特点和风格气度。心理上说气质是表现在心理活动的强度、速度、灵活性与指向性等方面的一种稳定的心理特征。人的气质差异是先天的，受神经系统活动制约。婴儿刚一出生，最先表现出来的差异就是气质差异。

气质是人的天性，也无严格的好坏之分。气质反映人们在认识、情感、言语、行动等活动中的心理活动的力量强弱、变化快慢和均衡程度等稳定的动力特征，也反映人们在情绪体验时的快慢、强弱、表现得隐显及动作的灵敏或迟钝等方面，它就是我们在日常生活中所说的"脾气""性格""性情"等。气质不能决定人的社会价值，任何一种气质类型的人都可创新，只是创新过程表现不同。

（5）个性品质。品质是指人的素质，它是在一个人的生理素质的基础上，在一定的社会历史条件下，通过社会实践活动发展起来的。所谓创新个性品质是创新者在进行创新活动中，在能力、情操、智力、意志等方面表现出来的创新素质，主要包括：

① 坚韧性。指在行动中坚韧不拔、百折不挠、不怕艰难险阻，努力达到既定的目标。

② 探索性。具有高度创造性的人，都不满足于已有的认识和现成的结论，对公认的解决问题的方法不满足，喜欢寻根问底。他们不受传统认识的约束，能别出心裁、标新立异，他们常常能抓住一般人容易忽视的线索而有重大发现。

③ 独立性。独立性的实质就是独立思考，善于独立地提出问题和解决问题。独立思考是优秀科学家和发明家的共同素质之一。

④ 自主性。按照自己的意志，有积极行动的倾向，有自信心，不迷信权威。

⑤ 自控性。这是人对行为自觉控制水平的性格及意志特征。表现在两个方面：一是善于促使自己去执行已经做的决定，并能战胜与执行决定相对抗的一切因素；二是善于克服盲目的冲动和消极的情绪。另外，自控性还表现在不怕失败、不屈不挠等方面。

⑥ 无私性。主要表现为献身精神。无私才能冲破束缚，开拓创新。怕担风险、患得患失，任何才干都不能上升到创新的水平。

6. 影响创新的不良个性品质

影响创新的不良个性品质主要表现在如下几个方面。

（1）从众性。从众性就是受他人影响而使自己在认识上独立思考的能力降低，在行动上自我控制能力减弱的一种心理现象，具体表现为盲目地服从权威、服从多数，人云亦云、随大流。

（2）保守性。保守就是守旧，对新奇的反抗，往往表现为刻板、狭隘、固执、偏见（偏见比无知对创新的危害更大）。

（3）胆怯、懒惰、嫉妒。胆怯会熄灭人的创造动机，摧毁创新热情和意志，阻碍创新想象发挥；懒惰使人意志消沉，不思进取；嫉妒对人对己都不好，破坏集体心理协调，降低集体效率。

（4）自卑性。自卑性即一个人对自己的能力、品质等做出偏低的评价，总觉得自己不如人，悲观失望、丧失信心等。在思想上往往表现为缺乏主动性，缺乏自信心，老是感受到自

我评价比较低；在工作中，缺乏主动性，即使自己努力奋斗，仍然感觉到与别人差距很大；在社交中，孤独、离群、抑制自信心和荣誉感。特别是当受到周围人们的轻视、嘲笑或侮辱时，这种自卑心理更加强烈，甚至以嫉妒、暴怒、自欺欺人的方式表现出来，让人意志消沉、精神萎靡、做事效率低等。在现代社会，自卑更是创新的巨大"杀手"。要想活出不一样的人生、就要完全放下自卑，拥抱自信。19世纪末20世纪初，随着工业化社会的到来，世界上出现了研制飞机的热潮。一些知识广博的知名人士纷纷表态，认为要研制比重大于空气的飞行器是不可能的，这些人就包括法国著名天文学家勒让德、德国发明家西门子。但美国自行车工人莱特兄弟却在1903年把飞机送上了天，如图1-5所示为莱特兄弟发明的飞机。

图1-5 莱特兄弟发明的飞机

> **拓展阅读——创新的产生与发展**
>
> 在西方，创新概念的起源可追溯到1912年美籍经济学家熊彼特的《经济发展概论》。熊彼特在其著作中提出：创新是指把一种新的生产要素和生产条件的"新结合"引入生产体系。他认为创新包括这样几种情况：引入一种新产品，引入一种新的生产方法，开辟一个新的市场，获得原材料或半成品的一个新的供应来源，创建新的产业组织。熊彼特的创新概念包含的范围很广，如涉及技术性变化的技术创新及非技术性变化的组织创新。
>
> 到了20世纪60年代，随着新技术革命的迅猛发展，美国经济学家华尔特·罗斯托提出了"起飞"六阶段理论，将"创新"的概念发展为"技术创新"，即把"技术创新"提高到"创新"的主导地位。
>
> 美国国家科学基金会也从20世纪60年代开始兴起并组织对技术的变革和技术创新的研究。在1969年的研究报告《成功的工业创新》中将创新定义为技术变革的集合。NSF报告《1976年：科学指示器》中，将创新定义为：技术创新是将新的或改进的产品、过程或服务引入市场。
>
> 从20世纪70年代开始，有关创新的研究进一步深入，开始形成系统的理论。厄特巴克在当时的创新研究中独树一帜。他在1974年发表的《产业创新与技术扩散》中认为：与发明或技术样品相区别，创新就是技术的实际采用或首次应用。缪尔赛在20世纪80年代中期对技术创新概念做了系统的整理分析，在整理分析的基础上，他认为：技术创新是以其构思新颖性和成功实现为特征的有意义的非连续性事件。
>
> 著名学者弗里曼在1973年发表的《工业创新中的成功与失败研究》中认为：技术创新是技术的、工艺的、商业化的全过程，其导致新产品的市场实现和新技术工艺与装备的商业化应用。其后，他在1982年的《工业创新经济学（修订本）》中明确指出：技术创新就是指新产品、新过程、新系统和新服务的首次商业性转化。

中国 20 世纪 80 年代开展了技术创新方面的研究。傅家骥先生对技术创新的定义是：企业家抓住市场的潜在盈利机会，以获取商业利益为目标，重新组织生产条件和要素，建立起效能更强、效率更高、费用更低的生产经营方法，从而推出新的产品、新的生产（工艺）方法，开辟新的市场，获得新的原材料或半成品供给来源或建立企业新的组织，它包括科技、组织、商业和金融等一系列活动的综合过程。此定义是从企业的角度给出的。彭玉冰、白国红也从企业的角度为技术创新下了定义：企业技术创新是企业家对生产要素、生产条件、生产组织进行重新组合，以建立效能更好、效率更高的新生产体系，获得更大利润的过程。

中国学者陈伟博士构筑了创新管理学科架构体系。1994 年，陈伟提出创新的第三种不确定性、创新追赶陷阱模型、以工艺变化为中心的产业创新模型等。1996 年出版的《创新管理》成为该领域奠基之作。

进入 21 世纪后，在信息技术推动下，知识社会的形成及其对技术创新的影响进一步被认识，科学界进一步反思对创新的认识：技术创新是一个科技、经济一体化过程，是技术进步与应用，创新"双螺旋结构"共同作用催生的产物。知识社会条件下，以需求为导向、以人为本的"创新 2.0 模式"进一步得到关注。

信息通信技术的融合与发展推动了社会形态的变革，催生了知识社会，使得传统的实验室边界逐步"融化"，进一步推动了科技创新模式的演变，即要完善科技创新体系急需构建以用户为中心、需求为驱动、社会实践为舞台的共同创新、开放创新的应用创新平台。

三、制订创新计划

经过了对创新与创新能力的学习，我们明确了任何人都具有创新能力，知识因素是基础，智能因素是核心，情操因素是动力，心理因素是保证。因此，我们在学习或工作中要继续学习和思考。接下来，通过查阅资料进行归纳和总结，借鉴前人的经验，填写表 1-3。

表 1-3　创新计划表

制订共享单车有序停放计划		
深圳万辆共享单车挤爆景区，北京共享单车"围堵"公交车站……一边是便利出行、绿色交通，一边却是"野蛮生长"、无序发展。面对共享单车停放的问题，有什么解决办法吗		
1. 共享单车特征描述	采用互联网技术开锁、付费	
	随地可停	
2. 共享单车有序停放的方法	制度强制管理	经济处罚
	公民自律	提高公民素质
	技术管理	创新方法
3. 技术管理方法描述	指定停放地点 控制手段：_____ 互联网锁 控制手段：_____	
4. 解决方案描述	找出指定地点与非指定地点的差异，利用其差异控制互联网锁	

续表

5. 共享单车有序停放系统设计	➢ 规划出指定地点与非指定地点的差异，如围框、涂色、埋地磁线圈等。 ➢ 设计检验指定地点的方法，如传感器检测。 ➢ 采集检测信号。 ➢ 控制锁电路。 控制办法的核心：如不停放在指定位置则无法还车
6. 自我评价	列出所有方案。 说说有哪些思维障碍。 找出产生思维障碍的原因

在讨论共享单车停放问题的解决方案时，我们一方面惊叹别人的成功，另一方面又责问自己为什么没有想到，其实，主要的原因就是我们的思维没有打开，有思维障碍。

同学们又展开一场讨论。

通过查找资料，进行归纳总结：

在设计过程中，准备用短距离通信模块，以前一直是这样用的，还想这样用……最终，不光成本高，而且容易被干扰，可靠性也差。

就这样，过去的习惯"引导"着一个又一个的设计进入误区。这些因循守旧者与其说是失败于设计，还不如说是失败于自己的思维。

这就是思维定势，即人们认识事物时一种有准备的、带着倾向性的心理状态，也就是一种心理惯性。一旦形成了这种思维定势，就会习惯地顺着定势的思维思考问题，不会也不愿转方向或换个角度思考问题。其实，思维定势跟任何事物一样具有两面性。其一，它可以使人们在解决问题时减少摸索的过程，省时、省力；其二，它又具有难以避免的刻板性，易使人们过多地依赖经验，从而产生惰性，导致人们在解决有些问题时陷入困境。

经常有人说，过去都这样，大家都这样。这种从众心理、从旧心态，虽然不能说一定不对，但是，经验有时也具有局限性。盲目地凭经验办事，会使思维陷入"死角"，不利于思维的创新与发展。有这样一个试验：把蜜蜂和苍蝇装进一个玻璃瓶中，然后将瓶子平放，让瓶底朝着窗户。结果是蜜蜂不停地撞击瓶底，想在那里找到出口，直到力竭而死；而苍蝇则在两分钟之内，穿过另一端的瓶口逃出了玻璃瓶。这正是因为蜜蜂基于"出口就在光亮处"的思维方式，预先设定了出口的方位，并且不断地重复着这种似乎合乎逻辑的行动，结果没能飞出来。而苍蝇对亮光没有所谓的定势，四下乱飞，反而找到了出口。

创新思维障碍主要有习惯思维定势、权威定势、从众心理、经验定势、自我中心定势等。

1. 习惯思维定势

习惯思维是一种复杂的心理现象，是人大脑的一种能力。思维定势就是利用过去解决这类问题的方法去解决类似的问题或表面看起来相同的问题。因此，习惯思维定势有其积极作用，根据面临的问题联想起已经解决的类似问题，抓住新旧问题的共同特征，将已有的知识和经验与当前问题情境建立联系，利用处理旧问题的知识和经验处理新问题，或把新问题转化成一个已解决的熟悉问题，从而为新问题的解决做好积极的心理准备。因此，习惯思维定势可以省去许多摸索、试探的步骤，缩短思考时间，提高效率。在日常生活中，思维定势可以帮助我们解决绝大多数问题。但习惯思维定势也有其消极的一面，它容易使我们产生思想上的惰性，养成呆板、机械、千篇一律的解决问题的习惯。当新旧问题形似质异时，思维定势往往会使人们步入误区，导致人们不能灵活运用知识。

案例1　盲人买剪刀

老师问，有一个聋哑人，他到五金商店要买一个钉子，他说不出话该怎么办？他先比划，人家就给了他一个锤子，他摇手，人家又给了他钉子，他非常高兴。老师又说，有一个盲人，他要买剪刀，他怎么用最简洁的方式表达？有个同学边比划边说，现在不能这样比划了，要这样比划。全班同学都赞成这样。老师说，他不需要比划，他直接说买剪刀就可以了。你看到前面是比划，就以为后面这个人也要比划，不经意间就把自己的思维引到"比划"的思维定势上了。

案例2　谁雕刻的老鼠最像

有两个杰出的木匠，技艺难分高下。这一天，他们去同一家木器厂应聘，主考官要他们三天内雕刻出一只老鼠，谁雕刻得更逼真，就聘谁。

三天后，两个木匠都完成了。

第一个木匠刻的老鼠栩栩如生，连老鼠的胡须都会动；第二个木匠刻的老鼠只有老鼠的神态，粗糙得很，远没有第一个木匠雕刻得精细。大家一致认为第一个木匠获胜。

但第二个木匠表示有异议，他说："猫对老鼠最有感觉，要决定我们雕刻的是否像老鼠，应该由猫来决定。"主考官想想也有道理，就叫人带几只猫过来。没想到的是，猫见了雕刻的老鼠，不约而同地向那只看起来并不像老鼠的"老鼠"扑过去，又是啃，又是咬，对旁边那只栩栩如生的"老鼠"却视而不见。

事实胜于雄辩，主考官只好宣布第二个木匠获胜。但主考官很纳闷，就问第二个木匠："你是如何让猫以为你刻的是真老鼠的呢？""其实很简单，我只不过是用混有鱼骨头的材料雕刻老鼠罢了，猫在乎的不是像与不像老鼠，而是有没有腥味。"

[讨论]请结合自己的经历，举例说明思维定势带给你的经验与教训。

2. 权威定势

权威定势，指人们对权威人士言行的一种不自觉的认同和盲从。

思维中的权威定势是从哪里来的呢？它来自后天的社会环境，是外界权威对思维的一种制约。根据研究，权威定势的形成，主要通过两条途径：一是儿童在走向成年的过程中所接受的"教育权威"，二是由于社会分工的不同和知识技能方面的差异所导致的"专业权威"。

法国哲学家爱尔维修提出："人是教育的产物"。来自教育的权威定势使人们逐渐习惯以权威的是非为是非，对权威的言论不加思考地盲信盲从，其结果正如传统的"听话教育"那样：在家听父母的话，在学校听老师的话，在单位听领导的话，唯独缺少"自我思索、冲破权威、勇于创新"的意识。

权威定势形成的第二条途径，是由深厚的专业知识所形成的权威，即"专业权威"。一般来说，由于时间、精力和客观条件等方面的限制，人在自己的一生中，通常只能在一个或少数几个专业领域内拥有精深的知识，而对于其他大多数领域则知之甚少甚至全然无知，这就是"闻道有先后，术业有专攻"。

权威在大多数情况下是对的，但也不能盲目相信。有些权威本身就是错的，有的因条件变化由对的变成了错的。

案例 在共享单车控制系统的设计中，大家提出了不同的通信模块设计方案。在一次讨论会上，老师说，通信模块采用常用的 WiFi 通信模块，大家纷纷表示同意，并不断举例说明 WiFi 通信模块先进、易用、可靠。最后，老师问为什么不直接用有线通信呢？有线通信更简单、更可靠啊！

[讨论]请结合自己的经历，分析权威定势产生的原因。

3. 从众心理

思维定势的一个重要表现就是从众心理。从众就是服从众人，顺从大伙儿，随大流。在从众定势的指导下，别人怎样做，我也怎样做；别人怎样想，我也怎样想。

人类是一种群居性的动物，为了维持群体的稳定性，就必然要求群体内的个体保持某种程度的一致性。这种"一致性"首先表现在实践行为方面，其次表现在情感和态度方面，最终表现在思想和价值观方面。而实际情况是，个人与个人之间不可能完全一致，也不可能长久一致。一旦群体发生了不一致，怎么办？在维持群体不破裂的前提下，可以有两种选择，一是整个群体服从某一权威，与权威保持一致；二是群体中的少数人服从多数人，与多数人保持一致。

最初，"个人服从群体，少数服从多数"的准则只是一个行为上的准则，是为了维持群体的稳定性。然而，这个准则不久便产生了"泛化"，超出个人行为的领域而成为普遍的社会实践原则和个人的思维原则。于是，思维领域中的从众心理便逐渐形成了。

案例 法国心理学专家约翰·法伯曾经做过一个著名的"毛毛虫试验"：把许多毛毛虫放在一个花盆的边缘上，首尾相连，围成一圈，并在花盆周围不远处撒了一些毛毛虫比较爱吃的食物。毛毛虫开始一个跟着一个，绕着花盆的边缘一圈一圈地走。一小时过去了，一天过去了，又一天过去了，这些毛毛虫还是绕着花盆的边缘在转圈，一连走了七天七夜，它们最终因为饥饿和精疲力竭而相继死去。约翰·法伯在做这个试验前曾设想，毛毛虫会很快厌倦这种毫无意义的绕圈而转向它们比较爱吃的食物，遗憾的是毛毛虫并没有这样做。

导致这种悲剧的原因就在于毛毛虫的盲从，在于毛毛虫总习惯于固守原有的本能、习惯、先例和经验。毛毛虫付出了生命，但没有任何成果。其实，只要有一只毛毛虫能够破除尾随的习惯而转向去觅食，就完全可以避免悲剧的发生。人的思维也一样，一旦形成了思维定势，就会习惯地顺着定势的思维思考问题，不愿也不会转方向、换角度想问题，但只要有一次、两次的转变，不盲从于大众，就可能产生新的创新力。

[讨论]请结合自己的经历，谈谈"毛毛虫试验"的悲剧。

4. 经验（书本）定势

经验（书本）定势，就是人对书本知识的完全认同与盲从。

从思维的角度来说，经验具有很大的狭隘性，束缚了思维的广度。这种狭隘性主要有三方面的表现。

首先，经验具有时空狭隘性。任何经验都是在一定的时空范围内产生的，往往也只适

创新思维与实战训练

用于一定的时空范围，一旦超出这个范围，经验是否依然有效，就要打上一个问号。

其次，经验具有主体狭隘性。每一个思维主体，无论其经验多么丰富，在数量上总是有限的，他没有经历过的事情几乎是无穷多的。当一个人面临自己从没遇到过的事物或问题的时候，常常会手足无措，此时如果单凭已有的经验推断，结果大多是错误的。

最后，个人的经验在内容上仅仅是抓住了常见的东西而忽略了少见的、偶然的东西。在一个具体的现实环境中，总会有大量的平常很少见到的、偶然性的东西出现，如果仍然用以往的经验来处理，则不可避免地要产生偏差和失误。

书本呈现的是一种系统化、理论化的知识，是千百年来人类经验和体悟的结晶。应该说，书本是人类最伟大的发明之一。有了书本，前一代人就能够很方便地把自己的观念、知识和价值体系传递给下一代人，使得下一代人能够从一开始就站在前人的肩膀上，而不必每件事情都从零开始。

书本知识带给我们无穷多的好处，但有时也会带来一些麻烦，其根本原因在于：书本知识与客观现实之间存在着一段距离，二者并不完全吻合。从人类知识的发展史上看，专业的划分越来越细，而恰好是专业知识造成了一些弊端，其中最主要的就是使人局限于某个专业之内，眼界过于狭窄，束缚了创新思维的发挥。

美国的铁轨宽度为什么是 4 英尺 8.5 英寸？这是罗马战车的两匹并排拉战车的马屁股的宽度。英国人造有轨电车用这个标准，造铁路用这个标准，给美国人造铁路也用这个标准。又如，汽车要求每行驶 5 000 千米换一次机油，也是沿用旧的标准，即使现在的制造技术如此先进，也没有修改过这个标准。

有许多东西，一旦约定俗成，便成了一种有形无形的标准，很少有人再去想它的适应性与合理性。把鞋子分为左右脚，仅仅是近 100 年的事情。从前，人们就这么习惯了"一顺脚"，谁也没有提出异议，就像人们对待"两个马屁股的宽度"那样熟视无睹，错过了许多变革、完善和发展的机会。

> **案例** 在共享单车控制系统的测试过程中，某同学在测试发光二极管两端的电压降时，发现电压降为 2.4 V。根据教科书上表述的二极管两端的电压降为 1.5~1.7 V，该同学认为电路出了问题，一直在查找故障。当另一个同学提出，在实际电路中，发光二极管的电压降大约为 2.4 V 时，该同学还翻出教科书证明另一个同学说错了。
>
> [讨论] 请说说你生活中遇到的"死读书"案例。

5. 自我中心定势

自我中心定势就是有一些人在想问题、做事情时，完全从自己的利益与好恶出发，不顾他人的存在和感觉，从不考虑别人怎么想，也不考虑当时的情况或存在的问题。

> **案例** 校长对教导主任说："明晚大约 8 点钟，哈雷彗星将可能在这个地区看到，这种彗星每隔 76 年才能看到一次，希望所有同学到操场上集合，我将向他们解释这一罕见的现象。如果下雨的话，就在礼堂集合，我为他们放映一部有关彗星的影片。"教导主任对辅导员说："根据校长的指示，明晚 8 点钟哈雷彗星将在操场上空出现，这种彗星每隔 76 年才能看到一次。如果下雨的话，就让同学们前往礼堂，这一罕见的现象将在那里出现。"辅导员对班主任说："根据教导主任的指示，明晚 8 点，非凡的哈雷彗星将在礼堂中出现。如果

22

操场上下雨,教导主任将下达另一个指示,这种指示每隔 76 年才会出现一次。"班主任对班长说:"明晚 8 点,教导主任将带着哈雷彗星在礼堂中出现,这是每隔 76 年才有的事。如果下雨的话,教导主任将命令彗星到操场上去。"班长对同学说:"在明晚 8 点下雨的时候,著名的 76 岁的哈雷市长将在教导主任的陪同下,开着他那'彗星'牌汽车,经过操场前往礼堂。"

日常生活中,有一些人常常会自觉或不自觉地按照自己的观念、自己的思维、自己的眼光,站在自己的立场上去看待别人或整个世界,由此产生了自我为中心定势,即自以为是。

[讨论]分享你在宿舍里与同学相处成功或失败的案例。

四、创新实施

针对创新计划,注意克服思维中的劣势,将实体围栏虚拟化,即创设电子围栏,借用所学的知识或网络上查找的资料,通过无线电波覆盖的区域概念、地磁线圈概念等去替代实体围栏的概念,以此解决共享单车的停放问题。共享单车停车管理系统设计任务书,如表 1-4 所示。

表 1-4 共享单车停车管理系统设计任务书

1. 正确完成共享单车停车管理系统。 2. 测试系统的可行性					
1. 共享单车特征描述		采用互联网技术开锁、付费			
^^		随地可停			
2. 设计思想描述					
3. 共享单车停车管理系统	设计项目	完成功能		技术标准	测试结果
^^	指定停放区域				
^^	传感器				
^^	处理器				
^^	控制器				
^^	微信锁				
^^	电源				
^^	其他				
感想	1. 设计中遇到了哪些问题? 2. 举例说明如何克服思维障碍? 3. 说一说设计中的小故事。 4. 最满意自己做的哪件事				

在共享单车停车管理系统设计过程中,我们最初采用的是锂电池,但锂电池要经常充电,后来又想改用太阳电池,可太阳电池又有成本高、电量可能不够的问题。正当我们一筹莫展的时候,我们决定组织分组讨论,要求既找出优秀的电源方案,又要找出陷入误区的原因。

同学们又展开一场讨论。

通过查找资料，归纳总结，有了以下结论：

技术上采用摩擦发电组件，只要共享单车运动就能发电，这样就解决了电源的问题。

在思维上，要彻底打破常规思维，消除思维障碍。

1. 打破常规思维

创新过程，绝不能因规守旧。有这样一个故事：老和尚和小和尚过独木桥，迎面走来一名妙龄少女，老和尚无奈抱起少女送其回到桥头，放下少女后，师徒两人继续上路。小和尚懵懂地问道，"师傅，您不是说男女授受不亲吗？为何您又去抱那名少女？"老和尚平静地回答："我早已放下，为何你还念念不忘？"有时候，我们就是那个小和尚，对过去的事总是无法释然，放不下，在该做抉择时患得患失，在做出抉择后又反反复复，不能释怀。

2. 清除思维障碍

创新过程绝不能盲目顺从。有这样一个故事：将五只猴子放在一个笼子里，并在笼子中间吊一串香蕉，只要有猴子伸手去拿香蕉，就用高压水枪教训所有的猴子，直到没有一只猴子再敢动手。然后，用一只新猴子替换掉笼子里的一只。新来的猴子不知这里的"规矩"，竟伸手去拿香蕉，结果触怒了笼子里原来的四只猴子，于是它们代替人执行惩罚任务，把新来的猴子暴打一顿，直到它服从这里的"规矩"为止。实验人员如此不断地将最初经历过高压水枪惩罚的猴子换出来，最后笼子里的猴子全是新的，但仍旧没有一只猴子再敢去碰香蕉。这就是不分青红皂白地盲从的后果。

3. 构建科学观念

建构主义认为知识不是通过教师传授得到的，而是学习者在一定的情境（社会文化）背景下，借助他人（包括教师和学习伙伴）的帮助，利用必要的学习资料，通过意义建构的方式而获得的。因此，学习者要把当前学习内容所反映的事物尽量和自己已经知道的事物相联系、类比，并对这种联系进行认真的思考，找出问题的结果。"联系"与"思考"是意义构建的关键。如果能把联系与思考的过程与协作学习的过程（交流、讨论的过程）结合起来，则效率会更高、质量会更好、成效更佳。

协商有"自我协商"与"相互协商"（也叫"内部协商""社会协商"）两种，自我协商是指自己与自己争辩，相互协商则指学习小组内部相互之间的交流讨论。因此要科学建构现代信息（知识）观念，并在活动中产生新思维。

4. 持续不断地学习

尽管我们常说，知识不是创新的主要条件，但没有知识是不可能创新的。因此，要有创新能力，需要终身学习。终身学习是现代人的生存之本，只有不断学习，才能不断提高自己的创新能力。

五、专利文件撰写

在创新实施中，不断完善自我，克服思维障碍，灵活转换思维角度，克服习惯思维定势、权威定势、从众定势，充分分析，最终确定方案，撰写专利文件。

（注：考虑到学生有学习撰写专利文件的需求，加强学生对专利文件的直观认识，在教材的编写过程中，此部分保留了原有专利的格式，如专利中的图只有编号没有说明，以及图不能插入文中，只允许用专门的文件说明书附图。这一点可能会带来学习的不便，敬请谅解！下同。）

一种共享单车指定停放系统

技术领域

本发明属于交通智能管理技术领域，涉及共享单车指定停放系统。

背景技术

目前，许多城市的大街小巷涌现出"小黄""小红""小蓝""小白"等各种颜色的共享单车，成为城市中一道亮丽的风景线。共享单车不仅有效缓解了"最后一公里"的难题，也让"绿色出行"成为一种时尚。比达咨询发布的《2016 中国共享单车市场研究报告》显示，截至 2016 年年底，中国共享单车市场整体用户数量已达到 1 886 万，2017 年用户规模继续保持大幅增长。然而，与"有桩"的公共自行车相比，这种随时取用与停放的共享单车在给市民带来极大便利的同时，也带来了包括乱停乱放在内的一系列困扰城市管理的问题。由于车辆对用户来说不存在归属关系，用户自然不关心停在哪里、是否占道停放、是否会被收缴等问题。虽然相关部门出台了相应的管理规定，各个共享单车运营企业也通过在平台上进行宣传及建立用户个人信用管理体系等对用户停放单车的行为进行约束，但是效果不佳。因此，从技术上解决共享单车乱停乱放的问题是一件有重大意义的事。

发明内容

为解决上述问题，本发明设计了一种共享单车指定停放系统，即共享单车只有在指定地点停放才能上锁。

本发明的具体技术方案如下：一种共享单车指定停放系统，包括安装在共享单车上的车锁，车锁的锁销上设有卡槽，所述车锁还包括卡件和弹簧，弹簧与卡件连接并给卡件向进入卡槽方向移动的力。所述停放系统还包括安装在共享单车上的卡件驱动组件，卡件驱动组件用于驱动卡件移出卡槽，所述卡件驱动组件包括色彩传感器、处理模块、卡件控制及状态检测模块、电源模块和稳压模块。色彩传感器和卡件控制及状态检测模块分别与处理模块连接，电源模块连接稳压模块，稳压模块分别连接色彩传感器、处理模块和卡件控制及状态检测模块。所述停放系统还包括设于指定停放区域地面的颜色地标。

作为本发明的进一步改进，电源模块为安装在车轮上的微型发电机及与微型发电机依次连接的变压器和蓄电池。微型发电机利用骑行时车轮的转动产生电能，经过变压器后为蓄电池充电，起到节能作用，真正让骑行变得绿色环保。

作为本发明的进一步改进，卡件驱动组件还包括语音模块，语音模块连接处理模块和稳压模块。处理模块接收到色彩传感器检测的颜色数据后与预设颜色比较，若是预设颜色（预设颜色为地标的颜色），处理模块则控制语音模块发出提示用户可锁车的语音；若不是预设颜色，当用户锁车时，处理模块则控制语音模块发出提示用户此地不可停车，也不能锁车的语音。加装语音模块，提示效果明显，使用户更容易获知是否已将单车停放于指定停放区域，进而可以锁车。

作为本发明的进一步改进，卡件驱动组件还包括用于检测锁销是否移动的锁销状态检测模块，锁销状态检测模块连接处理模块和稳压模块。锁销状态检测模块检测到锁销移动时发送信号给处理模块，处理模块结合卡件控制及状态检测模块检测的卡件状态进行判断：若卡件位于锁销的卡槽内，即此刻没有位于指定停车区域而用户却要锁车，则处理模块控制语音模块发出提示用户此处无法停车的语音；若卡件不在锁销的卡槽内，即此刻已位于指定停车区域内，处理模块不做任何处理。加装检测锁销的目的就是当用户没有在指定区域锁车时，提醒用户此处无法停车，需寻找指定停车区域进行停放。

作为本发明的进一步改进，分别在共享单车的前轮和后轮安装了色彩传感器，色彩传感器与处理模块及稳压模块连接，用于检测单车停放前后地面的颜色。只有当两个色彩传感器检测的颜色均与颜色地标的颜色对应时，处理模块才控制卡件控制及状态检测模块驱动卡件移出锁销的卡槽，用户才能移动锁销进行锁车。色彩传感器提高了检测的准确性。

本发明的有益效果：本发明对现有共享单车车锁的结构进行了改进，增设弹簧和卡件，并在锁销上设置卡槽，即当车锁呈开锁状态时，锁销上的卡槽与卡件位置对应，卡件在弹簧的作用下伸入卡槽中，阻拦锁销移动，此时用户不可移动锁销。又通过安装在单车上的色彩传感器检测停车地面的颜色来识别是否为指定停放区域，只有当停车地面有颜色地标时才控制卡件移出卡槽，用户才可移动锁销进行锁车。本发明使得用户只有将单车停放到指定区域内时才能上锁，即从技术上解决了乱停乱放的问题，效果明显；使用卡件与卡槽的配合来阻拦或释放锁销的移动，结构简单易实现；采用颜色地标标识指定停放区域，不占用额外空间，且标识效果明显；通过色彩传感器与颜色地标的配合进行指定停放区域的识别，检测方便且效果好。

附图说明

图1-6是本发明一实施案例中卡件驱动组件的结构框图。

图1-7是图1-6中稳压模块的电路图。

图1-8是图1-7中处理模块的电路图。

图1-9是图1-8中卡件控制及状态检测模块的电路图。

具体实施方式

本发明提出的一种共享单车指定停放系统，包括设于指定停放区域地面的颜色地标、安装在共享单车上的车锁及安装在共享单车上的卡件驱动组件。

所述颜色地标可为固定在地面上的带有颜色的钢片，也可为涂在地面上的有色漆层，可整体铺设于指定停放区域的地面上，也可为多个小块间隔分布在指定区域的地面上。

所述车锁包括锁口，其内部套着车轮。车锁通过锁销的移动来开放或关闭锁口，通过卡槽来阻挡或释放锁销的移动，通过弹簧对卡件赋予移动的力。

所述卡件驱动组件，用于驱动卡件移出锁销的卡槽，如图1-6所示，包括色彩传感器、处理模块、卡件控制及状态检测模块、电源模块和稳压模块。色彩传感器和卡件控制及状态检测模块分别与处理模块连接，电源模块连接稳压模块，稳压模块分别连接色彩传感器、处理模块和卡件控制及状态检测模块。

电源模块用于给各个模块供电，可以是电池等电能储备装置，也可以是光伏元件与电容器等组成的太阳能供电装置，还可以是安装于车轮上的相连的微型发电机、变压器、蓄电池组合，利用骑行时车轮的转动产生电能储存于蓄电池中。

稳压模块作用是将电源模块输出的电压进行稳压后输送给各个模块，以保证电路正常工作。如图 1-7 所示，本发明具体实施案例中稳压模块包括 ME6219 系列稳压器 U1、电容 C1 和 C2，U1 的 IN 引脚连接电源模块的输出端并经电容 C1 接地，OUT 引脚输出电压并经电容 C2 接地。

色彩传感器用于检测停车地面的颜色，并将检测结果发送给处理模块。本发明具体实施案例中，采用常见的 TCS230 色彩传感器，其中预设颜色为指定停车区域地面地标的颜色。

处理模块是卡件驱动组件的中央处理单元，将接收到的来自色彩传感器的检测颜色数据与预设颜色数据比较，检测颜色与预设颜色相同时向卡件控制及状态检测模块发送控制指令。处理模块由微处理器及外围电路组成，如图 1-8 所示。本发明具体实施案例中微处理器选用 STM32F103C8 芯片 U2，U2 的 OSC_IN 引脚与 OSC_OUT 引脚之间连接有晶振器 Y1，OSC_IN 引脚及 OSC_OUT 引脚分别经电容 C3、C4 接地，VDD1、VDD2、VDD3 及 VDDA 引脚接稳压模块的输出端，VSS1、VSS2、VSS3 及 VSSA 引脚接地。

卡件控制及状态检测模块，接收来自处理模块的控制指令，驱动卡件移出锁销的卡槽。如图 1-9 所示，本发明具体实施案例中卡件控制及状态检测模块主要包括三极管 VT1，VT1 的基极经电阻 R1 接微处理器的输出端，VT1 的集电极接地，VT1 的发射极通过并联的电磁铁 HA 与保护二极管 VD1 连接稳压模块的输出端，VT1 的发射极经电阻 R2 连接微处理器的输入端，并经电阻 R3 接地。该具体实施案例中三极管 VT1 作为开关，微处理器输出高低电平控制三极管 VT1 的导通或关断，使得电磁铁通电或断电，电磁铁通电时产生磁性，吸引卡件从锁销的卡槽中移出，电磁铁断电时磁性消失，卡件在弹簧的作用下进入锁销的卡槽中。电磁铁通断电导致与之连接的微处理器的输入端的电压不同，从而处理模块能够检测到卡件的状态，即电磁铁通电，卡件的状态为不在锁销的卡槽内，电磁铁断电，卡件的状态为位于锁销的卡槽内。

在本发明的优选实施案例中，卡件驱动组件包括语音模块，语音模块连接处理模块和稳压模块。处理模块接收到色彩传感器检测的颜色数据后与预设颜色比较，若为预设颜色，处理模块则控制语音模块发出提示用户此时可锁车的语音。语音提示效果明显，使用户获知是否已将单车停放于指定停放区域内，进而可以锁车。

卡件驱动组件还包括锁销状态检测模块，用于检测锁销是否移动，锁销状态检测模块连接处理模块和稳压模块。锁销状态检测模块检测到锁销移动时发送信号给处理模块，处理模块结合卡件控制及状态检测模块检测的卡件状态，若卡件位于锁销的卡槽内，即此刻单车没有位于指定停车区域内但用户要锁车，则处理模块控制语音模块发出提示用户此处无法停车的语音，若卡件不在锁销的卡槽内，即此刻单车已位于指定停车区域内，处理模块不做处理。加装检测锁销的目的是当用户强制锁车时，提醒用户此处无法停车，需寻找指定停车区域进行停放。本发明具体实施案例中，锁销状态检测模块为安装在锁销上的位移传感器。

在本发明的优选实施案例中，色彩传感器有两个，分别安装在单车的前轮和后轮处，

27

均与处理模块及稳压模块连接。在单车的前轮及后轮均安装色彩传感器，用于检测单车停放前后地面的颜色。只有当两个色彩传感器检测的颜色均与颜色地标的颜色对应时，处理模块才控制卡件控制及状态检测模块驱动卡件移出锁销的卡槽，用户才能移动锁销进行锁车，提高检测的准确性，减少由于误检导致可以锁车的现象发生。

本发明系统中安装在共享单车上的车锁，保留现有的共享单车锁的功能。车锁本体的结构进行了改进，在锁销上设置卡槽，车锁增设弹簧和卡件，弹簧与卡件连接，卡件在弹簧的作用下向进入卡槽的方向移动。当车锁呈开口状态时，锁销上的卡槽与卡件位置对应，卡件伸入卡槽中，阻拦锁销移动进行闭合。单车上增设卡件驱动组件，卡件驱动组件中的卡件控制及状态检测模块驱动卡件移出卡槽，允许锁销移动进行闭合。卡件驱动组件的部分模块可以与车锁集成为一体，也可作为单独的电子设备而存在于车锁之外，只要通过必要的线路等与车锁连接即可。例如，除卡件控制及状态检测模块中的电磁铁必须安装在车锁内部卡件的附近以及电源模块为非电池外，其余都可以作为单独的电子设备设于车锁之外。

下面介绍本发明最优实施案例的具体应用实例。

在地铁口、小区门口、景区门口、马路边等划分为共享单车指定停放区域的地面铺设颜色地标。当共享单车停放到指定停放区域内或对应于地面颜色地标进行停放时，车上的色彩传感器检测地面的颜色，并将检测的颜色数据发送给处理模块，处理模块将检测的颜色数据与存储的预设颜色数据进行比较。若比较结果为颜色相同，处理模块则控制卡件控制及状态检测模块，驱动卡件移出锁销的卡槽，同时处理模块控制语音模块发出"停车规范，可锁车"的语音。用户此时可移动锁销关闭锁口，完成锁车操作。当共享单车没有停放于指定停车区域内或未对准颜色地标进行停放，色彩传感器将检测的地面颜色发送给处理模块，处理模块将接收到的颜色数据与预设颜色数据进行比较，比较结果为不相同，则处理模块控制语音模块发出"停车不规范，无法锁车"的语音。由于锁口处于开放状态时，卡件在弹簧的作用下是插在锁销的卡槽中的，卡件阻拦锁销进行移动，无法关闭锁口，所以用户无法完成锁车操作。此时若用户强制移动锁销，锁销状态检测模块检测到锁销移动后发送信号给处理模块，处理模块从卡件控制及状态检测模块得到卡件的状态是位于锁销的卡槽内，处理模块控制语音模块发出"此时无法锁车"的语音，提醒用户寻找指定停放区域进行停放锁车。

说明书附图

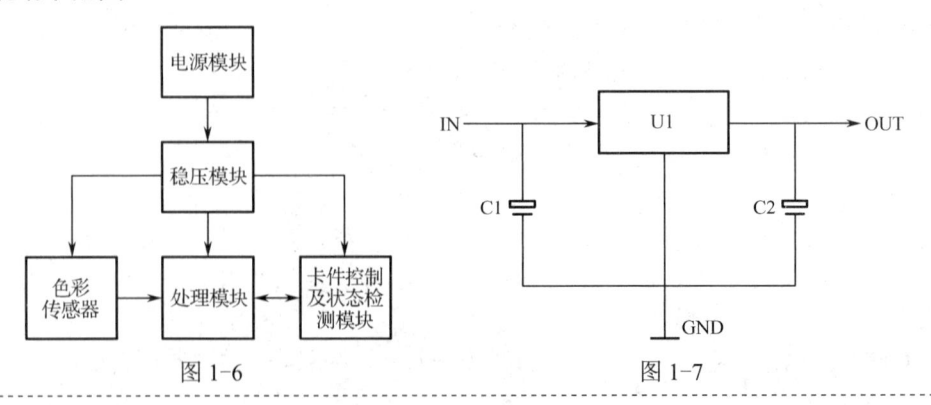

图1-6

图1-7

图 1-8

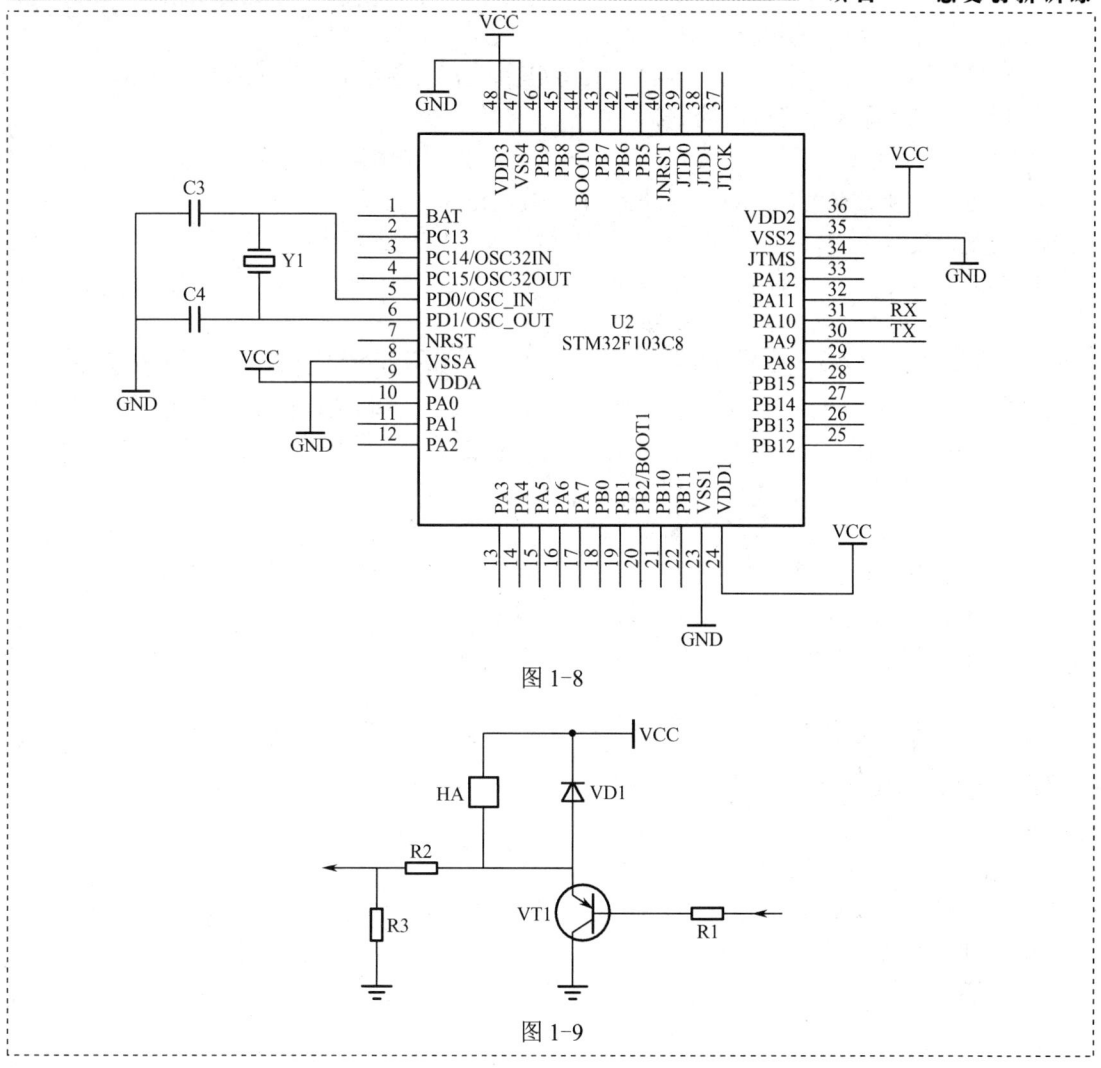

图 1-9

六、检验评估

1. 思考题

（1）在一个荒无人烟的河边停着一只小船，小船只能容纳一个人。两个人同时来到河边，请想办法让两个人都能过河？

（2）公安局局长正在帮一个老人过马路，一个小孩跑过来说："你爸爸和我爸爸吵起来了。"老人问："这个孩子是谁家的？"公安局局长说："这是我儿子。"问："吵架的两个人与公安局长是什么关系？"

（3）篮子里有4个梨，由4个小孩平均分。分到最后，篮子里还有1个梨。他们是怎样分的？

（4）如何用红笔写蓝字？

（5）不拔开瓶塞，就可以喝到酒。你能做到吗？

（6）什么东西左手能拿，右手不能拿？

（7）一个盲人走到悬崖边，没人喊他，他却站住了，怎么回事？

（8）两个人，一个脸朝东，一个脸朝西，不准回头，不准走动。怎样才能看到对方的脸？

（9）一个人为什么能咬自己的左眼？

答案：

（1）两人分别处在河的两岸，先是一个人渡河过来，然后另一个人渡过去。对于这道题，你大概"绞尽了脑汁"吧？的确，小船只能坐一人，如果他们处在同一侧河岸，在没有其他人帮助的情况下，是无论如何也不能都渡过去的。但为什么你始终想到的是这两人在同一侧岸边呢？题目本身并没有这样的意思。

（2）公安局局长是女性。吵架的一个是她的丈夫，即小孩的父亲；另一个是公安局局长的父亲，即小孩的外公。有人曾用这道题对 100 人进行了测验，结果只有 2 人答对。这是怎么回事呢？还是定势在作怪。人们习惯上总是把公安局局长与男性联系在一起，更何况还有"扶老人过马路"这类信息支持这种定势。

（3）4 个梨就是 4 个小孩平均分的。对于这一答案你可能不服气：不是说 4 个人平均分 4 个梨吗？那篮子里剩下的 1 个怎么解释呢？首先，题目中并没有"剩下"两个字；其次，那 3 个小孩拿了应得的一份，最后一份当然是最后一个孩子的，这有什么奇怪呢？至于他把梨留在篮子里或拿在手上并没有什么区别，反正都是他的，不是吗？

（4）"蓝"字。

（5）可以将瓶塞压入瓶内。多数情况下，人们是拔开瓶塞后喝酒。但实际上，是可以将瓶塞压入瓶内的，只是人们不常这样做罢了。

（6）右手。

（7）没有人喊他，但有人拉住了他。

（8）题目并没有说两个人是背对背的。如果两个人面对面站着，一个脸朝东的话另一个脸肯定朝西，不用镜子就能看到对方的脸。

（9）左眼是假眼。

2．作图题

训练目的：克服思维障碍。

请大家按照描述的要求进行画图。

要求：自己独立完成，请勿观看他人。

（1）请先画一个坐标轴。然后，以坐标轴的零点为中心，画一个正方形。

（2）在该正方形中，再在坐标系的第一、二、三象限画一个正方形的部分。

（3）将小正方形的部分与坐标轴所围成的面积涂上阴影（见图1-10）。

（4）将第一象限中非阴影部分的面积用一条直线分为两个部分。要求：被分割出来的图形面积相等，形状相同。（用时 1 分钟）

（5）将第二象限中非阴影部分的面积用两条直线分为三个部分。要求：被分割出来的图形面积相等，形状相同。（时间 1 分钟）

（6）将第三象限中非阴影部分的面积分为四个部分。要求：被分割出来的图形面积相等，形状相同。（用时 1 分 30 秒）

（7）将第四象限中非阴影部分的面积分为七个部分。要求：被分割出来的图形面积相

等，形状相同。（用时 2 分钟）

画完后，谈谈你的感想。

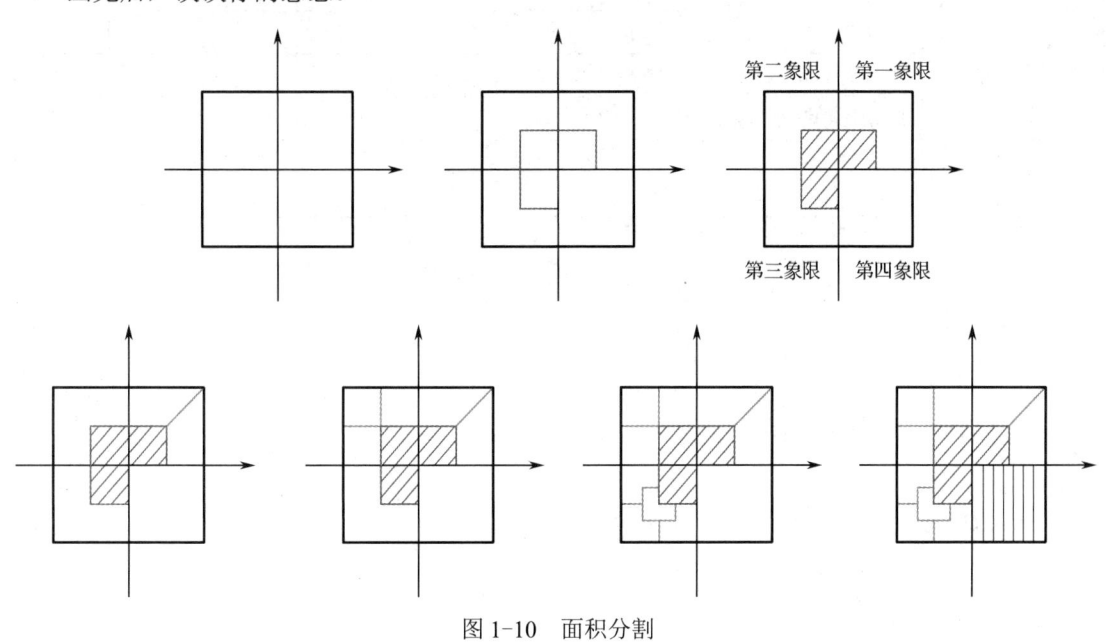

图 1-10 面积分割

3. 评价表

完成如表 1-5 所示评价表。

表 1-5 评价表

评价指标	检验说明	检验记录
检查项目	➢ 思考题 ➢ 观察题 ➢ 作图题 ➢ 判断题 ➢ 其他	
结果情况		

评价内容	检验指标	权重	自评	互评	总评
任务完成情况	1. 过程情况				
	2. 任务完成的质量				
	3. 自己在小组完成任务的过程中所起的作用				
专业知识	1. 能描述创新概念				
	2. 能描述创新原理				
	3. 能描述创新能力				
	4. 会描述思维障碍				
	5. 会克服思维障碍				

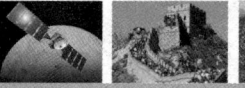

续表

评价内容	检验指标	权重	自评	互评	总评
职业素养	1. 学习态度：积极主动参与学习				
	2. 团队合作：与小组成员一起分工合作，不影响学习进度				
	3. 现场管理：积极参与讨论				
综合评价与建议					

项目二

创新思维方法训练

在许多年前有位名人创办了一份报纸，那时经常帮他做抄写工作的有三个青年。第一个青年把自己的工作做得很好，老老实实地抄写文稿，就算错别字也照抄不误，最后他一直做普通工作；第二个青年工作很认真，总是仔细检查每一份文稿，抄写时发现错字或病句，就改正过来。后来，他尝试写作歌曲，他最后成为一名作曲家；第三个青年抄写时，仔细地看每份文稿，他只抄写那些与自己意见相符的文稿，对那些意见不同的文稿则一句话也不抄。这个人最后成为一位著名人士。由上述三个青年的思想和做法可以看出，思维不同，境界不同，结果就不同。这种不同主要就是创新思维。

这种能够反映事物本质属性和内外有机的联系，具有新颖的、广义模式的、可以物化的高级思想或心理活动就是创新思维。也有人将创新思维定义为：创新思维是指以新颖、独特的方法解决问题的思维过程，通过这种思维不仅能揭露客观事物的本质及内部联系，并且在此基础上产生新颖、独创、具有明显社会意义的思维成果。通常情况下，在提出问题和解决问题的过程中，一切对创新成果起促进作用的思维活动，均可视为广义的创新思维；而人们在创新活动中直接形成创新成果的思维活动，如灵感、直觉、顿悟等非逻辑思维形式的思维方式，则称为狭义的创新思维。

20 世纪以前的发明创新活动主要靠自发的直觉和经验，公众普遍认为做出发明成果的人是天才或幸运者，具有神秘色彩。1906 年，美国专利审查官普林德尔在美国电气工程师学会（AIEE）会议上提出"发明的艺术"，开创了研究创新思维和方法规律的先河。1912 年，经济学家熊彼特在他的德文著作《经济发展理论》中，首次提出了创新的概念，但直到 1934 年这部作品被用英文出版后，才引起了学界的广泛关注。之后，由于工业化的需求和科学技术加速

发展，创新成果大量涌现，发明者的经验也逐渐得到沉淀和交流。

20 世纪 50 年代，人们开始认识到创新是可以学习和培养的。爱因斯坦说："物理学家的最高使命是要得到那些普遍的基本定律……要通向这些定律，并没有逻辑的道路，只有通过那种对经验共鸣的理解为依据的直觉才能得到这些定律。"他还说："想象力比知识更重要，因为知识是有限的，而想象力概括着世界上的一切，推动着进步，并且是知识进化的源泉。严格地说，想象力是科学研究中的实在因素。"物理学家普朗克也有类似的见解，"每一种假说都是想象力发挥作用的产物，而想象力又是通过直觉发挥作用的。"美国麻省理工学院的戈登教授认为："既然发明创造不是阐明已知的事物联系，而是要发现事物间未知的联系，因此，要靠非推理因素来把似乎无关的东西联系起来。"费尔马说："做出重大发明创造的年轻人，大多是敢于向千年不变的戒规定律发出挑战的人，他们做出了'大师们'认为不可能的事情来，让世人大吃一惊。"我国著名地质学家李四光说："一些陈旧的不结合实际的东西，不管那些东西是'洋框框'，还是'土框框'，都要大力地把它们打破，大胆地创造新的方法、新的理论，来解决我们的问题。"

我国在 20 世纪 90 年代，就把"创新"一词引入了科技界，形成了"知识创新""科技创新"等概念。我国历届国家领导人都非常重视创新，习近平总书记多次就创新做出过指示，进而使创新发展到社会、生活的各个领域，逐渐形成了"大众创业、万众创新"的新局面。

经过人们自觉和不自觉的创新，在生活和工作中，依据经验产生了很多创新技法，这些技法又超出了经验，是一种顿悟、直觉性的思维。这些思维进而形成了创新思维方法，如发散思维、逆向思维、收敛思维、线性思维、想象思维、抽象思维、形象思维、直觉思维、定向思维、逻辑思维等，尽管这些思维方法的名称不同，但都可以归纳为发散思维、收敛思维、想象思维、逻辑思维等几种思维方式。因此，这里试图通过几个创新案例的学习来掌握这几种思维方式，反过来，再通过这几种思维方式去创新发明。

任务 2.1 发散思维方法训练

扫一扫看本任务教学课件

扫一扫下载专利案例文件：一种公交车拥挤度实时查询系统

学习思维导读

项目描述	在 2016 年 11 月 24 日，江西某电厂在建工程项目发生意外。一处冷却塔施工平桥吊坍塌，调查发现事故主要由脚手架倒塌引起，最后造成现场有人员伤亡发生。 针对这起严重的倒塌事故，通过学习发散思维的方法，设计一种防止脚手架倒塌的方案，防止类似事件再发生
项目目标	1. 掌握发散思维的概念； 2. 了解发散思维的表现形式和要素； 3. 掌握发散思维的创新方法
项目任务	1. 收集脚手架倒塌的相关信息； 2. 用发散思维列举解决脚手架倒塌的所有方案； 3. 筛选出切实可行的解决方案； 4. 通过学习专利的撰写案例，掌握专利撰写方法

续表

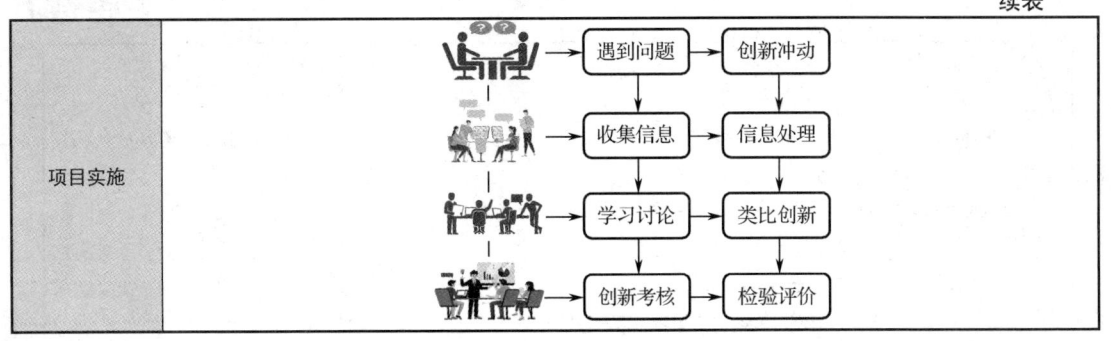

项目实施	遇到问题 → 创新冲动 收集信息 → 信息处理 学习讨论 → 类比创新 创新考核 → 检验评价

一、感受问题与创新冲动

新闻场景——江西某电厂施工平台坍塌事故让人痛心

脚手架是建筑施工中一项必不可少的临时设施，如图 2-1 所示为搭建好的脚手架。其安全有国家标准严格要求，因为脚手架如果发生问题将会导致严重的安全事故。

2016 年 11 月 24 日，江西某电厂在建工程项目中的一处冷却塔施工平桥吊坍塌，造成有人员伤亡的重大安全生产事故。

据了解，事故发生在 C 班与 B 班交接时，现场共有 300 多名工人。意外发生在施工的最后一个步骤，工人们正在拆除冷凝塔外围的木制脚手架，这时尚未干透的混凝土开始脱落，最后坍塌。

图 2-1 搭建好的脚手架

事故发生后，江西全省消防部队调派多辆消防车、多名官兵及若干救援设备参与救援，全力抢救。后续武警官兵、矿山救护队伍和卫生医疗工作人员等都参与到救援队伍中来。国家安全监管总局（现中华人民共和国应急管理部）工作组也很快赶到现场，指导协助地方政府进行人员搜救、伤员救治和善后处理等工作。

读罢这则案例，你有何感想？除政府部门出台相关政策、企业加强管理外，是否还可以采取技术手段进行预防？

根据上述材料，完成的创新冲动表如表 2-1 所示。

表 2-1 创新冲动表

1. 详细了解问题，确定问题关键； 2. 初步思考大致的解决方案
创新冲动记录表
时间：_____ 地点：_____ 天气：_____
问题描述： （1）2016 年 11 月 24 日，江西某电厂在建工程项目发生意外，一处冷却塔施工平桥吊坍塌，造成现场有人员伤亡的重大安全生产事故。

35

续表

（2）在 2017 年 11 月，湖北某银行在拆除旧办公楼时，发生脚手架倒塌，造成现场有人员伤亡的重大安全生产事故。 （3）在 2019 年 1 月 5 日，福建某农村发生一起在建民房竹脚手架滑落，造成现场有人员伤亡的重大安全生产事故。 触目惊心的脚手架倒塌事故，导致一个个鲜活的生命就此消失。统计表明：我国建筑施工系统每年所发生的伤亡事故中，约三分之一与脚手架有关。设计不合理、使用不合格材料、搭建加固不符合安全规范等，都是导致脚手架发生倒塌的主要原因。虽然有相关的管理规范，其中包括定期对脚手架进行人工检测，但光靠人工检测存在误检或漏检的可能，并且因为工作量大，无法时刻对脚手架状态进行监测，安全隐患仍较大	
心理状态	
自我暗示	
原因分析	平桥吊坍塌，相当于脚手架倒塌，主要问题应该是结构不牢固
思维方法	从结构不牢固出发，采用发散思维方法
初步思考方案	（1）用牢固的脚手架，即改进脚手架的结构； （2）预警脚手架，即有发生倒塌的趋势时能即时提醒

1. 说明：记录时间、地点和天气等信息，便于回忆当时的情景。
2. 思维方法：在一项问题的解决方案中，有多种思维方法。本项目的目的在于发散思维的训练，所以专门针对发散思维进行类比训练

二、信息收集与处理

收集脚手架倒塌的相关信息，听听政府相关部门怎么说，建筑企业怎么说，人民群众怎么说，再去查阅中国知网中期刊、会议等相关论文资料，再查阅一下中国专利信息网中的相关资料，最后分门别类地整理，并依据自己的生活经验和所学知识，想一想还有没有其他方法。把收集到的信息和自己所思所想一起填入表 2-2。

表 2-2　通过百度、中国知网、中国专利信息网等搜寻及自己思考的预防脚手架倒塌的方法

方法类型	解决方法	资料来源
加固与监控		
更换结构		
监控与预警		
自己思考的其他类型		

续表

1. 发散思维主要有_____、_____、_____等。 2. 什么是发散思维？ _____ 3. 发散思维的特征有_____、_____、_____。 4. 如何培养发散思维？ _____

讨论寻找新的解决方法。通过讨论要解决两个问题：第一，有切实可行的解决方案吗？第二，什么样的思维方法可以帮助我们找到新的解决方案？

案例 1　曲别针的用途

1987 年，在广西南宁市召开了中国"创造学会"第一次学术研讨会。在会上日本的村上幸雄先生拿出一把曲别针，请大家动动脑筋，想一想曲别针都有什么用途，比一比谁的发散性思维好。这一问题参会人员都非常感兴趣，有的说可以别胸卡、挂日历、别文件，有的说可以挂窗帘、钉书本……说出了曲别针二十余种用途。最后，大家问村上幸雄，"你能说出多少种？"村上幸雄轻轻地伸出三个指头。有人问："是三十种吗"？他摇摇头。"是三百种吗？"他仍然摇头。回答："是三千种"。就在此时，坐在台下的中国魔球理论创始人许国泰先生给村上幸雄写了个纸条："幸雄先生，对于曲别针的用途，我可以说出三千种、三万种"。村上幸雄感到十分震惊，大家也都不敢相信。

许先生分析说："幸雄先生所说的曲别针用途可以简单地用四个字概括，即钩、挂、别、连。我认为远远不止这些。"接着，他把曲别针分别按铁质、质量、长度、截面、弹性、韧性、硬度、银白色等十个要素进行分解，用一条直线连起来形成信息的横轴，然后把要用的曲别针的各种要素用直线连成信息的纵轴，再把两条轴相交并延伸，形成一个信息"反应场"。将两条轴上的信息两两"相乘"……于是，曲别针的用途无穷无尽了。如加硫酸可制氢气，可加工成弹簧，做成外文字母、数学符号……这个案例告诉我们，发散性思维对一个人的创造力有多么重要。

案例 2　一个杯子掉到地上，摔碎了。这可以是个什么问题呢

（1）物理题。这是自由落体运动，那么，多高才会摔碎呢？
（2）化学题。如果杯子里装着酒精，掉进了火堆里，会怎样？。
（3）经济题。杯子碎了还要再买一个，去取钱的时候卡忘在了自动取款机里。
（4）语文题。自己的心仿佛就是这个杯子……
（5）社会问题。杯子从二楼一户人家的阳台上滑落，砸倒了小区的一株植物。物业组织小区居民了解高空抛物的危害。
（6）心理问题。那个破碎的声音打扰了一个女孩，于是她花了一下午的时间去了解"为什么噪声会让人紧张？"
（7）情感问题。那是好朋友送给自己的杯子，好朋友问起来，该怎么说呢？
（8）时间问题。杯子摔碎了，还要再买，增加了时间成本。
（9）历史问题。那是乾隆用过的杯子，关于它有很多故事，如今摔碎了，很遗憾。

1. 发散思维的概念及特征

发散思维也叫多向思维、辐射思维、扩散思维，犹如光源向四面八方辐射光线一样，如图 2-2 所示。即在对某一问题或事物的思考过程中，不拘泥于一点或一条线索，而是从已有的信息中尽可能向多方向扩展，不受已经确定的方式、方法、规则和范围等约束，突破原有知识圈，充分发挥想象力，以不同途径、不同视角去探索，重组眼前和记忆中的信息，产生多种设想、答案，最终使问题有了圆满解决方案的思维方法。

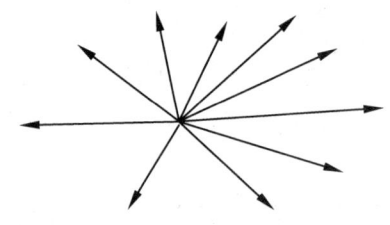

图 2-2 发散思维示意图

发散思维的概念，最早是由武德沃斯于 1918 年提出的，之后被斯皮尔曼、卡推尔作为一种"流畅性"因素使用过。美国心理学家吉尔福特在"智力结构的三维模式"中明确地提出了发散性思维即多向思维的概念。他认为，发散思维是从给定的信息出发产生新信息，其重点是从同一信息中产生各种各样的、为数众多的输出信息。它的特点一是"多端"输出，对一个问题也可以多端开始，产生许多联想，获得各种各样的结论；二是"灵活"，对一个问题能够根据客观情况变化而变化；三是"精细"，能全面细致地考虑问题；四是"新颖"，答案可以有个体差异，各不相同，新颖且不俗。20 世纪 50 年代，研究者们通过对发散性思维的研究，进一步提出了发散性思维的特性有流畅性（发散的量）、变通性（发散的灵活性）和独创性（发散的新奇成分）三个维度。

1）流畅性

流畅性用来衡量思维发散的速度（单位时间的量），是发散思维"量"的指标和基础。该特征代表心智灵活、思路通达。对同一问题，可想到的答案越多，表示思维的流畅性越好。例如，对于"如果你有了钱准备干什么？"这样一个问题，儿童 A 回答："买巧克力""买玩具"，而儿童 B 则回答："买书""买游戏机""买电影票""存银行""给妈妈买生日蛋糕"……此时，我们认为儿童 B 比儿童 A 具有更好的思维流畅性。又如，日本人把家居冰箱变通为微型冰箱，将家居冰箱转换到办公室、汽车、旅游等其他领域，有意识地增加了产品的使用场合，引导并开发了人们的潜在消费需求，从而达到了创造需求、开发新市场的目的。

2）变通性

变通性是发散思维"质"的指标，是思维发散的关键。该特征指个人面对问题时，不墨守成规，不钻牛角尖，能随机应变，触类旁通。对同一问题，答案类型越多者，变通性往往越高。例如，对于"面粉有什么用处？"这个问题，儿童 A 说出了"可以做面包、蛋糕、面条"等 10 种答案，但所有答案都与"食物"这个性质有关，而儿童 B 说出了"做馒头、调糨糊和洗葡萄"3 种答案。对比发现，虽然儿童 B 给出的答案的数量比儿童 A 少，即流畅性相对差些，但儿童 B 的变通性要比儿童 A 好，因为儿童 B 不仅利用了面粉的可食性，还利用了面粉的黏稠性和吸附性。又如，铅笔不仅能用来写字，必要时还能用来代替尺子画线，还能作为礼品送朋友表示友爱，铅笔芯磨成粉后可以做润滑粉，削下的铅笔屑可以做成装饰画……

3）独创性

独创性是发散思维的本质，表现为发散思维的新奇成分，是思维发散的目的。该特征是指个人面对问题时，能想出不同寻常的、超越自己也超越同辈甚至前辈的方法，具有新奇性。对同一问题，想法新奇独特者，其独创性往往越高。如英国著名作家毛姆的小说曾有一段时间销售不畅，于是他在报刊上刊登了一则征婚启事：本人年轻英俊，家有百万资产，希望获得和毛姆小说中主人公一样的爱情。结果毛姆的这一独特举动使他的小说在很短时间内就被抢购一空。毛姆运用了思维的独创性，取得了超乎寻常的效果。

历史上，美国南极探险队首次准备在南极过冬时，遇到了这样一个难题：队员们打算把船上的汽油输送到基地，但输油管的长度不够，又没有备用管子。正当大家一筹莫展时，队长帕瑞格突发奇想，既然南极到处都是冰，能不能用冰来做成冰管子呢？南极气温极低，屋外几乎是"点水成冰"，因此这个独特的想法并非不切实际的空想。但怎样才能使冰成为管状而又不破裂呢？帕瑞格又想到了医疗上使用的绷带，出发时带了不少这样的绷带。于是他们试着把绷带缠在铁管上，然后在上面浇水，水结成冰后，再拔出铁管，这样果然做成了冰管。把冰管一截一截地连接起来，需要多长就接多长。探险队就依靠这些独特的冰制管子，解决了输油管长度不够的难题。

2. 发散思维的一般方法

发散思维的方法有很多，概括起来主要有三种。

1）多维度发散法

材料发散法——以某个物品为"材料"，以其为发散点，设想它的多种用途。

功能发散法——从某事物的功能出发，构想获得该功能的各种可能性。

结构发散法——以某事物的结构为发散点，设想利用该结构的各种可能性。

形态发散法——以事物的形态为发散点，设想利用这种形态的各种可能性。

组合发散法——以某事物为发散点，尽可能多地把它与其他的事物进行组合成为新事物。

方法发散法——以某种方法为发散点，设想利用该方法的各种可能性。

因果发散法——以某个事物发展的结果为发散点，推测造成该结果的各种原因，或者由原因推测可能产生的各种结果。

1904年，一个叫欧内斯特·汉威的小贩，获准在圣路易斯世界博览会上摆摊出售查拉比饼。这是一种很薄的鸡蛋饼，可以同其他甜食一起食用。在他的小摊旁边，是一个用小盘子卖冰淇淋的摊子。这一天，他俩的生意都特别好，卖冰淇淋的小摊把盘子用完了，而小摊前面还站着许多顾客。眼看就要失去赚钱的大好机会，卖冰淇淋的小贩急坏了，欧内斯特·汉威也在一旁替他着急。一急之下，汉威想出了一个办法，他把查拉比饼趁热卷成一个圆锥形，等饼凉了便用它来代替盘子盛冰淇淋。这一应急措施出乎意料地大受欢迎，且被人们誉为"世界博览会的亮点"，这也是蛋卷冰淇淋的由来。汉威的这一办法虽然是在紧急情况下的急中生智，但还是不自觉地采用了材料发散法、功能发散法和结构发散法等。

2）假设推测法

假设的问题无论是任意选取的，还是有所限定的，所涉及的都应当是与事实相反的情况，是暂时不可能的或是现实不存在的事物对象或状态，如数学证明题的反证法。

由假设推测法得出的观念大多是不切实际的、荒谬的、不可行的，但这并不重要，重要的是有些观念在经过转换后，可以成为合理的、有用的思想。如廖基程在工厂劳动时看到工人们必须戴手套进行操作，手套又必须套得很紧，才能保证手指灵活自如。这样一来，戴上脱下手套的过程不但很麻烦，而且还很容易将手套弄坏。为此，他经常在想，能不能不这么麻烦？一天，他看到妹妹的手指上沾满了糨糊，糨糊快干的时候，变成了一层透明的薄膜，紧紧地裹在手指上，他想这不就是"手套"吗？不久，他就制成了一种像糨糊一样的液体，手放到这种液体里，一双柔软的"手套"便戴好了；不需要时，手在另一种液体里浸一下，"手套"便消失了。

3）集体发散思维法

发散思维不仅要用自己的大脑，有时候还需要用到身边的资源，集思广益。集体发散思维可以采取多种形式，如我们常常说的"诸葛亮会"，在设计方面，通常采用的"头脑风暴"……都是较好的集体发散思维法。

3. 发散思维的分类

发散思维一般可分为立体思维、逆向思维和侧向思维。

1）立体思维

立体思维也称"多元思维""全方位思维""整体思维""空间思维""多维型思维"，是指跳出点、线、面的限制，能从上下左右、四面八方去思考问题的思维方式，即要"立起来思考"。在科技发展过程中，有许多跃出平面，伸向空间的案例。小到弹簧、发条，大到奔驰的列车、高耸入云的摩天大厦……最典型的要数电子领域中的"格里佛小人"——集成电路了。将电子线路板制造成立体的，不仅上下两面有导电层，在线路板的中间也设有许多导电层，从而大大节约了原材料和空间，提高了效率。

杭州市的一名学生利用立体思维发明了立体文具盒、立体工具箱、立体报刊架等。又如立体绿化——屋顶花园；立体农业——玉米和绿豆间作，高粱和花生间作；立体森林——高大乔木下种灌木，灌木下种草，草下种食用菌；立体渔业——网箱养鱼；立体交通——根据需要和环境条件，修建大、中、小型立交桥等。

2）逆向思维

逆向思维也叫求异思维，它是将事物或观点反过来思考的一种思维方式，敢于"反其道而思之"，让思维向对立面的方向发展，从问题的相反面深入地进行探索，树立新思想，创立新形象。逆向思维的特点有：

（1）普遍性。逆向性思维在各种领域、各种活动中都有适用性。由于对立统一规律是普遍适用的，而对立统一的形式又是多种多样的，有一种对立统一的形式，就有一种逆向思维的角度，即逆向思维也有多种形式。如软与硬、高与低、上与下、气态变液态与液态变气态、电转为磁与磁转为电等，无论哪种方式，只要是从一个方面想到与之对立的另一方面，都属于逆向思维。

（2）批判性。逆向是与正向比较而言的，正向是指常规的、常识的、公认的或习惯的想法与做法，逆向思维则恰恰是对传统、惯例、常识的反叛，是对常规的挑战。逆向思维能够更好地克服思维定势，改变由经验和习惯形成的僵化认识模式。

（3）新颖性。循规蹈矩或按传统方式解决问题，虽然简单，但容易使思路陷入僵化、刻板的状态。事实上，任何事物都具有多方面属性，但受经验的影响，人们通常只看到熟悉的一面。逆向思维能克服这一障碍，其思路或解决问题的方法往往是出人意料、令人耳目一新的。

常见的逆向思维方法有：

（1）就事物依存的条件逆向思考，如司马光砸缸。

（2）就事物发展的过程逆向思考，如爬楼梯是人走路，而电梯可理解为"路走"人不动。

（3）就事物的位置逆向思考，如开展"假如我是××"的活动。

（4）就事物的因果关系逆向思考，如磁产生电，电产生磁。

在商业营销运作中，也常有逆向思维应用。如做钟表生意的都喜欢夸大自己的表准，而一个钟表厂却说他们的表不够准，每天会有 1 秒的误差，这种做法不但没有丢失顾客，反而让大家非常认可，踊跃购买。

3）侧向思维

当我们在一定的条件下不能解决问题或虽能解决问题但只能用传统方案时，可以用侧向思维来寻找创新性的突破。侧向思维要求我们彻底打破自我本位的思考方式，经常问自己以下一些问题：

别人正在做的我能不能不做？

别人不做或没有想到做的我能不能做？

其他行业、专业、企业的做法、思路、产品特点、发明创造等能否为我所用？

现在的产品、思路、方法能否改变原有路径，用到更能发挥其作用的地方？

侧向思维的形式主要表现如下。

（1）侧向移入。侧向移入就是跳出本专业、本行业的范围，摆脱习惯性思维，侧视其他方向，将注意力引向更广阔的领域；或者将其他领域已成熟的、较好的技术方法和原理等移植过来加以利用；或者从其他领域事物的特征、属性、机理中得到启发，进而对正在思考的问题产生创新设想。例如，为减小摩擦，人们一直在不断地改进着轴承，但正常思路无非是改变滚珠形状、轴承结构或润滑剂等，都没有大的突破。后来，有人把视野转到其他方向，想到高压空气可以使气垫船漂浮，同名磁极会相互排斥并保持一定的距离，于是将这些设想移入轴承中，发明了不用滚珠和润滑剂，只需向轴套中吹入高压空气使旋转轴呈悬浮状的空气轴承，还有用磁性材料制成的磁性轴承。侧向移入是解决技术难题或进行管理创新、产品创新最基本的思维方式，其应用实例不胜枚举。如鲁班由茅草叶的细齿发明了锯，威尔逊由大雾中抛石子的现象设计了探测基本粒子运动的云雾器，格拉塞观察啤酒冒泡的现象，提出了气泡室的设想……大量的实例说明，从其他领域借鉴或受启发是创新发明的一条捷径。

（2）侧向转换。侧向转换是指不按最初设想或常规解决问题，而是将问题转换成侧面的其他问题，或将解决问题的手段转为侧面的其他手段等。

（3）侧向移出。与侧向移入相反，侧向移出是指将现有的设想、已取得的发明、已有的感兴趣的技术和产品从现有的使用领域、使用对象中摆脱出来，将其外推到其他意想不到的领域或对象上。这也是一种立足于跳出本领域，克服线性思维的思考方式。如拉链的发明是为了解决系鞋带的麻烦，但发明人做了很大的努力仍然找不到销路。后来，一个服装店老板将思路引向了鞋带以外，生产出带拉链的钱包，赚了一大笔钱。从那以后，拉链几乎渗透到人类社会生产、生活的每一个角落，如衣服、枕套、笔盒等。

总之，无论是利用侧向移入、侧向转换还是侧向移出，关键都在于要善于观察，特别是要留心那些表面上似乎与思考问题无关的事物与现象，在研究对象的同时，间接注意其他一些偶然看到的或事先预料不到的现象。有时候，这些偶然并非是偶然，可能是侧向移入、移出或转换的重要对象或线索。

4．如何培养发散思维

1）发挥想象力，学会提问

当你观察一件事物或某种现象时，无论是初次接触还是此前有过多次接触，都要发挥想象力，多问几个为什么，并且养成习惯。发散思维的重点，不是找到一个准确答案，而是以不断提问的方式来一步步逼近答案。

例如，有一天，某汽车公司的一台生产配件的机器在生产期间突然停了。管理者立即把大家召集起来，进行了一系列的提问。

为什么断电？答：因为熔断器断了。

熔断器为什么断？答：因为超负荷而造成电流太大。

电流为什么会太大？答：因为轴承不够润滑。

轴承为什么不够润滑？答：因为油泵吸不到润滑油。

油泵为什么吸不到润滑油？答：因为抽油泵产生了严重的磨损。

抽油泵为什么产生了严重的磨损？答：因为油泵未装过滤器而使铁屑混入。

在上面的提问中，连续用六个"为什么"找到了问题的根本原因。当然，实际解决过程并不会像上面叙述得那么顺利，但主要的思路基本是这样。在这些提问中，当第一个"为什么"解决后就停止追问，认为问题已经得到解决，换上熔断器，用不了多久熔断器还会断，因为问题没有得到根本的解决。在解决问题时，要多问几个为什么，做到"刨根问底"，这样才能使问题从根本上得到解决，尽可能消除隐患。

德国著名哲学家黑格尔说过："创造性思维需要有丰富的想象。"

一位老师在课堂上给同学们出了一道有趣的题目：砖都有哪些用处？要求同学们尽可能发挥想象力多想一些，想得远一些。马上就有同学想到砖可以造房子、垒鸡舍、修长城，有的同学还想到古代人们把砖刻成工艺品……有一位同学的回答很有意思，他说砖可以用来吸水。从发散性思维的角度看，这位同学的回答可以得到高分，因为他的思路已经延伸到化学、材料等角度。我们可以从砖的各种属性去分析其用途。

从砖的质量：压纸、腌菜、砝码、哑铃等；

从砖的固定形状：尺子、多米诺骨牌、垫脚等；

从砖的颜色：在水泥地上当"笔"画画、压碎的红粉做成指示牌、磨碎掺进水泥里做颜料等；

从砖的硬度：凳子、锤子、支书架、磨刀等；

从砖的化学性质：吸水、干燥等；

从砖的材料：盖房子（包括盖大厦、宾馆、教室、仓库……）、铺路面、修烟囱等。

另外，砖还可以装饰墙壁、装饰地面、装饰路面，甚至还可以进行雕刻。总之，砖有很多用途。

再如，一位妈妈从市场上买回一条活鱼，女儿走过来，妈妈看似无意地问女儿："你想怎么吃？""煎着吃！"女儿不假思索地回答。妈妈又问："还能怎么吃？""油炸！""除了这两种，还可以怎么吃？"女儿想了想："烧鱼汤。"妈妈穷追不舍："你还能想出几种新的吃法吗？"女儿盯着天花板，仔细想一会儿，终于又想出了几种："还可以蒸、醋熘，或者吃生鱼片。"妈妈还要女儿继续想，这次，女儿思考了半天才答道："还可以腌咸鱼、晒鱼干。"妈妈先夸奖女儿聪明，然后又提醒女儿："一条鱼还可以有两种吃法，如鱼头烧汤、鱼身煎，或者一鱼三吃、四吃，是不是？"女儿点点头："妈，我想用鱼头烧豆腐，鱼身子煎着吃，可以吗？"

妈妈和女儿的这番对话，实际上就是在对孩子进行发散性思维训练。

培养学生的创造性既要靠老师，也要靠家长。要善于从教学和生活中捕捉能激发学生创造欲望的机会，为他们提供一个能充分发挥想象力的空间与契机，让他们也有机会"异想天开"。

2）淡化标准，提倡个性

有一个故事，老师问小朋友，天上有几个太阳，小朋友说天上有许多个太阳，老师说错了，天上只有一个太阳，记住啦！小朋友的好奇心就这样被抹杀了。也许在小朋友心中，挂在天上的、发光的，都是"太阳"，所以他们才会说出有许多个太阳。而老师的一句"你错了"抹杀了小朋友关于"太阳"所有的想象，仅剩下"有一个太阳"。

还有一个例子，有许多大学生在一间屋子里接受测试，测试人员要求他们计算那间屋子的面积。题目一出，大部分学生都傻眼了，因为他们根本不知道那间屋子的长和宽，而手中又没有测量长度的工具。于是，大部分学生都放弃了测试，只有少部分学生留了下来。留下来的学生有的用手、有的用脚量了起来，最后都算出了屋子的面积。在这个实例中，放弃测试的那部分学生深受"标准化"答案的影响，也就是"倘若要计算面积，必须知道长和宽，而要知道长和宽，就必须有测量长和宽的工具"。在这里，"长和宽及测量长和宽所需要的工具"就成了他们得到"标准"答案的前提，离开了这个前提，他们就无所适从了。

个性化思维是多项思维、高质量的思维。只有在思考时尽可能多地给自己提一些"假如……""假定……""否则……"之类的问题，才能使个性化思维得到发展，才能想到别人从未想过的问题。

老师在教学中要多表扬、少批评，让学生建立自信、认可自我，鼓励学生求新，训练学生沿着新方向、新途径去思考新问题，超越已知，寻求首创性的思维。

3）集思广益、打破常规

因为不同的人观察问题的角度、分析问题的方式不同，就会有不同的观点和解决问题的方法。不同的人聚集在一起，交流各自的思想，每个人都能吸收到有益的建议。通过对照，我们也会在潜移默化中学习到对方的思考方法，实现个人思维能力的进一步提升。所以，要培养发散性思维能力，应该尽量多与人沟通、交流。

用什么方法能使冰最快地变成水？一般人往往回答要加热、太阳晒等，但答案是"去掉两点水"。如果你只有常规的思维方法，是很难找到答案的。在类似猜字谜等游戏中，打

43

破常规去思考显得更重要。

不要讲话（打一字）——谜底：吻；

山上复又山（打一字）——谜底：出；

孔子登山（打一字）——谜底：岳；

太阳挂在树顶上（打一字）——谜底：果；

太阳西边下，月儿东边挂（打一字）——谜底：明；

太阳王（打一字）——谜底：旺；

说不叫说，拿不叫拿（打一字）——谜底：最；

水上人家（打一字）——谜底：沪。

4）不迷信权威、大胆质疑

一位科学家说，当器皿盛满水时，放任何东西都会溢出来，但放鱼不会溢。一个小女孩回家做了试验，发现放鱼水也会溢出来。于是，她就去反驳科学家。那个小女孩就是居里夫人的女儿。明代哲学家陈献章说过："前辈谓学贵知疑，小疑则小进，大疑则大进。"质疑能力的培养对思维发展和创新意识都具有重要作用。

17世纪下半叶，牛顿认为光是一种微粒流，并用它解释光的直线传播、镜面反射、界面折射等现象。但惠更斯却持不同态度，他认为微粒说不能解释更复杂的衍射、干涉等现象，主张光是以太波。由于牛顿的声望更高，多数人支持微粒说，但惠更斯仍坚持自己的见解。随着研究的深入，到19世纪初，波动说最终战胜了微粒说。

古希腊的亚里士多德认为，物体下落的快慢是不一样的，物体越重，下落的速度越快。如10千克的物体，下落的速度要比1千克的物体快。之后的1700多年，人们一直把这个学说当成真理。但年轻的伽利略根据自己的经验大胆地对亚里士多德的学说提出了疑问，并亲自动手做了实验。他站在比萨斜塔上，拿着两个大小一样但质量不等的铁球，一个重10磅，是实心的，一个重1磅，是空心的。实验开始了，伽利略两手各拿一个铁球，大声喊道："你们看清楚，铁球就要落下去了。"说完，他把两手同时张开。人们看到，两个铁球平行下落，几乎同时落到了地面上。在场的人都目瞪口呆。伽利略的实验揭开了落体运动的秘密，推翻了亚里士多德的学说。这个实验在物理学的发展史上具有划时代的重要意义。

孟子说："尽信书，则不如无书。"真理有其绝对性，又有其相对性，任何一篇文章都有其可推敲之处。鼓励学生大胆质疑书本，引导学生发表独特见解，是提升学生创新能力的重要一环。在质疑过程中，学生创造性地学，教师创造性地教，将机械性记忆转变为理解性记忆，让学生尝到学习、创造的乐趣。

5）逆向思维，结果迥异

与常规思维不同，逆向思维是反过来思考问题，是用大多数人不会去想的思维方式思考问题。运用逆向思维思考和处理问题，实际上就是以"出奇"达到"制胜"。逆向思维往往能提出超常的见解，其结果常常会令人大吃一惊。逆向思维不受旧观念束缚，不满足于"人云亦云"，不迷恋于传统看法，积极突破常规，标新立异，但逆向思维并不违背生活实际。如早些年，生产抽油烟机的厂家都在如何能"不粘油"上下功夫，但绝对不粘油又是做不到的，用户每隔半年左右还是要清洗一次抽油烟机。但美国有一位发明家却从相反方向去考虑问题，他发明了一种专门能吸附油污的纸，将这种纸贴在抽油烟机的内壁上，油污就被纸吸收了，用户只需定期更换吸油纸就能保证抽油烟机干净如初。这就是逆向思维的典型实例。

20世纪50年代，世界各国都在研究制造晶体管的原料——锗，其中的关键技术是将锗提纯。日本著名半导体专家、诺贝尔奖获得者江崎和助手在长期实验中发现，无论多么仔细地操作，还是会混入杂质。有一天，他突然想，假如采用相反的操作过程，有意添加少量杂质，结果会怎样呢？经过实验，当将锗的纯度降低到原来的一半时，一种性能优良的半导体材料诞生了。这是逆向思维成功的又一实例。

美国朗讯公司的贝尔实验室培养了11位诺贝尔奖获得者，在学术界，能进入贝尔实验室工作是一种无上的光荣。贝尔实验室的创办人塑像下镌刻着一段话："有时需要离开常走的大道，潜入森林，你肯定会发现前所未有的东西。"

让我们也常常潜入"森林"，另辟蹊径，去发现、去领略从未见过的绮丽风光吧！

三、案例分析

案例1　孙膑智胜魏惠王

孙膑是战国时期著名的军事家。有一次，魏惠王故意刁难孙膑说："听说你挺有才能，如你能使我从座位上走下来，就任命你为将军。"魏惠王心想：我就是不起来，你又奈我何！孙膑想：我不能强行把他拉下来，怎么办呢？只有让他自己走下来。于是，孙膑对魏惠王说："我确实没有办法使大王从宝座上走下来，但我却有办法使您坐到宝座上。"魏惠王心想：这不是一回事吗，我就是不坐下，你又奈我何！于是，便乐呵呵地从座位上走下来。孙膑马上说："我现在虽然没有办法使您坐回去，但我已经使您从座位上走下来了。"魏惠王方知孙膑的智慧。

案例2　"白痴"咖喱粉

日本HU-OSE食品工业公司的浦上董事长对新品种咖喱粉的开发情有独钟。他曾按逆向思维推出与传统咖喱粉大为不同的不辣咖喱粉。当时的食品业对浦上大加嘲讽，认为他是"发疯了"。当时，在世界任何地方，咖喱粉都是辣的。但出乎意料的是，被断言卖不出去的"白痴"咖喱粉推出不到一年，竟成为日本最畅销的调味品之一，至今仍然畅销不衰。

案例3　农夫分牛

据说，作家托尔斯泰设计过一道题：有个农夫，死后留下一些牛，他在遗书中说妻子得全部牛的半数加半头，长子得剩下的牛的半数加半头，其长子所得正好是其妻子所得的一半；次子得还剩下的牛的半数加半头，正好是长子的一半；长女分得最后剩下的半数加半头，正好等于次子所得的一半。结果，一头牛也没杀，也没有牛被剩下。问农夫总共留下多少头牛？

思考和解答这道题，如果先假设一些情况（假设共有20头牛或共有30头牛），再对它们逐一验证和排除，自然是可以的，但这样不免有些烦琐。

解这道题最好是采用逆向思维，倒过来想、倒过来算：

长女既然得到的是最后剩下的牛的"半数"再加"半头"，且一头都没杀，也没有剩下，那么，她得到的必然是：1头。

长女得到的牛是次子的一半，那么，次子得到的牛就是长女的2倍：2头。

同理，长子得到4头，妻子得到8头。

把4人得到的牛相加可得，农夫留下的牛是15头。

四、自我训练

1. 创建计划书

制订防脚手架倒塌的创新计划,如表 2-3 所示。

表 2-3 制订防脚手架倒塌的创新计划

以发散思维方式,从脚手架倒塌的案例出发,进行思维发散,找出倒塌的原因:设计不合理,材料不合格,搭建不符合安全规范,受力太大,受力不均匀,地面不牢固等。现有防止倒塌的措施:更严格的管理标准,监理脚手架搭建,定期对脚手架进行人工检测等。然而,脚手架倒塌的事故仍然时有发生。 分析原因:缺乏自动监测和预警、报警装备。		
1. 脚手架特征描述	人工搭建,要求牢固、承压强	
	数量多、高度高	
2. 防脚手架倒塌的方法	强制管理	对出现事故的相关企业、人员加大处罚力度
	多重加固	提高人员素质和意识
	实时监控	创新方法
3. 技术管理方法描述	1. 加固 控制手段_____。 2. 实时监控 控制手段_____。	
4. 解决方案描述	找出实时监控、预警的智能方法更加有效	
5. 防脚手架倒塌的系统设计	1. 设计若干传感器,监控脚手架的倾斜和沉降; 2. 检测相对传感器的变化量; 3. 构建倾斜和沉降倒塌的模型; 4. 突破预警量及时报警。 结论:实时监控、预警	
6. 自我评价	1. 列出所有方案。 2. 找出一种或几种可实现的方案。 3. 说明用到了哪些发散思维	

2. 撰写专利文件的主要内容

(注:为保证教材的规范和统一,对原专利申请书的文件做了适当改动。)

针对创新计划书,通过分析与比较,依据脚手架倒塌的现状,采用对脚手架进行检测的技术解决方案进行智能检测,以防止人工无法实时了解检测脚手架状态和易出现误检或漏检现象。其撰写的专利文件如下。

文件 1: 　　　　　　　　　说明书摘要

本发明公开了一种脚手架安全监测系统和方法,采用位移采集模块和双轴倾斜采集模块对脚手架易发生位移或倾斜的部位进行监测。终端分析模块对各采集模块发送的数据进行分析,判定脚手架是否会发生倒塌,并在判定脚手架会发生倒塌时发出预警,节省人力,可对脚手架进行实时监测,有效减少事故发生及人员伤亡。每个采集模块自带无线

通信单元，将采集的数据通过无线通信方式传输给终端分析模块，不需要布线，安装灵活，易于扩展增加采集模块。

文件2: **权利要求书**

1. 一种脚手架安全监测系统，其特征在于，包括位移采集模块、双轴倾斜采集模块和终端分析模块。位移采集模块和双轴倾斜采集模块分别与终端分析模块连接。其中，位移采集模块包括依次连接的位移传感器、第一微处理器和第一无线通信单元，双轴倾斜采集模块包括依次连接的双轴倾斜传感器、第二微处理器和第二无线通信单元，终端分析模块包括第三无线通信单元、CPU处理单元、显示单元和报警单元。第三无线通信单元、显示单元和报警单元分别与CPU处理单元连接。第一无线通信单元和第二无线通信单元分别与第三无线通信单元无线连接。

2. 一种脚手架安全监测方法，包括以下步骤。

步骤1，建立权利要求1所述的脚手架安全监测系统：对脚手架结构进行分析，找出容易松动的部位，在上述部位布置位移采集模块和双轴倾斜采集模块。位移采集模块和双轴倾斜采集模块分别与终端分析模块建立通信连接。

步骤2，脚手架实时状态采集：位移采集模块和双轴倾斜采集模块分别测量脚手架各部位的实时位移数据和倾斜数据，并将数据传输给终端分析模块。

步骤3，脚手架实时状态分析：终端分析模块的CPU处理单元将获得的脚手架各部位的位移数据和倾角数据加载到预存的脚手架原三维模型上，生成实时脚手架三维模型。将实时脚手架三维模型与预存的五种事故模型进行相似度比较，并将各部位的位移数据和倾角数据与最相似的事故模型的各部位的位移阈值和倾角阈值相比较，分析对比做出脚手架是否发生倒塌的判定。其中，五种事故模型分别为下沉、单向倾斜、上部张开、既下沉又单向倾斜和既下沉又上部张开模型。分析得到的上述各事故模型临近倒塌时，各部位的位移数据和倾角数据为上述事故模型各部位的位移阈值和倾角阈值。

步骤4，脚手架实时状态显示和报警：终端分析模块的CPU处理单元将生成的实时脚手架三维模型通过显示单元显示，并当判定脚手架会发生倒塌时触发报警单元发出报警。

3. 根据权利要求2所述的脚手架安全监测方法，其特征在于，步骤3还包括：终端分析模块的CPU处理单元将获得的脚手架各部位的位移数据和倾角数据进行保存，统计分析预设时间段内的各部位的位移数据和倾角数据的变化，得到位移或倾斜加剧的部位并在实时脚手架三维模型中进行标识。

文件3: **说明书**
一种脚手架安全监测系统和方法

技术领域

本发明涉及建筑安防技术领域，具体涉及一种脚手架安全监测系统和方法。

背景技术

脚手架是建筑施工现场为工人操作解决垂直和水平运输而搭设的各种支架，属于建筑辅助工具。有关统计表明：在中国建筑施工系统每年所发生的伤亡事故中，大约1/3与脚手架有关。设计不合理、使用不合格材料或搭建加固不符合安全规范等，都易导致脚手架发生倒塌。虽然目前脚手架安全方面得到了重视，相关部门制定了管理规范，其中包括定期对脚手架进行人工检测，检查脚手架连接点是否发生松弛或钢管是否发生弯曲等。然而，仅靠人工检测有时会出现误检或漏检，而且工作量大，无法时刻对脚手架状态进行监测，同样存在安全隐患。

发明内容

本发明解决的技术问题是目前需人工对脚手架进行检测，无法实时了解脚手架状态，易出现误检或漏检现象。

本发明为解决上述问题，提出了一种脚手架安全监测系统，包括位移采集模块、双轴倾斜采集模块和终端分析模块。位移采集模块和双轴倾斜采集模块分别与终端分析模块通信连接。其中，位移采集模块包括依次连接的位移传感器、第一微处理器和第一无线通信单元，双轴倾斜采集模块包括依次连接的双轴倾斜传感器、第二微处理器和第二无线通信单元，终端分析模块包括第三无线通信单元、CPU 处理单元、显示单元和报警单元。第三无线通信单元、显示单元和报警单元分别与 CPU 处理单元连接。第一无线通信单元和第二无线通信单元分别与第三无线通信单元进行通信。

本发明还提出了一种脚手架安全监测方法，包括以下步骤。

步骤 1，建立脚手架安全监测系统：对脚手架进行易倒塌分析，找出容易发生变形的部位，在上述部位布置脚手架安全监测系统的位移采集模块和双轴倾斜采集模块。将位移采集模块和双轴倾斜采集模块分别与终端分析模块建立通信连接。

步骤 2，脚手架实时状态采集：位移采集模块和双轴倾斜采集模块分别测量脚手架各部位的实时位移数据和倾斜数据，并将数据传输给终端分析模块。

步骤 3，脚手架实时状态分析：终端分析模块的 CPU 处理单元将获得的脚手架各部位的位移数据和倾角数据加载到预存的脚手架原三维模型上，生成实时脚手架三维模型。将实时脚手架三维模型与预存的五种事故模型进行相似度比较，并将各部位的位移数据和倾角数据与最相似的事故模型的各部位的位移阈值和倾角阈值相比较，分析对比做出脚手架是否发生倒塌的判定。其中，五种事故模型分别为下沉、单向倾斜、上部张开、既下沉又单向倾斜和既下沉又上部张开模型。分析得到的上述各事故模型临近倒塌时各部位的位移数据和倾角数据为上述事故模型各部位的位移阈值和倾角阈值。

步骤 4，脚手架实时状态显示和报警：终端分析模块的 CPU 处理单元将生成的实时脚手架三维模型通过显示单元显示，并在判定脚手架会发生倒塌时触发报警单元发出报警。

作为本发明的进一步改进，步骤 3 脚手架实时状态分析步骤中还包括：终端分析模块的 CPU 处理单元将获得的脚手架各部位的位移数据和倾角数据进行保存，统计分析预设时间段内的各部位的位移数据和倾角数据的变化，得到下沉或倾斜加剧的部位并在实时脚手架三维模型中进行标识。利用此步骤对脚手架发生较大移位或倾斜的部位进行定位，为工作人员检修提供依据，便于及时对松动部位进行加固，防患于未然。

本发明的有益效果：本发明采用位移采集模块和双轴倾斜采集模块对脚手架易发生位移和倾斜的部位进行监测，终端分析模块对各采集模块测得的数据进行分析，判定脚手架是否会发生倒塌，并在判定脚手架会发生倒塌时发出预警，可对脚手架进行实时监测，有效减少事故发生及人员伤亡。每个采集模块自带无线通信单元，将采集的数据通过无线通信方式传输给终端分析模块，不需要布线，安装灵活，易于扩展加设采集模块。

附图说明

图 2-3 是本发明脚手架安全监测系统的结构框图。

图 2-4 是本发明脚手架安全监测方法的流程图。

具体实施方式

如图 2-3 所示，本发明提供了一种脚手架安全监测系统，包括位移采集模块、双轴倾斜采集模块和终端分析模块。位移采集模块和双轴倾斜采集模块分别与终端分析模块通信连接。其中，位移采集模块包括依次连接的位移传感器、第一微处理器和第一无线通信单元，双轴倾斜采集模块包括依次连接的双轴倾斜传感器、第二微处理器和第二无线通信单元，终端分析模块包括第三无线通信单元、CPU 处理单元、显示单元和报警单元。第三无线通信单元、显示单元和报警单元分别与 CPU 处理单元连接。第一无线通信单元和第二无线通信单元分别与第三无线通信单元进行通信。

多个位移采集模块与多个双轴倾斜采集模块优化布置在脚手架上。位移采集模块用于测量脚手架该部位的位移数据，并将数据发送给终端分析模块。双轴倾斜采集模块用于测量脚手架该部位的倾角数据，并将数据发送给终端分析模块。具体的位移采集模块中位移传感器输出电平信号，微处理器接收到电平信号后经过处理得到位移传感器移动的相对位移量，将得到的相对位移量及自身位置信息通过第一无线通信单元发送给终端分析模块的第三无线通信单元。双轴倾斜采集模块中双轴倾斜传感器输出电平信号，第二微处理器接收到电平信号后经过处理得到相对倾角量，将得到的相对倾角量及自身位置信息通过第二无线通信模块发送给终端分析模块的第三无线通信单元。

终端分析模块的第三无线通信单元获得第一无线通信单元和第二无线通信单元发送的数据后，将数据传输给 CPU 处理单元。CPU 处理单元将获得的脚手架各部位的位移数据和倾角数据加载到预存的脚手架原三维模型上，结合后生成实时脚手架三维模型，并通过显示单元进行显示。CPU 处理单元将实时脚手架三维模型与预存的五种事故模型进行相似度比较，并将各部位的位移数据和倾角数据与最相似的事故模型的各部位的位移阈值和倾角阈值相比较，分析对比做出脚手架是否发生倒塌的判定，当判定脚手架会发生倒塌时触发报警单元发出报警。上述五种事故模型分别为下沉、单向倾斜、上部张开、既下沉又单向倾斜和既下沉又上部张开模型。分析得到的上述各事故模型发生倒塌时各部位的位移数据和倾角数据为上述事故模型各部位的位移阈值和倾角阈值。

如图 2-4 所示，本发明提供了一种脚手架安全监测方法，包括以下几个步骤。

步骤 1，建立脚手架安全监测系统：对脚手架进行结构分析，找出容易松动的部位，在上述部位布置脚手架安全监测系统的位移采集模块和双轴倾斜采集模块，将位移采集模块和双轴倾斜采集模块分别与终端分析模块建立通信连接。

步骤 2，脚手架实时状态采集：位移采集模块和双轴倾斜采集模块分别测量脚手架各部位的实时位移数据和倾斜数据，并将数据传输给终端分析模块。

步骤 3，脚手架实时状态分析：终端分析模块的 CPU 处理单元将获得的脚手架各部位的位移数据和倾角数据加载到预存的脚手架原三维模型上，生成实时脚手架三维模型。将实时脚手架三维模型与预存的五种事故模型进行相似度比较，并将各部位的位移数据和倾角数据与最相似的事故模型的各部位位移阈值和倾角阈值相比较，分析对比做出脚手架是否发生倒塌的判定。其中，五种事故模型分别为下沉、单向倾斜、上部张开、既

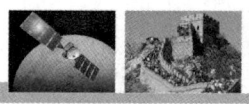

下沉又单向倾斜和既下沉又上部张开模型。分析得到的上述各事故模型临近倒塌时各部位的位移数据和倾角数据为上述事故模型各部位的位移阈值和倾角阈值；

步骤4，脚手架实时状态显示和报警：终端分析模块的CPU处理单元将生成的实时脚手架三维模型通过显示单元显示，并在判定脚手架会发生倒塌时触发报警单元发出报警。

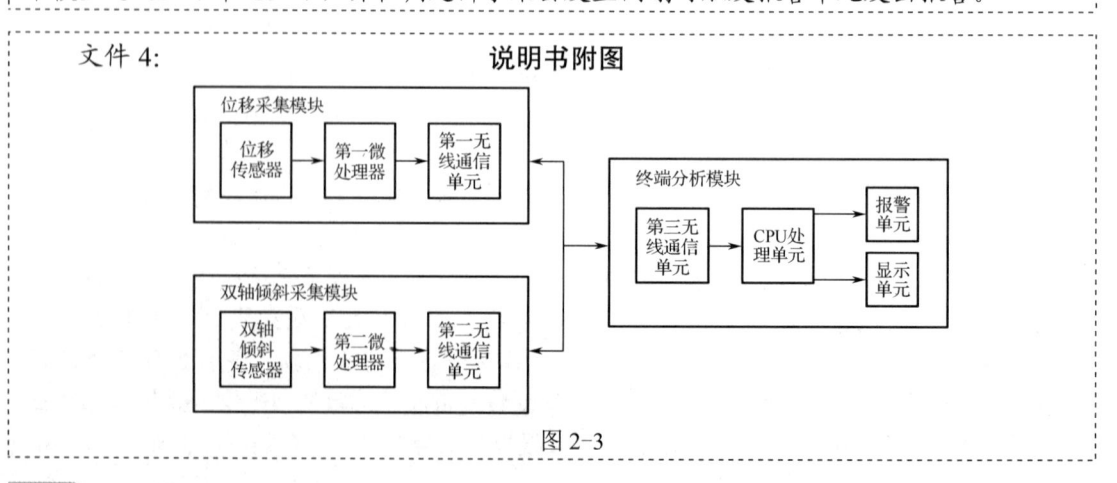

优选的步骤3脚手架实时状态分析步骤中还包括：终端分析模块的CPU处理单元将获得的脚手架各部位的位移数据和倾角数据进行保存，统计分析预设时间段内的各部位的位移数据和倾角数据的变化，得到下沉或倾斜加剧的部位并在实时脚手架三维模型中进行标识。

本发明的优选实施方式的具体工作流程如下。

建立脚手架安全监测系统，对新搭建的脚手架结构进行分析，找出脚手架容易松动的部位，松动时连接杆会发生位移或倾斜，故在上述部位布置位移采集模块和双轴倾斜采集模块，位移采集模块和双轴倾斜采集模块分别与终端分析模块建立通信连接。

终端分析模块初始化，终端分析模块的CPU处理单元中运行有建模分析软件，利用建模分析软件对新搭建的脚手架进行建模，生成脚手架原三维模型，通过专家经验分析建立脚手架发生倒塌的五种事故模型，分别为下沉、单向倾斜、上部张开、既下沉又单向倾斜和既下沉又上部张开模型，并分析得到这五种事故模型临近倒塌时易松动部位（上述安装有位移采集模块和双轴倾斜采集模块的部位）的位移数据和倾角数据，作为各部位的位移阈值和倾角阈值。

脚手架实时状态采集，位移采集模块和双轴倾斜采集模块分别测量脚手架各部位的实时位移数据和倾斜数据，并将数据传输给终端分析模块。

脚手架状态实时监测，终端分析模块的CPU处理单元将获得的脚手架各部位的位移数据和倾角数据进行保存，并将数据加载到预存的脚手架原三维模型上，脚手架根据位移数据和倾角数据发生相应变化后生成实时脚手架三维模型。将实时脚手架三维模型与预存的五种事故模型进行相似度比较，并将各部位的位移数据和倾角数据与最相似的事故模型的各部位的位移阈值和倾角阈值相比较，分析对比做出脚手架是否发生倒塌的判定。统计分析预设时间段内的各部位的位移数据和倾角数据的变化，得到位移或倾斜加剧的部位并在实时脚手架三维模型中标识出来。

脚手架实时状态显示和报警，终端分析模块的CPU处理单元将生成的实时脚手架三维模型通过显示单元显示，并在判定脚手架会发生倒塌时触发报警单元发出报警。

文件4: **说明书附图**

图2-3

> 步骤1，建立脚手架安全监测系统：对脚手架进行易倒塌分析，找出容易发生变形的部位，在上述部位布置脚手架安全监测系统的位移采集模块和双轴倾斜采集模块。将位移采集模块和双轴倾斜采集模块分别与终端分析模块建立通信连接
>
> 步骤2，脚手架实时状态采集：位移采集模块和双轴倾斜采集模块分别测量脚手架各部位的实时位移数据和倾斜数据，并将数据传输给终端分析模块
>
> 步骤3，脚手架实时状态分析：终端分析模块的CPU处理单元将获得的脚手架各部位的位移数据和倾角数据加载到预存的脚手架原三维模型上，生成实时脚手架三维模型。将实时脚手架三维模型与预存的五种事故模型进行相似度比较，并将各部位的位移数据和倾角数据与最相似的事故模型的各部位的位移阈值和倾角阈值相比较，分析对比出脚手架是否发生倒塌的判定。其中，五种事故模型分别为下沉、单向倾斜、上部张开、既下沉又单向倾斜和既下沉又上部张开模型。分析得到的上述各事故模型临近倒塌时各部位的位移数据和倾角数据为上述事故模型各部位的位移阈值和倾角阈值
>
> 步骤4，脚手架实时状态显示和报警：终端分析模块的CPU处理单元将生成的实时脚手架三维模型通过显示单元显示，并在判定脚手架会发生倒塌时触发报警单元发出报警

图 2-4

五、检验评估

1. 思考题

（1）王先生打电话给妻子，"我现在就回家，估计 10 分钟后到。""好的。"妻子说，"那么，待会见。"王先生的家离公司很近，他离开公司是晚上 6 点 30 分，到家是 6 点 43 分。他一下车，妻子就很愤怒地走过来要与他理论。那么，王先生到底做了什么呢？

（2）一个水桶放在雨中，当雨垂直落下时，一小时便盛满了水；假如雨的大小不变，但是斜着落下来的，那么，盛满水的时间是变长了还是变短了？

（3）一个交警执勤时，看到一个小女孩转过拐角超过他走了，他朝小女孩笑了笑。几分钟后，小女孩又转过拐角从他身边经过。接下来好几次都是这样，而且小女孩一次比一次显得更焦虑。最后，交警耐不住问："小朋友，你在这儿走来走去干什么呢？"猜一猜小女孩是怎样回答的？

（4）刘先生发现他家池塘里有很多青蛙，有时候出现一只绿色的，有时候出现一只褐色的，有时候出现一只花色的，还看到过几只小青蛙。刘先生想了解池塘里到底有多少只青蛙，他数了好几次，但每次数得都不一样。那么，如何才能准确地知道池塘里有多少只青蛙呢？（不能抽干池塘里的水）

（5）镇上有个理发师，手艺非常好。这一天，镇长颁布了一条"法令"：每个人都不能留胡子，但又不允许自己剃须。这样，理发师因为镇上人人都来剃须而生意兴隆。但谁来给理发师剃须呢？"

（6）为什么中国人比日本人牙膏用得多？

（7）一个失聪的人看到一条鲨鱼正在向一个潜水员靠近，他如何才能将这个消息告诉这个潜水员呢？

（8）北风和一条通往北方的路有何区别？

（9）用两种方法算 5 个 5，怎么算出 24，8 个 8 怎么得出 100？

（10）问题：有一头重四百斤的猪，一座小桥只能承重两百斤。猪怎么过桥？条件：

① 猪是活猪，任何解决方案都不得涉及切割猪；

② 不要引入人的因素，即不要涉及人怎样帮它；

③ 是过桥，不是过河，不要说游过去；

④ 是过桥，不是过涧，不要说飞过去；

⑤ 桥只能承重两百斤且固定，把桥挪到平地上或让猪过另一座承重超过四百斤的桥的方案都属改变题目；

⑥ 不是文字游戏，不要说"猪晕过去了"。

（11）在一辆运行的公交车里，买票的人只有三分之一。乘客中没有小孩，也没有老年人。请问，这是为什么？

（12）村边有一棵树，树下有一头牛。牛的主人拿着饲料过来并刻意把饲料放在离树很远的地方。没过多久，牛还是把饲料全吃光了。这是怎么回事？

（13）一次考试后，阅卷老师发现 50 份试卷中，有 15 份试卷答案是完全一样的。这是什么原因？（考试过程中没有人作弊）

（14）一男子惊恐地发觉头部的某处有个黑色的东西，但他没有求医问药，就顺利地除掉了那个黑色的东西。他是怎么做到的？

（15）假设一架飞机不偏不倚正好坠落在美国和加拿大的边界上。在这种情况下，该在哪个国家埋葬幸存者？

答案：

（1）他到家是第二天早上 6 点 43 分。

（2）一样长。

（3）不会过马路。

（4）一只只拿出来数。

（5）理发师是女的。

（6）中国人口比日本多。

（7）他可以喊"鲨鱼！"。

（8）方向相反。

（9）(5×5×5-5)÷5=24，[(8+8)÷8+8]×[(8+8)÷8+8]=100。

（10）答案一：桥比猪短，猪没有全部站在桥上；

答案二：是只母猪，过桥前生了 10 只小猪，一只一只过去，然后全过去了；

答案三：地球是圆的，可以向反方向跑，总有一天会到桥对面；

答案四：如果这头猪跑得够快的话，超过 7.9 千米/秒，就可以安全过桥。

（11）因为车上有 1 名乘客，1 名驾驶员和 1 名售票员。

（12）牛并没有被拴在树上或拴牛的绳子很长。

（13）这 15 份试卷交的是白卷或整套试卷全部是选择题，而这 15 份试卷得的都是满分。

（14）洗掉的。

（15）幸存者不用埋。

2. 训练题

（1）字的流畅。

请在15个"十"字上最多加四笔构成新的字。

十、十、十、十、十、十、十、十、十、十、十、十、十、十、十

请在"一"字、"日"字、"人"字、"口"字、"大"字、"土"字的上、下、左、右或上下一起各加笔画写出尽可能多的字来（每个字至少写出3个）。

（2）观念的流畅。

尽可能多地说出衣服的用途。

尽可能多地说出笔的用途。

什么"花"不能摸？

什么"饼"不能吃？

什么"钱"不能花？

什么"狗"不是狗，什么"虎"不是虎？

什么"虫"不是虫，什么"书"不是书？

什么"井"不是井，什么"池"不是池？

（3）思维的流畅。

举例，智能手机存在的问题：

① 容易摔坏；

② 拿手机的手不能再做其他事情；

③ 经常需要充电；

④ 走路玩手机易摔倒；

⑤ 易进水；

⑥ 携带不方便；

⑦ 样式单调、形状太少；

⑧ 青少年玩游戏没节制；

⑨ 忘记关闭铃声会影响别人；

……

3. 填表题

完成表2-4。

表2-4 需完成的表

序号	事件	答案
1	种四棵树，要求每两棵树之间的距离都相等	
2	用四根筷子摆一个田字	
3	加一笔使算式9+9+9=958成立	
4	用8根火柴做1个正方形和4个三角形（火柴不能弯曲或折断）	

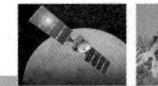

续表

序号	事件	答案
5	为解决脱水缸的颤抖和由此产生的噪声问题,工程技术人员想了许多办法,如加粗转轴、加硬转轴,均无效。你知道最后他们想了一个什么办法吗	
6	传统的破冰船,依靠自身的质量来压碎冰块,即它的头部采用高硬度材料制成,但因为这样的船十分笨重,转向不便,所以这种船非常害怕侧向来的水。后来是怎么改善这个问题的,你知道吗	

表 2-4 的参考答案,如表 2-5 所示。

表 2-5 表 2-3 的参考答案

序号	参 考 答 案
1	一棵树种在山顶上,其余三棵树只要与之构成正四面体就能符合题意要求了
2	四根筷子按 2×2 的方式摆一起,从方形一侧侧视,就是一个田字
3	第一个加号变为 4
4	正四棱锥
5	用软轴代替硬轴,同时解决了颤抖和噪声两大问题
6	让破冰船潜入水下,依靠浮力从冰下向上破冰。新式破冰船设计得非常灵巧,不仅节约了原材料,而且不需要很大的动力,自身的安全性也大为提高

4. 实训题

仔细观察一栋大厦的消防系统,如报警器、消防栓、消防柜、消防柜门控、水带、水管、水管阀门、水带接头、消防器材的使用说明等。要求完成:

(1) 详细记录这栋大厦消防系统的设备名称及数量,并备注某些设备存在的缺陷。(不少于 200 字)

(2) 根据某个设备存在的缺陷,说明你想解决的问题。(列举不少于 10 条)

(3) 选取其中一条,说明你的解决方案。(至少有一个可行方案,某些模块的具体方案可待定)

(4) 针对第 (3) 条,查阅中国知网、中国专利信息网,认真研究他人的专利。

5. 评价表

完成评价表,如表 2-6 所示。

表 2-6 评价表

评价指标	检验说明	检验记录
检查项目	➢ 思考题 ➢ 训练题 ➢ 填表题 ➢ 实训题 ➢ 其他	
结果情况		

项目二　创新思维方法训练

续表

评价内容	检验指标	权重	自评	互评	总评
任务完成情况	1．过程情况				
	2．任务完成的质量				
	3．在小组完成任务的过程中所起的作用				
专业知识	1．能描述发散思维的概念				
	2．能描述发散思维的特征				
	3．能用发散思维进行观察与思考				
	4．会用发散思维进行创新				
	5．能按要求完成作业				
职业素养	1．学习态度：积极主动参与学习				
	2．团队合作：与小组成员一起分工合作，不影响学习进度				
	3．现场管理：积极参与讨论				
综合评价与建议					

任务2.2　收敛思维方法训练

扫一扫看本任务教学课件

扫一扫下载专利案例文件：一种基于视力强弱的字符缩放装置及方法

学习思维导读

扫一扫下载专利案例文件：一种基于路况的实时导航方法

扫一扫下载专利案例文件：一种违规驾驶抓拍装置

项目描述	据统计，在我国，因分心驾驶导致的交通事故占交通事故总数的近40%。 靠呼吁、靠自觉，很难改变驾驶陋习；靠处罚，由于取证难，执法成本高，效果也不佳；靠高清拍照查处，投入成本大，且短期难以奏效。 针对这种分心驾驶的行为，用收敛思维创新一种时刻抓拍的方式
项目目标	1．掌握收敛思维的概念； 2．了解收敛思维的形式和特征； 3．掌握收敛思维的创新方法
项目任务	1．收集分心驾驶的相关信息； 2．用收敛思维列举出解决分心驾驶的所有方案； 3．筛选出切实可行的解决方案； 4．通过学习专利的撰写案例，掌握专利撰写方法
项目实施	遇到问题 → 创新冲动 收集信息 → 信息处理 学习讨论 → 类比创新 创新考核 → 检验评价

创新思维与实战训练

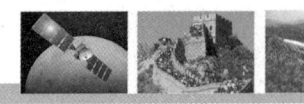

一、感受问题与创新冲动

> **新闻场景——分心驾驶导致交通事故频出**
>
> 随着汽车保有量不断攀升，人们的出行变得越来越便捷，随之而来的是驾驶机动车的人越来越多。如图2-5所示，有些驾驶员在开车时刷朋友圈、发微信、打电话，有突发状况时，来不及进行减速或刹车等操作，从而导致交通事故频发。中国社科院与某保险机构的联合调研结果显示，分心驾驶已成为道路安全的头号潜在"杀手"。
>
> 1. 开车看手机酿惨剧
>
> 一位即将成为新郎的驾驶员边开车边看刚刚拍的几张婚纱照，当他抬起头猛然发现即将追尾，便急打方向盘……却不料一位年轻妈妈正推着婴儿车过马路……
>
> 图2-5 开车打电话
>
> 2015年6月，福建刘某驾驶大型客车时低头看手机短信，与前方小型面包车追尾，造成2人死亡、45人受伤。
>
> 2016年3月，湖北武汉一男子开车时低头看手机引发事故，导致一位70岁的老人不幸身亡。
>
> 美国国家安全委员会很久前的一项研究显示，在美国，超过四分之一的车祸都是由驾驶员在驾驶过程中使用手机引起的。
>
> 2. 开车发短信，事故频发
>
> 某品牌汽车委托的一项调查显示，59%的中国人驾驶过程中看过微信，31%的人玩过自拍或拍照，36%的人有刷过微博、微信朋友圈的危险行为。《中国社会科学院社会学研究所与美亚保险道路交通安全蓝皮书》调查结果也表明，34%的受访者存在过违规驾驶的行为。
>
> 正常驾驶时，驾驶员反应时间在0.3～1秒，而使用手机时反应时间会延迟3倍左右。一方面，看手机会下意识地导致行车间距延长，道路通行效率降低；另一方面，使用手机导致驾驶员精力不集中，反应变慢。科学家们的模拟实验结果更是证明了这一点：开车打电话会导致驾驶员注意力下降20%，如果通话内容很重要，驾驶员的注意力会下降37%，驾驶员边开车边发短信，发生车祸的概率是正常驾驶的23倍！
>
> 3. 让分心驾驶"无处可逃"
>
> 对于形形色色的违规驾驶行为，除强化对驾驶员的培训和处罚，提高驾驶员安全意识，细化对违规驾驶违法行为的处罚外，更要加强违规驾驶预防、监测技术研发及改进车辆安全装置等。如车载语音控制系统、定速巡航等；注重违规驾驶被动矫正技术的研究和应用，如疲劳检测、车道偏离预警等技术，确保违规驾驶行为发生或将要发生时能及时发现和矫正；在缉查布控系统中，结合视频识别等技术，加强对使用手机等违规驾驶行为的取证工作。

读罢这则新闻，你觉得，除交管部门加强管理以外，对违规驾驶行为还可以采取哪些技术手段进行监控和管理？请填写如表2-7所示的创新冲动表。

表 2-7 创新冲动表

| 1. 详细了解问题，确定问题关键； |
| 2. 初步思考的大致解决方案 |

创新冲动记录表

时间：_____ 地点：_____ 天气：_____

问题描述：

2017 年 5 月 4 日晚，江苏扬州，李某驾驶小汽车沿非机动车道由北向南行驶至八桥镇一路段时，因收到朋友的微信，他眼睛盯着手机看了 3~5 秒，撞到了前方同步行的潘某和张某。事故导致潘某当场死亡、张某受伤，涉事车辆受损严重，测得事发时车速在 80 千米/小时左右。

2017 年 3 月，北京延庆，王某驾驶小汽车由西向东行驶至一中学附近时，因低头查看手机，没有及时发现由南向北在人行横道上行走的张某……车辆撞向张某，导致张某闭合性颅脑损伤，经抢救无效于次日死亡。

而 2002 年发生在安徽芜湖大桥上的车祸，是因为驾驶员在行驶中低头调空调，车迅速右偏，撞上路脊后反弹冲向相邻车道，被刚好驶来的大巴撞击，车上四人当场死亡。

读罢这三则新闻，感到非常痛心。一个一个看似很小的动作，就导致很多人失去了鲜活的生命。除了使用手机，开车时其他不经意的小动作（喝水、吃东西、递物品等）都有可能导致事故的发生。违规驾驶对自己和他人都是危险的，那么，能否找到一种实时监控和提醒的方法，既是对驾驶员的监督提醒，也是对违规驾驶进行处罚的依据

心理状态	
自我暗示	
原因分析	部分驾驶员不遵守规定（或意识性不强），违规驾驶
思维方法	从各种违规驾驶现象出发，采用收剑思维方法
初步思考方案	只要有违规驾驶，就能抓拍到

1. 说明：记录时间、地点和天气等信息，便于回忆当时的情景。
2. 思维方法：在一项问题的解决方案中，有多种思维方法。本项目的目的在于对收敛思维方法的训练，所以专门针对这种思维方法进行类比训练

二、信息收集与处理

收集有关分心驾驶的问题，看看交通法规如何规定，听听交警怎么说，交通运营企业怎么说，驾驶员怎么说，市民怎么说，再去查阅中国知网中期刊、会议等论文资料，再查阅中国专利信息网中的资料，分门别类地整理，结合自己的生活经验、所学知识，想想还有没有其他方法，填入表 2-8 中。

表 2-8 通过百度网、中国知网、中国专利信息网等搜寻违规驾驶的解决方法

方法类型	解决方法	资料来源
法律法规		
车内抓拍		

57

续表

方法类型	解决方法	资料来源
外部抓拍		
自己思考的方法		

1. 收敛思维主要有_____、_____、_____等。
2. 什么是收敛思维？
_____
3. 收敛思维的特征有_____、_____、_____。
4. 如何培养收敛思维？
_____

针对违规驾驶的问题，通过百度网、中国知网、中国专利信息网等搜寻违规驾驶的解决方法，并一一记录下来，进而思考新的解决方法。通过讨论要解决两个问题：第一，有切实可行的解决方案吗？第二，还能否想到新的方法？什么样的思维方法可以帮助我们找到新的解决方法。

如图 2-6 所示，6 人一组，先学习几个案例，再讨论 5 分钟，最后归纳出采用了什么思维方法。每组派一名代表陈述观点。

图 2-6　学习讨论

案例 1　怎样带走 20 个鸡蛋

有一个足球运动员。这天，他只穿了一条运动短裤在球场上练习射门。有个人送来 20 个鸡蛋，散放在足球场边的地上。练习结束后，运动员发现没有任何可以用来装鸡蛋的东西，送鸡蛋的人也走了。最后，他还是巧妙地将鸡蛋带走了，你知道他用的什么办法吗？

案例 2　4 个盒子装 9 块饼

高尔基少年时在一家饼店打工。一天，一个顾客买了 9 块饼，非要装 4 个盒子，你知道高尔基是如何装的吗？

1. 收敛思维的概念

收敛思维又称聚合思维、求同思维、辐集思维或集中思维，是指人们为了解决某一问题而调动已有的知识、经验和条件去寻找唯一的答案的过程。收敛思维的特点是使思维始终集中于同一方向（见图 2-7），使思维条理化、简明化、逻辑化、规律化。收敛思维与发散思维如同一枚硬币

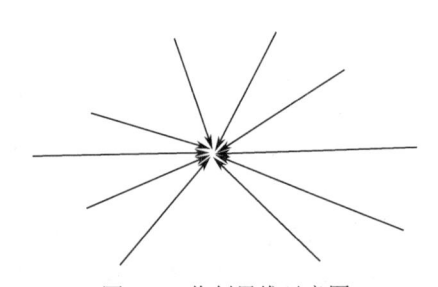

图 2-7　收敛思维示意图

的两面，是对立的统一，具有互补性。如果只注重收敛思维而不注重发散思维不利于创新，同样，只注重发散思维而不注重收敛思维，也不利于创新。收敛思维要在发散思维的基础上收敛，发散思维要在收敛思维的基础上发散，二者相辅相成，共同作用，才能完成创新活动。

收敛思维是相对发散思维而言的，它与发散思维的特点刚好相反，它是以某个思考对象为中心，尽可能多地运用已有的经验和知识，将各种信息重新组织，从不同的方面或角度，将思维集中指向这个中心点，从而达到解决问题的目的，如同凸透镜的会聚作用。如果说发散思维是"由一到多"，收敛思维则是"由多到一"。当然，在集中到中心点的过程中也要注意吸收其他思维的优点和长处。

收敛思维的另一种情况是先进行发散思维，发散得越充分越好，在发散思维的基础上再进行集中，从若干种方案中选出一种最佳方案，围绕这个最佳方案再进行创造。洗衣机的发明就是如此。先围绕"洗"这个关键问题，列出各种各样的洗涤方法，如洗衣板搓洗、刷子刷洗、棒槌敲打、河中漂洗、流水冲洗、脚踩洗等，然后进行收敛，对各个洗涤方法进行分析和综合，充分吸收各个方法的优点，结合已有的技术条件，制订出设计方案，再经过不断改进，就成功了。

2. 收敛思维的方法

1) 目标确定法

这个方法要求我们要明确搜寻的目标，认真观察并做出判断，找出其中关键的点，围绕目标进行思维收敛。

如第一次世界大战期间，法军一个司令部在前线构筑了地下指挥部，人员深居简出，十分隐蔽。不幸的是，他们只注意了人员的隐蔽，而忽略了长官养的一只小猫。一天，德军一个参谋人员在观察战场时发现，每天早上八九点钟，都有一只小猫在法军阵地后方的一个土坡上晒太阳，于是，德军做出了如下判断：

（1）这只猫不是野猫，因为野猫白天不出来，更不会在炮火隆隆的阵地上出没；

（2）猫的栖身处就在土坡附近，很可能是一个地下指挥部，因为周围没有人家；

（3）通过仔细观察，这只猫是相当名贵的品种，说明养这只猫的人绝不是普通的下级军官，从而断定那个位置隐藏着一个高级指挥所。

事后查明，德军判断的完全正确。

大多数问题的目标都非常明确，容易确定，如学习目标、减肥目标，都很容易找到问题的关键，只要采用适当的方法，问题都能迎刃而解。但有些问题就不非常明确，如毕业后是就业还是继续深造，工作地常因没有明确目标而犹豫不决，北京还是深圳，选到最后，错过了最佳选择时期。

在实际生活中，我们也常遇到目标不同处理问题方式不同的情况。如我们急需一篇文稿，但专职打字员不在，只好自己用较长的时间打出来。有人指责说：你打字速度太慢，应该先去打字班训练。这里就出现了目标设定的问题，前者是为了及时完成稿件，不是为了学习打字，而后者则以规范打字，提高打字的速度和质量为目标。

目标确定法中的目标越确定、越具体就越有效，这就要求人们对主客观条件有一个全面、正确、清醒的估计和认识。目标可以分为近期的、远期的，大的、小的目标，开始

时，可以先选小的、近期的，熟练后再逐渐扩大。

2）求同思维法

如果有一种现象在不同的场合反复出现，而各场合中只有一个条件是相同的，那么这个条件就是出现该现象的原因之一，寻找这个条件的思维方法就叫求同思维法。求同思维法的特征是搜集或整合信息与知识，巧妙运用逻辑规律，缩小解答范围，直至找到最适当的解答。如某山区的一个农民发现，那里的小动物死亡率非常高，而大动物的死亡率基本正常。后来，经过多方面研究发现，这个地区的二氧化碳浓度大，而二氧化碳的密度又大，导致地表的二氧化碳浓度更大。小动物的头部低，靠近地面，因而就常因氧气不足而死亡。

求同思维法的主要特征有：

（1）归一性。归一性是一种求同的思维过程，即通过求同找到解决问题的方法，而且是唯一最优的方法。

（2）程序性。程序性是指在解决问题的过程中，先做什么，后做什么，有一定的顺序，使解决问题的过程有章法可循。

（3）求实性。求实性是指信息的搜集、分析、论证都必须客观，不可随意想象、捏造。

3）求异思维法

如果一种现象在第一场合出现，第二场合不出现，而这两个场合只有一个条件不同，则这一条件就是出现该现象的原因。寻找这一条件，就是求异思维法。

如《阿凡提故事》中：有位朋友请阿凡提吃饭，阿凡提穿着一身破旧的衣服前往，被朋友挡在门外，因为朋友觉得阿凡提给他丢脸了。于是，阿凡提换了一身非常华贵的衣服，朋友立刻把他奉为上宾。阿凡提说：请吧！我的好朋友，让衣服吃喝。这一举动，惹得满座人的惊奇不已。阿凡提道出原委，使他的朋友无地自容。阿凡提用的就是求异法，用来说明朋友请的不是他而是他的衣服。这虽是一个辛辣的讽刺，但合乎逻辑推理。

4）聚焦法

聚焦法就是围绕问题进行反复思考，将原有的思维浓缩、聚拢，加大思维的纵向深度和穿透力，不断积累，最终达到质的飞跃。如隐形飞机的制造就是一个多目标聚集的结果。要制造一种敌方雷达测不到、红外及热辐射仪追踪不到的飞机，就需要分别达到对雷达隐身、对红外线隐身、对可见光隐身、对声波隐身等多个目标，每个目标中还有许多小目标，这些目标聚集在一起最终制成隐身飞机。

聚焦法就是人们常说的"沉思、再思、三思"，在思考问题时，有意识、有目的地将思维过程停顿下来，并将已做的思考浓缩和聚拢，以便帮助我们更有效地审视和判断某一事件、某一问题、某一片段的信息。关于聚焦法，其一，可通过反复训练，培养我们定向、定点思维的习惯，加大思维的纵向深度和穿透力，如用放大镜把太阳光持续地聚焦在某一点上一样；其二，由于经常对某一片段信息或某一件事、某一问题进行有意识地聚焦，自然会积淀起对这些信息、事件、问题的强大透视力、溶解力，以便顺利解决问题。可见，使用聚集法，首先要研究问题是如何存在的，然后从各个方面想出较多的解决方法，最后将这些方法聚拢，选择将目标集中于一个特定的层面上。在特定层面上积累足够的经验，必将达到质的飞跃。

5）分析综合法（层层剥笋法）

层层剥笋法就是由现象到本质的思考方法。我们在思考问题时，最初认识的仅仅是问题的表层（表面），因而很肤浅。然后，经层层分析，向问题的核心一步一步靠近，抛弃那些非本质且繁杂的特征，揭示隐蔽在表面现象下的深层本质。

3. 收敛思维的特征

收敛思维具有封闭性、连续性、求实性等特征。

1）封闭性

如果说发散思维的思考方向是以问题为原点指向四面八方，具有开放性，那么，收敛思维则是把许多发散思维的结果由四面八方集合起来，选择一个最合理的答案，具有封闭性。

2）连续性

发散思维的过程，是从一个设想到另一个设想，每两个设想之间可以没有任何联系，是一种跳跃式的思维方式，具有间断性。收敛思维的进行方式则相反，是一环扣一环的，具有较强的连续性。

3）求实性

发散思维所产生的众多设想或方案多数都是不成熟的，有些甚至是不实际的。因此，对发散思维的结果必须进行筛选，而收敛思维就可以起到这种筛选作用。被收敛思维选择出来的设想或方案是按照实用的标准来决定的，是切实可行的，即收敛思维表现出了很强的求实性。

三、案例分析

在信息高度发达的今天，许多时候，人们在信息量的占有上并无多大差别，产生的结果却有很大的差别。同样一则信息，有些人能从中看出问题，抓住机会，有些人却视若无睹。这是为什么呢？收敛思维能力较强的人，其思维观察结构严谨细密，在相同信息量的情况下，对信息的提取率比较高，观察思维比他人更敏锐。

案例1 逃税之谜

美国有一个叫琼尼的进口商,。这一天，琼尼在法国买下了10 000副昂贵的皮手套。随后，他仔细地把每副皮手套都一分为二，将其中10 000只左手手套发往美国，而他却一直不去提这批货物。货物过了提货期限，海关将这批货作无主货物进行拍卖处理。由于全是左手手套，几乎毫无价值，因此，琼尼只出了很少的钱（数目远小于关税），就全买下了。海关很快意识到了其中的蹊跷，决定当右手手套来到时决不让狡猾的进口商再得逞。然而，这一次琼尼是把这些右手手套分装成5 000盒。海关人员看到一盒装两只手套，认为一定是一副了，于是第二批货物又顺利通过了美国海关。也就，琼尼只缴了5 000副手套的关税，再加上在第一批货拍卖时付的一小笔钱，就把10 000副手套都运到了美国。这个故事告诉我们，收敛思维虽然能帮助人们迅速聚集各种思维要素，找到解决问题的方法或答案，但也有一个弊端，就是容易造成思维的定势，即当遇到相同或类似的情况时，收敛思维会不自觉地将所看到的情况与以往的成功或失败经验相联系，不加思索地套用以往的经验来处理问题。在一般情况下，收敛思维会大大提高效率，但如果遇到似是而非的问题或

61

存在多种可能性的问题，收敛思维方式就常常会犯惯性思维错误。故事中，海关人员在第二批货物上的失误就在于此。

案例2　书包与凝聚力

日本有一家著名的公司。一天，公司的经理偶然听到有的孩子没有书包上学，他很难过。于是，他亲自到商场批发了一批书包，赠送给公司内有刚入学子女的员工，此举令全体员工感动不已。这个经理从一个书包上看到了凝聚力，因此，他每年都要邀请员工家属到公司参观，并亲手把书包赠给即将入学的小朋友，以此增加公司的凝聚力。后来，日本的经济发达了，但这家公司邀请员工家属到公司参观和赠送书包的做法却没有变，公司始终上下团结一心。这个经理就是运用了收敛思维，他头脑里关心职工的观念和意识正是思维的收敛点。

案例3　商鞅取信于民

商鞅是我国古代的一位政治家。他原是卫国的没落贵族，听说秦孝公下令求贤，就来到秦国。秦孝公听商鞅谈论富国强兵之道，很赞同他的变法主张。公元前356年，秦孝公任用商鞅，实行变法，法令包括打破土地上的纵横田界，承认土地私有、买卖自由，奖励耕种，建立郡县制等。为取信于民，商鞅命人在国都咸阳的南门外立起一根三丈的木头，命官吏看守，并且下令：谁将此木搬到北门，赏金十两。当时围观的人很多，但大家都不信，所以没人敢动。商鞅闻报，把赏金增加到五十两。听了新的赏金数目，百姓更怀疑了。但重赏之下必有勇夫，很快就有人把木头扛到了北门。商鞅立即召见他说："你能听从我的命令，是个好百姓。"并立刻给了他赏金。这个消息不胫而走，举国轰动，百姓都说这个人有令必行，有赏必信。商鞅将思维聚焦在取信于民上，使得他在后面的变法过程中有了强大的群众基础。

四、自我训练

1. 创建计划书

制订违规驾驶抓拍的创新计划，如表2-9所示。

表2-9　制订违规驾驶抓拍的创新计划

\multicolumn{2}{l|}{按照收敛思维方式，从各种分心驾驶的案例出发，进行思维收敛，归纳出分心驾驶的情形：拨打、接听电话，刷微博、微信，抢红包，玩游戏，调导航，吸烟，喝水，吃东西等。 现有靠呼吁、靠自觉的方法，很难彻底改变驾驶陋习；靠交警拦截，往往取证难，执法难；靠安装高清监控摄像头，成本高，且短期难以有效。还有没有别的办法呢？ 最根本的方法就是时刻抓拍，被抓拍到，即时处罚}	
1. 违规驾驶特征描述	1. 为满足驾驶员身体舒适需求的违规驾驶行为，如吸烟、饮水、进食、调节空调等行为
	2. 为满足驾驶员心情愉悦需求的违规驾驶行为，如化妆、剃须、聊天等，也包括使用手机拨打电话、收发信息等
	3. 周围环境引发的违规驾驶行为，如照顾小孩、长时间关注某个车外突发情况等
2. 抓拍违规驾驶的方法	政策强制管理	明确经济处罚方式
	车外抓拍	增加投入，消除盲区
	车内抓拍	创新方法

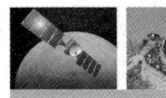

续表

3. 技术管理方法描述	1. 车外抓拍 控制手段_____ 2. 车内抓拍 控制手段_____
4. 解决方案描述	找出时刻监控的智能方法
5. 抓拍系统设计	1. 设计传感器、摄像头传感器,用来检测与抓拍违规驾驶; 2. 检测违规驾驶的动作; 3. 构建违规驾驶的识别模型; 4. 突破预警量及时提醒,违规驾驶照片(或视频)要封存并上传。 结论:时刻监控报警,即时处罚
6. 自我评价	1. 列出所有方案。 _____ 2. 找出一种或几种可实现的方案。 _____ 3. 说说用到了哪些收敛思维。 _____

2. 撰写专利申请书

依据创新计划书,通过分析与比较,结合违规驾驶的现状,设计采用时刻监控并抓拍的智能系统,来解决以往对违规驾驶行为抓拍难、效率低的问题。撰写的专利文件如下。

文件1:   说明书摘要

本发明公开了一种违规驾驶抓拍装置,包括安装在方向盘上用于检测驾驶员双手位置的检测单元、单片机、摄像头、存储器、无线通信模块和电源模块。检测单元、存储器、摄像头和无线通信模块均与单片机连接。电源模块分别与检测单元、存储器、摄像头、无线通信模块均和单片机连接。本发明装置安装在驾驶室中,可有效地抓拍到驾驶员一只手驾驶的违规行为,拍摄容易且不会发生漏拍,且上传给交通指挥中心的均是违规图片,后期无须进行图片分析处理,效率高。

文件2:   权利要求书

1. 一种违规驾驶抓拍装置,其特征在于,包括安装在方向盘上用于检测驾驶员双手位置的检测单元、单片机、摄像头、存储器、无线通信模块和电源模块。检测单元、存储器、摄像头和无线通信模块均与单片机连接。电源模块分别与检测单元、存储器、摄像头、无线通信模块和单片机连接。

2. 根据权利要求 1 所述的违规驾驶抓拍装置,其特征在于,检测单元包括安装在方向盘上的电阻片,电阻片的一端与电源模块连接,另一端与单片机连接。

3. 根据权利要求 1 所述的违规驾驶抓拍装置,其特征在于,检测单元包括两个压敏传感器,分别安装在方向盘的两侧,两个压敏传感器均与单片机连接。

4. 根据权利要求 1 所述的违规驾驶抓拍装置,其特征在于,检测单元包括两组电容触摸传感器组,分别安装在方向盘上左右两侧,所述电容触摸传感器组由多个电容传感器通过或门电路连接而成,所述两组电容触摸传感器组均与单片机连接。

5. 根据权利要求 2、3 或 4 所述的违规驾驶抓拍装置，其特征在于，所述方向盘上安装检测单元的区域设置有标记线，标记线的颜色与方向盘的颜色不同。

6. 根据权利要求 1 所述的违规驾驶抓拍装置，其特征在于，所述装置还包括语音提示器，该语音提示器与单片机相连。

7. 根据权利要求 1 所述的违规驾驶抓拍装置，其特征在于，所述装置还包括安装在驾驶位坐垫下的振动器，振动器与单片机连接。

文件 3: 　　　　　　　　　　　　　说明书
一种违规驾驶抓拍装置

技术领域

本发明属于智能交通管理技术领域，具体涉及一种违规驾驶抓拍装置。

背景技术

驾驶员开车过程中拨打、接听手持电话会分散注意力、降低反应速度，易造成交通事故。据统计，2014 年一般等级以上的交通事故中因上述驾驶行为导致的交通事故共有 74 746 起，占事故总数的 37.98%，造成 21 570 人死亡，76 984 人受伤，直接财产损失 4.58 亿元。2004 年 5 月 1 日实施的新《道路交通安全法》严格规定驾驶人开车接打电话属于交通违法行为，公安部、中央文明办、教育部、司法部、交通运输部、国家安全监管总局联合公布 2015 年全国交通安全日的主题为"拒绝危险驾驶，安全文明出行"，呼吁广大车主遵守法律，珍惜生命，平安出行，别再让打电话、刷微信、抢红包等"违规驾驶"成为新的马路"杀手"。

但有些驾驶员由于安全意识淡薄，明知是违法行为却贪图方便，抱着侥幸心理放纵自己，时常导致交通事故发生。靠呼吁和自觉，无法改变驾驶陋习；靠交警拦截，往往取证难，执法困难，所以为了推动交通违法整治行动深入进行，目前大多城市都在重要路段设置高清监控探头，对开车使用手机行为进行抓拍，对违规驾驶员开出罚单。该方法在一定程度上规范了开车行为。但是所有道路均需安装高清监控探头，投入成本大，短期难以奏效。高清监控探头存在拍摄盲区，只能抓拍监控区域内经过的车辆，易发生漏拍。后期抓拍的图像需经图像识别分析、以图搜图等技术手段进行核实筛选，工作量复杂且大，效率低。

发明内容

本发明解决的是现有对开车过程中驾驶员看手机、接听或拨打手持电话等不规范驾驶行为抓拍难、效率低的问题。

本发明的具体技术方案如下。

一种违规驾驶抓拍装置，包括安装在方向盘上用于检测驾驶员双手位置的检测单元、单片机、摄像头、存储器、无线通信模块和电源模块。检测单元、存储器、摄像头和无线通信模块均与单片机连接。电源模块分别与检测单元、存储器、摄像头、无线通信模块和单片机连接。

检测单元将检测的双手位置信息发送给单片机，单片机判断驾驶员是否违规，即驾驶员单手或双手是否离开方向盘。若判定为驾驶员违规时控制摄像头拍摄得到驾驶员双手状态的图片，并将图片存储于存储器中。无线通信模块用于与交通信息网络连接，单片机将存储器中的图片发送到交通指挥中心。

作为本发明的进一步改进，检测单元包括安装在方向盘上的电阻片，电阻片的一端与电源模块连接，另一端与单片机连接。当驾驶员拿起手机看消息或接打电话时，只有一只手在方向盘上时，电阻片的输出电压与预设电压相等且超过预设时间后，单片机判断驾驶员此时违规。该检测单元结构简单，易实现。

作为本发明的进一步改进，检测单元包括两个压敏传感器，分别安装在方向盘的两侧，两个压敏传感器均与单片机连接。两个压敏传感器组实时监控双手在方向盘上的状态。当驾驶员拿起手机看消息或接打电话时，他的一只手离开方向盘，压敏传感器检测不到压力且超过预设时间后，单片机判断驾驶员此时违规。

作为本发明的进一步改进，检测单元包括两组电容触摸传感器组，分别安装在方向盘上左右两侧，所述电容触摸传感器组由多个电容传感器通过或门电路连接而成，所述两组电容触摸传感器组均与单片机连接。两组电容触摸传感器组实时监控双手在方向盘上的状态。当驾驶员拿起手机看消息或接打电话时，他的一只手没有与电容触摸传感器接触且超过预设时间后，单片机判断驾驶员此时违规。每组电容触摸传感器组由多个电容传感器通过或门电路连接而成，只要驾驶员的手与该组中的一个电容触摸传感器接触，就可判断为手在方向盘上，即使个别传感器失效也不影响对驾驶员双手状态的检测。

作为本发明的进一步改进，所述方向盘上安装检测装置的区域设置有标记线，标记线的颜色与方向盘的颜色不同。对检测单元的安装部位进行标记，提示驾驶员行驶过程中双手放置正确位置，避免驾驶员握住方向盘其他部位而导致误判为违规。

作为本发明的进一步改进，所述装置还包括语音提示器。该语音提示器与单片机相连。当单片机判断驾驶员违规时，控制摄像头拍摄的同时控制语音提示器发出警告，提醒驾驶员安全驾驶。

作为本发明的进一步改进，所述装置还包括安装在驾驶位坐垫下的振动器，振动器与单片机连接。当单片机判断驾驶员违规时，控制摄像头拍摄的同时控制振动器发生振动，提醒驾驶员安全驾驶。

本发明的有益效果：本发明采用检测单元检测驾驶员双手在方向盘上的位置，一旦驾驶员的一只手离开方向盘，检测单元检测到后触发单片机，单片机控制摄像头拍摄得到驾驶员双手状态的违规图片，并将违规图片进行保存。当连接到交通信息网络中时将违规图片上传给交通指挥中心。本发明装置安装在驾驶室中，可有效地抓拍到驾驶员一只手甚至双手离开方向盘的违规行为，拍摄容易且不会发生漏拍，上传给交通指挥中心的均是违规图片，后期无须进行图片分析处理，效率高。

附图说明

图 2-8 是本发明的结构框图。

图 2-9 是第一实施案例中检测单元的原理图。

图 2-10 是第三实施案例中检测单元的结构图。

具体实施方式

为了使本发明的目的、技术方案及优点更加清楚明白，以下结合附图及实施案例，对本发明进行进一步详细说明。应当理解，此处所描述的具体实施案例仅用于解释本发明，并不用于限定本发明。

本发明提出了一种违规驾驶抓拍装置，如图 2-8 所示，包括安装在方向盘上用于检测驾驶员双手位置的检测单元、单片机、摄像头、存储器、无线通信模块和电源模块。检测单元、存储器、摄像头和无线通信模块均与单片机连接。电源模块分别与检测单元、存储器、摄像头、无线通信模块均和单片机连接。检测单元将检测的双手位置信息发送给单片机，单片机判断驾驶员是否违规，即驾驶员单手或双手是否离开方向盘。若判定为驾驶员违规时控制摄像头拍摄得到驾驶员双手状态的图片，并将图片存储于存储器中。无线通信模块用于与交通信息网络连接，单片机将存储器中的图片发送到交通指挥中心。

本发明第一实施案例中，检测单元包括安装在方向盘上的电阻片，电阻片的一端与电源模块连接，另一端与单片机连接。其电路原理如图 2-9 所示，图中 RW 为安装在方向盘上的电阻片，一端接电源 VCC，另一端为输出端连接单片机。输出端还连接有一分压电阻 R，分压电阻 R 的一端接地。驾驶员的双手在电阻片上相当于两个滑动触点，驾驶员本身相当于电阻片上的开关 S，当驾驶员的双手握住方向盘时，即 S 导通，此时电阻片的电阻小于原电阻，输出电压 U0 高于预设电压。当驾驶员拿起手机看消息或接打电话时，只有一只手在方向盘上时，相当于 S 断开，输出电压 U0 与预设电压相等。单片机采集检测单元的输出电压，当输出电压与预设电压相等且超过预设时间后，单片机判断驾驶员此时违规。该检测单元结构简单，易实现。

本发明第二实施案例中，检测单元包括两个压敏传感器，分别安装在方向盘的两侧，两个压敏传感器均与单片机连接。两个压敏传感器组实时监控双手在方向盘上的状态。当驾驶员拿起手机看消息或接打电话时，他的一只手离开方向盘，压敏传感器检测不到压力且超过预设时间后，单片机判断驾驶员此时违规。

本发明第三实施案例中，如图 2-10 所示，检测单元包括两组电容触摸传感器组，分别安装在方向盘 1 上左右两侧，所述电容触摸传感器组由多个电容传感器 2 通过或门电路连接而成，所述两组电容触摸传感器组均与单片机连接。两组电容触摸传感器组实时监控双手在方向盘上的状态。当驾驶员拿起手机看消息或接打电话时，他的一只手没有与电容触摸传感器接触且超过预设时间后，单片机判断驾驶员此时违规。每组电容触摸传感器组由多个电容传感器通过或门电路连接而成，只要驾驶员的收与该组中的一个电容触摸传感器接触，就可判断为手在方向盘上，即使个别传感器失效也不影响对驾驶员双手状态的检测。

优选，所述方向盘上安装检测装置的区域设置有标记线，标记线的颜色与方向盘的颜色不同。检测装置的安装部位进行标记，提示驾驶员行驶过程中双手放置的位置，避免驾驶员握住方向盘其他部位而导致误判为违规。

优选，所述装置还包括语音提示器，该语音提示器与单片机相连。当单片机判断驾驶员违规时，控制摄像头拍摄的同时控制语音提示器发出警告，提醒驾驶员安全驾驶。

优选，所述装置还包括安装在驾驶位坐垫下的振动器，振动器与单片机连接。当单片机判断驾驶员违规时，控制摄像头拍摄的同时控制振动器发生振动，提醒驾驶员安全驾驶。

文件4:　　　　　　　　　　说明书附图

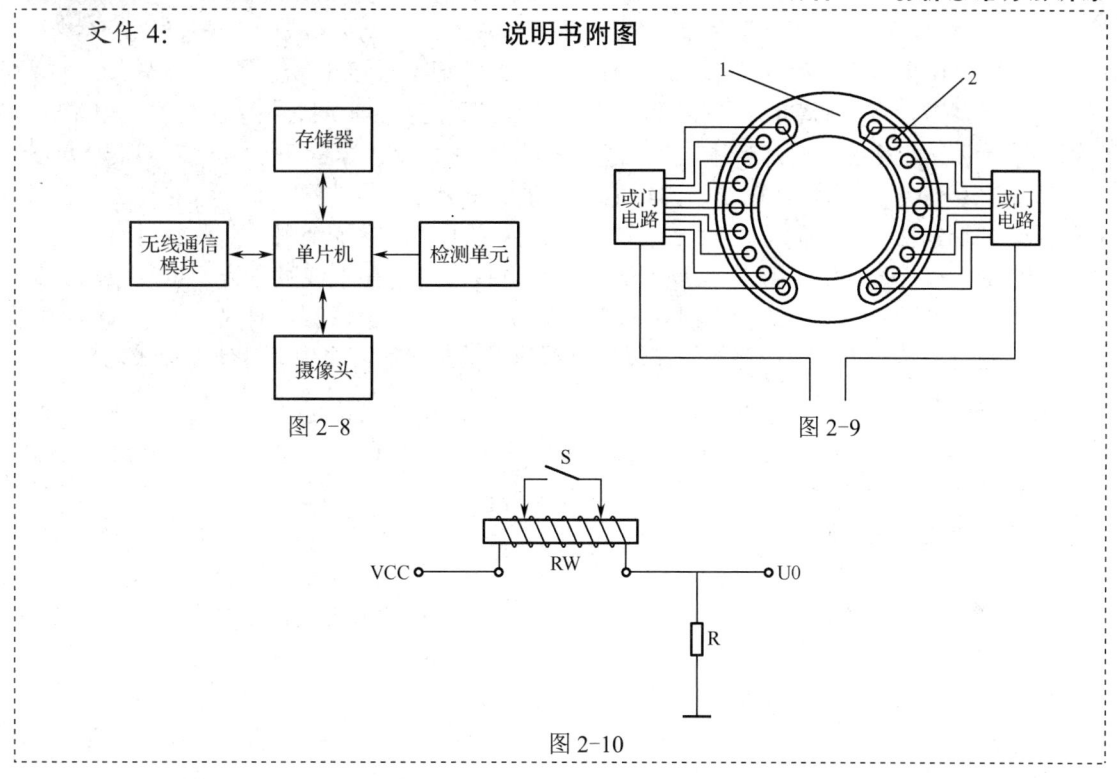

图 2-8

图 2-9

图 2-10

五、检验评估

1. 训练题

（1）请说出家中既发光又发声的东西，找出它们的共同点。

（2）请写出水与风的共同之处，越多越好。

（3）鸡、鸭、鹅与兔有什么相同之处？

（4）塑料、橡胶、布等非金属有什么共同的属性？

答案：

（1）家里既发光又发声的东西如电视机、智能有屏音响等，它们的共同点是：都用电。

（2）都是有动力，都会发电，都可能带来灾难，也可能造福人类。

（3）动物、吃东西、菜……

（4）隔离、不导电、包东西……

2. 分析题

（1）一个人用 300 元买了一匹马，以 400 元卖了出去，又用 500 元买了回来，以 600 元卖了出去，请问他赚了多少钱？

（2）有三个学生到一家小旅店住宿，他们准备住 1 个晚上，每人交了 10 元钱，老板看到他们是学生说少收 5 元吧，退回 5 元。服务员拿着这 5 元心想：5 元分给 3 人不好分，于是自己收起 2 元，退给每个学生 1 元，事后服务员自己心中不解：每个学生交 9 元共 27 元，自己拿了 2 元总计 29 元，可学生给了 30 元，那 1 元到哪儿去了？请大家帮他想一想。

（3）分苹果。吴夫买了一筐苹果，共有 36 个苹果，他平均分给 6 个儿子，每人 6 个，但分完以后，筐里竟然还有 6 个苹果，为什么？他既没把苹果切开也没把苹果弄碎。

（4）皇帝考使者。唐朝时，同时有几个邻国的使者代表国王向唐朝皇帝提亲。皇帝说："我要出一个题目考考你们，哪个国家的使者最聪明，哪个国家的王子就可以迎娶唐朝公主。"他拿出一个有着弯弯曲曲通道的玛瑙球，要求使者们用丝线穿过去。谁穿过去了公主就嫁到谁的国家去。第一个使者用金丝钩丝线直接往里穿，穿了个眼冒金星也没穿进去。第二个使者换了个花样，用嘴在玛瑙球的另一端直接吸气，想把线吸过去，也没成功。第三个使者将丝线系在一个大蚂蚁腰上，在玛瑙球的另一端涂上蜂蜜。蚂蚁为了吃到蜂蜜，沿着弯曲通道急速前进，很快将丝线穿过了玛瑙球。请想想第三个使者为什么会成功？

3. 实训题

仔细观察树木，如根、茎、叶、果实、枝等。针对树茎刷白、树枝修剪、爬树、摘果实、治病防虫、浇水、监控树木的生长等进行创新，也可依据上述项目进行拓展，如水果削皮、花生采收、玉米脱粒、水果糕点制作等。

要求完成：

（1）详细描述树木的样子，并写一篇记叙文。（需要对细节进行详细描写，不少于 300 字。）

（2）根据题意，说明你想解决的问题。（列举不少于 10 条。）

（3）选取其中一条，说明大致解决方案。（至少有一个可行方案，但可以不知道某些模块的具体方案。）

（4）针对第（3）条，去查阅中国知网、中国专利信息网，认真学习别人的专利文件，读懂其中一个专利，并抄录下来。

4. 评价表

完成如表 2-10 所示的评价表。

表 2-10 评价表

评价指标	检验说明	检验记录
检查项目	➢ 思考题 ➢ 观察题 ➢ 作图题 ➢ 判断题 ➢ 其他	
结果情况		

评价内容	检验指标	权重	自评	互评	总评
任务完成情况	1. 完成任务的过程情况				
	2. 任务完成的质量				
	3. 在小组完成任务的过程中所起的作用				
专业知识	1. 能描述收敛思维的概念、特征				
	2. 能用收敛思维进行观察与思考				
	3. 能用收敛思维进行创新				
	4. 能按时完成作业				

续表

评价内容	检验指标	权重	自评	互评	总评
职业素养	1. 学习态度：积极主动参与学习				
	2. 团队合作：与小组成员一起分工合作，不影响学习进度				
	3. 现场管理：积极参与讨论				
综合评价与建议					

任务 2.3 形象思维方法训练

扫一扫看本任务教学课件

扫一扫下载专利案例文件：一种监控居民身份证状态的系统及其监控方法

学习思维导读

扫一扫下载专利案例文件：一种教师快速识别新生的装置

扫一扫下载专利案例文件：一种警示小汽车进入公交专用车道的系统装置

项目描述	2017年4月15日晚7点左右，山东德州市芦家院小区7号楼6层楼一名空调安装工人，高空作业时觉得自己经验丰富就没系安全带，结果从6层摔了下去。 2017年2月18日，上午10点左右在江西红谷滩沙井路附近一小区内，一名男子安装空调时从24楼意外坠落，不幸当场身亡。 据统计，每年摔死、摔伤的空调安装工100多人，面对这些严重的伤亡事故，通过学习形象思维的方法，创新出一种空调外机智能安装方案，减轻空调安装工的劳动强度，并保证空调安装工的生命安全
项目目标	1. 掌握形象思维的概念； 2. 了解形象思维的表现形式和要素； 3. 掌握形象思维的创新方法
项目任务	1. 收集空调外机智能安装的相关信息； 2. 用形象思维列举出空调外机智能安装的所有方案； 3. 筛选出切实可行的解决方案； 4. 通过学习专利文件的撰写案例，掌握专利文件撰写方法
项目实施	遇到问题 → 创新冲动 收集信息 → 信息处理 学习讨论 → 类比创新 创新考核 → 检验评价

一、感受问题与创新冲动

> 新闻场景——血的教训，高空空调安装事故频发
>
> 在日常生活中，高空空调安装工的安全是一个不能忽视的问题。他们往往在最炎热的夏天或寒冷的冬天，化身为飞檐走壁的"蜘蛛侠"，在高空完成预定工作。然而他们的安全措施却是非常简单，有时仅有一条没有专用可连接装置的保险绳。

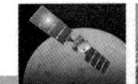

因此，对于危险高空作业的空调安装工，不仅要关注他们的工资待遇，还应关注他们的安全。看看2017年前半年有关空调安装工的安全报道：

2017年1月4日，在长沙某小区，一名空调安装工不慎坠楼。

2017年1月14日，上海青浦区一名三菱的空调安装工从12楼坠下。

2017年2月18日，江西某小区内，一名空调安装工从24楼坠落。

2017年2月26日，重庆北碚一名空调安装工从10楼坠下。

2017年3月15日，泸州龙马潭区一名空调安装工从8楼坠下，送医院抢救无效后死亡。

2017年4月4日，浙江杭州萧山某小区，一名空调工从26楼坠亡。

2017年4月28日，一名空调安装工在外墙安装空调时，不慎坠楼，头部受伤严重。

2017年5月14日，在西安南郊，一名空调安装工，从14楼不慎失足坠亡。

2017年5月25日，锦华万象城一名23岁的空调安装工不小心从楼上摔下，死亡。

2017年6月4日，重庆市某小区，一名空调安装工安装空调时坠楼。

2017年6月15日，江苏新沂河沟镇空调安装工在安装空调时不慎坠落身亡。

2017年6月20日，齐河某小区一空调安装工从5楼坠下当场身亡。

2017年6月29日，杭州某小区一名年轻的空调安装工坠亡。

看着上面这些空调安装事故报道，作为空调安装或维修工，不知你有何感想？

那么空调安装工的事故频发，到底原因何在？到底该如何防范？引发了人们的思考。

读了以上这则新闻，你有何感想？除政府部门出台政策、企业加强管理外，是否还可以采取技术手段进行解决？

根据上述材料，完成的创新冲动表，如表2-10所示。

扫一扫下载专利案例文件：一种空调外机安装装置

表2-10 创新冲动表

| 1. 详细了解问题，确定问题关键； |
| 2. 初步思考，大致解决方案 |

创新冲动记录表

时间：_____ 地点：_____ 天气：_____

问题描述：2017年1月14日，上海青浦区一名三菱空调安装工从12楼坠下。

2017年2月18日，江西某小区，一名空调安装工从24楼坠落。

2017年2月26日，重庆北碚一名空调安装工从10楼坠下。

2017年3月15号，泸州龙马潭区一名空调安装工从8楼坠下，送医院抢救无效后死亡。

2017年8月6日，四川泸州发生一起空调安装工坠楼死亡事故。

2017年9月9日，鹿城区某小区发生一名空调安装员不幸坠楼身亡的事故。

目前，大多高层建筑的外墙都建有用于安置空调外机的平台，在空调外机安装过程或维修过程中，工作人员可以站在平台上进行操作，不易发生安全事故。而有些旧楼和自建楼，建造时未考虑到空调外机安装的问题，外墙没有建造平台。该类建筑安装空调外机时，工作人员通过安全带悬挂在外墙上进行操作，先在外墙上打孔，将预制的空调外机支架固定到外墙上，然后再由几个工作人员将空调外机搬移到支架上。整个安装过程工作人员仅通过安全带作为支撑，操作不方便也存在安全隐患。需要设计一种空调外机安装装置，以实现便捷、安全地安装空调外机

续表

心理状态	
自我暗示	
原因分析	工作人员通过安全带悬挂在外墙上进行操作,尽管操作规范,但通过安全带作为支撑,操作不方便,也存在安全隐患
思维方法	采用形象思维方法,找到一种人在室内就能安装的方法,保证安装工的生命安全
初步思考方案	采用机械的方式安装

1. 说明:记录时间、地点和天气等信息,便于回忆当时的情景。
2. 思维方法:在一项问题的解决方案中,有多种思维方法。本项目的目的在于思维方法训练,所以专门针对某种思维方法进行类比训练

二、信息收集与处理

收集空调外机安装的安全问题,看看安全生产部门怎么说、空调生产企业怎么说、售后服务商怎么说、空调安装工怎么说、市民怎么说,再去查阅中国知网中期刊、会议等论文资料,再查阅中国专利信息网中的资料,分门别类地整理,根据自己的生活、经验、知识,想想还有没有别的方法,并填入表2-11中。

表2-11 通过百度网、中国知网、中国专利信息网等搜寻空调外机安装安全的解决方法

解决方法类型	解决方法	标明出处
增加高空空调安装平台		
加固安装工在高空的安全保证方式		
机械安装方式		
自己思考的方法		

1. 形象思维主要有 _____ 、 _____ 、 _____ 等。
2. 什么是形象思维?
_____
3. 形象思维的特征有 _____ 、 _____ 、 _____ 。
4. 简述形象思维在创新中的应用。
_____

针对空调外机安装的安全问题,通过百度网、中国知网、中国专利信息网等搜寻空调外机安装的安全解决方案,并一一记录下来。思考新的解决方法。通过讨论要解决两个问

71

题：一是有切实可行的解决方案吗？二是能否想到新的方法？有什么样的思维方法可以帮助我们找到新的解决方法。

6 人一组，先学习几个例子，讨论 5 分钟，归纳出采用了什么思维方法，每组选一名代表陈述观点。

案例 1　威尔逊造出能显示带电微观粒子行动的云雾室

19 世纪末，原子科学家们正向原子发起进军。但是，微观粒子太小，在研究中科学家常常苦于看不到原子的行踪。一个阿尔法粒子的直径不到一万亿分之一厘米，用最高级的显微镜也无法看到它们。对原子和其他微观粒子的研究，像瞎子走夜路一般困难。

青年物理学家威尔逊决定攻克这个难题，想一种办法显示原子的轨迹。为此他联想到自己以前研究气象学的一段经历。1894 年秋天，他受国家气象局的委托，来到位于苏格兰那维斯山顶的天文台研究大气物理。每天早上，威尔逊都能看到太阳从东方升起，阳光从迷雾中穿过，透出千万道美丽的光芒。他想，能不能创造一个人工的云雾室，让粒子在云雾中显示出自己的运动轨迹来呢？

他研究过大气物理，了解水蒸气凝结成水珠的条件。第一是要有一定的湿度，只有相当潮湿的空气才能凝结出水滴。第二是要有一定的核心，如果没有灰尘或别的带电粒子，水蒸气再多也不会凝在一个十分纯净的云雾室中。有了充足的水汽，如果让一束带电的粒子流射进这个云雾室，粒子经过路上的水汽就会很快凝成水滴，产生一道人工的雾，粒子的行踪就可以被肉眼清楚地看到。

基于这个设想，威尔逊很快就造出了能显示带电微观粒子行动的云雾室。来无影、去无踪的粒子终于留下了自己的轨迹。

案例 2　爱因斯坦相对论

爱因斯坦认为牛顿对空间、时间、引力三者相互关系及运动规律永恒不变的理论有失偏颇，似乎感到有一种新的理论体系可以推翻这个论断，但有时好像要发现时，又被某个瓶颈卡住了。1895 年夏天，16 岁的爱因斯坦信步而行，登上一座小山，找到了一处理想的地方躺下，他半眯着眼睛，仰望天空，阳光穿过他的睫毛，射在他的眼睛上。他想象：如果自己骑在一束光上去旅行，那将是什么样子呢？然后问自己：如果这时在出发地有一座时钟，从我所处的位置看，它的时间会怎样流逝呢？我能同时看到过去、现在和未来吗？于是，他的智慧在想象中闪光，由此，相对论的灵感及理论体系脱颖而出。

通过讨论，发现案例 1 用到的是形象思维，是通过两者之间共性的形象而发明出来的；案例 2 用的是抽象思维，通过想象到的概念进行推理抽象后得出新的结论。

如果没有生活经验，看到这个题目就没有能力理解。"理解"就是在大脑里想象、抽象文字描述情景的能力，这就是形象思维。形象思维包括想象、联想思维，是凭借对事物认知而形成的记忆想象（往往是一个个画面），运用想象进行的多回路、多途径的思维。形象思维一般可分为想象思维、联想思维、直觉思维和灵感思维。

1. 想象思维

想象思维就是把大脑中的记忆表象进行加工、改造、重组形成新的表象的思维过程。其特征具有形象性、概括性、超越性。因此，想象在创新思维中起着主导作用。正如爱因

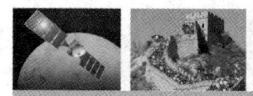

斯坦所说"想象比知识更重要，因为知识是有限的，而想象力概括着世界上的一切，推动着进步，并且是知识进化的源泉。严格地说想象力是科学研究中的实在因素。"

著名物理学家普朗克说："每一种假设都是想象力发挥作用的产物。"列宁说："有人认为，只有诗人才需要幻想，这是没有理由的。其至数学也是需要幻想的，没有它就不可能发明微积分。"巴甫洛夫说："鸟儿要飞翔，必须借助于空气与翅膀，科学家要有所创造则必须凭借事实和开展想象。"

想象思维一般可分为无意想象和有意想象。无意想象是指没有特定目的、不需要做出意志努力的想象；而有意想象则是受主题意识支配的，还需要做出一定意志努力的想象。

那么，如何发挥自己的想象力呢？德国的一名学者说过："眺望风景，仰望天空，观察云彩，常常坐着或躺着，什么事也不做。只有静下来思考，让幻想力毫无拘束地奔驰，才会有冲动。否则任何工作都会失去目标，变得烦琐空洞。谁若每天不给自己一点做梦的机会，那颗引领他工作和生活的明星就会暗淡下来。"创新思维要产生具有新颖性的结果，但这一结果并不是凭空产生的，要在已有记忆表象的基础上，加工、改组或改造。创新活动中经常出现的灵感或顿悟，也离不开想象思维。

2. 联想思维

（1）定义：在创新过程中运用概念的语义、属性的衍生、意义的相似性来激发创新思维的方法。它是打开沉睡在头脑深处记忆的最简便和最适宜的钥匙。

（2）联想思维的特征：连续性、概括性、形象性。

（3）联想思维的类型。

① 接近联想：时间和空间上互相接近的事物间形成的联想。例如，门捷列夫通过发现元素周期表中空白元素的相似性进行联想，并对未知元素的位置进行判断而找到新的元素；卢瑟福研究原子核时用联想的方法提出质量与质子相同的中性粒子必然存在。

浪漫主义的诗人利用时空接近的联想写了许多佳句，如"春江潮水连海平，海上明月共潮生。滟滟随波千万里，何处春江无月明"。春江、潮水、大海与明月（既相远又相近）联系在一起。

② 相似联想：性质或形式上相似的事物间所形成的联想。例如，"春蚕到死丝方尽，蜡炬成灰泪始干""床前明月光，疑是地上霜"等。科学家利用响尾蛇的特点，发明了响尾蛇导弹。

③ 对比联想：相反特征的事物或相互对立的事物间所形成的联想。例如，色彩对比、大小对比、强度对比、方向对比、好坏对比。文学艺术也有反衬手法，如描写岳飞和秦桧的诗句"青山有幸埋忠骨，白铁无辜铸佞臣"。

④ 因果联想：从某一事物出现某些现象而联想到它们的因果关系的思维方法。如因—果，果—因，火灾—报警，事故—原因，异常现象—地震等。

⑤ 类比联想：通过对一种事物与另一种（类）事物的对比而进行创新的方法。其特点是以大量联想为基础，以不同事物间的相同、类比为纽带。根据不同的类比形式可分为多种类比法，如直接类比法：鱼骨—针、酒瓶—潜艇。

3. 直觉思维

直觉思维是人脑对于突然出现在其面前的新事物及其关系的一种迅速的识别，对事物

的本质理解和综合的整体判断。如达尔文直觉向日葵背后肯定有怕太阳的物质，于是发现了 X 射线（伦琴射线）；居里夫人发现元素镭的过程也是靠直觉的。

科学发现和科技发明是人类最客观、最严谨的活动之一。但许多科学家还是认为直觉是发现和发明的源泉。

德国物理学家、诺贝尔奖获得者玻恩（见图 2-11）说："实验物理的全部伟大发现，都是来源于一些人的'直觉'。"

美国化学家普拉特和贝克曾对许多化学家进行调查，在收回的 232 张调查表中，有 33%的人说在解决重大问题时有直觉出现，有 50%的人说偶尔有直觉出现，只有 17%的人说没有直觉出现。

图 2-11　德国理论物理学家玻恩

1）直觉思维的特征

（1）直观性：直觉是对具体对象直观上和整体上的把握。没有直观的对象，是难以产生直觉的。它既不同于灵感，也不同于逻辑思维。

（2）豁然性与快速性：直觉凭以往的经验和知识，直接猜度问题的精要。直觉是用敏捷的观察力、迅速的判断力对问题做出试探性的回答，结论不一定十分可靠，必须再用经验思维、理论思维进一步证明。

（3）跳跃性：直觉产生的形式是突发和跳跃式的。直觉思维一般出现在大脑功能处于最佳状态的时候。

2）直觉思维的主要类型

（1）艺术直觉：艺术家在创作过程中由某一个形象一下子上升到典型形象的思维过程。

（2）科学直觉：科学家在科学研究过程中对新出现的某一事物非常敏感，一下就意识到其本质和规律的思维过程。

3）直觉能力的培养

（1）要有广博而坚实的基础知识。直觉判断不是凭主观意愿，而是凭知识和规律。

（2）要有丰富的生活经验。产生直觉仅凭书本知识是不够的，直觉思维迅速、灵活、机智，需要有较多的经历，经历过困难，解决过各种复杂的问题。

（3）要有敏锐的观察力。要有全面审查的能力，能较快地看清事物的全貌。

4．灵感思维

灵感思维是人在不知不觉中突然出现的特殊思维形式。在人类历史上，许多重大的科学发现和杰出的文艺创作，都是灵感这种智慧之花闪现的结果。例如，美国福斯贝里的背跃式跳高的产生、阿基米德解决金皇冠之谜等。

灵感与创新可以说是休戚相关的。灵感不是神秘莫测的，也不是心血来潮的，而是人在思维过程中带有突发性的思维形式长期积累、艰苦探索的一种必然性和偶然性的统一。

1）灵感的特点

灵感具有通常思维活动所不具有的特殊性质，主要有以下几点。

（1）突发性。灵感的出现不期而至，突如其来。灵感什么时候出现、怎样出现、由什么事物刺激而产生，都是难以预先知道的。

（2）兴奋性。灵感的兴奋性是指人脑在灵感闪现后常处于兴奋状态。它使人脑处于激发状态，伴随而来的是情绪的高涨，使人进入如醉如痴的忘我状态。

（3）跳跃性。灵感的跳跃性表现为它是一种直觉的、非逻辑的思维过程。在出其不意的瞬间（散步、闲谈、看电影等）触景生情，冥思苦想的问题突然得到解决。原因是创造者在创造活动中，对问题长期的探索，使创造者的智力活动达到白热化状态。在这种状态下，或因外界的某一刺激而受到启发、或由于某种联想触类旁通地使创造者的记忆储存的材料重新组合。

（4）创造性。灵感所获得的成果，常常是新颖的创造性知识。它所闪现的往往是模糊、粗糙、零碎的，还要用通常的思维活动进行整理。所以灵感的创造性与抽象思维、形象思维及其他各种因素一起才能发挥作用。

2）灵感的捕获

（1）需要长期的思想活动准备。灵感是人脑进行创造活动的产物，所以长期思考是基本条件。

（2）需要兴趣和知识的准备。广泛的兴趣、丰富的知识经验有利于借鉴，容易得到启示，是捕获灵感的另一个基本条件。

（3）需要智力的准备。主要包括观察、联想、想象。

（4）需要乐观镇静的情绪。愉快的情绪能增强大脑的感受能力。

（5）需要注意摆脱习惯性思维的束缚。

（6）需要珍惜最佳时机和环境。

（7）需要有及时抓住灵感的精神准备和及时记录下灵感的物质准备。许多有创造性精神的人，都曾体验获得灵感的滋味。但因为事先没有准备，而没有及时记下这些灵感，而错失了机会。

3）灵感的诱发

（1）外部机遇诱发。

思想点化：一般在阅读或交流中发生。例如，达尔文从马尔萨斯的《人口论》中读到"繁殖过剩而引起竞争生存"时，大脑里突然想到，在生存竞争的条件下，有利的变异会得到保存，不利的变异则被淘汰。由此促进了生物进化的思考，这就是思想点化。

原型启发：这是受自己要研究的对象模型启发而产生的灵感。例如，英国工人哈格里夫斯发明纺纱机，就是受到原来水平放置的纺车，偶然被他踢翻变成垂直状态的启发才研制成功的。

形象发现：形象指能引起人的思想或感情活动的具体形态或姿态，形象发现则是由于人的思想或感情活动的具体形态或姿态引起的创新思维与想法。例如，意大利文艺复兴时期的著名画家拉斐尔想构思一幅新的圣母像，但很久都难成形。在一次偶然的散步中，看到一位健康、淳朴、美丽、温柔的姑娘在花丛中剪花，这一形象吸引了他，立刻拿起画笔创作了"花园中的圣母"。

情景激发：我国作家柳青经过农村生活的体验写出了"创业史"，但 7 年后，当他想改写时却找不到感觉。在又回到长安县后，那些农民的语言、感情及对农村生活的冲动，才一起被激活，产生了创作灵感。

（2）内部积淀意识引发。

① 无意遐想。这种遐想式的灵感在创造中是很常见的。

② 潜意识遐想。这种灵感的诱发情况更为复杂，有的是潜知的闪现，有的是潜能的激发，有的是创造性梦境活动，有的是下意识的信息处理活动。

（3）潜知的闪现。

① 潜能的激发。就是通常说的急中生智。这种灵感现象是人脑中平时未发挥作用的那部分潜在智能，在危机状态中的突然激发。

② 创造性梦境活动。在白天，人未睡眠时，由于意识活动处于垄断地位和支配地位，意志能量更多地集中在意识层面，潜意识活动受到一定程度的抑制。在人的睡眠期间，意识层面进入了休眠状态，意识活动停止了，而潜意识活动无拘无束而自由飞翔。在那个以平素储存积累的信息素材为背景的、有限而又无限的信息组合空间里，潜意识的创造性活动随机地诱发和产生，形成一定的创造性思维。

三、案例分析

案例 1　太阳锅巴的诞生

西安宝石轴承厂厂长李照森在陪客人到西安饭庄进餐时，发现人们对一道用锅巴做原料的菜肴极感兴趣，于是引发了联想："锅巴能做菜肴，为什么不能成为一种小食品呢？""美国的土豆片能风靡全球，作为烹饪大国的中国，为什么不能创造出锅巴小吃，走出国门呢？"接着就是试制、成功、投产、走俏。之后，联想进一步展开，既然搞成了大米锅巴，当然还可以用其他原料制作别样风味的锅巴。一时间，小米锅巴、五香锅巴、牛肉锅巴、麻辣锅巴、孜然锅巴、海味锅巴、黑米锅巴、果味锅巴、西式锅巴、乳酸锅巴、咖喱锅巴、玉米锅巴等小食品都被发明了出来，不但畅销全国，还打入了世界市场。

案例 2　人工牛黄的诞生

天然牛黄是非常珍贵的药材，只能从屠宰场上碰巧获得。这样偶然得来的东西不可能很多，因此很难得到，也无法满足制药的需求。其实，牛黄这种东西，只不过是由于某种异物进入了牛的胆囊后，在它的周围凝聚起许多胆囊分泌物而形成的一种胆结石。一家医药公司的员工们为了解决牛黄供应不足的问题，集思广益，终于联想到了"人工育珠"：既然河蚌经过人工将异物放入它的体内能培育出珍珠，那么，通过人工把异物放进牛的胆囊内也同样能培育出牛黄来。他们设法找来了一些伤残的菜牛，把一些异物埋在牛的胆囊里，一年后，果然从牛的胆囊里取出了和天然牛黄完全相同的人工牛黄。医药公司员工运用联想思维的对比联想创新思维，在了解到牛黄生成的机理后，对比人工育珠的过程，联想到通过人工将异物放入牛胆内形成牛黄，从而制成了人工牛黄。

案例 3　挂钟与密码

第一次世界大战期间，德国女间谍玛塔·哈丽奉德军情报部的命令去窃取英国 19 型坦克设计图。哈丽便在莫尔根家中充当起了保姆的角色。哈丽很快就发现了一个保险柜，但

不知道保险箱密码锁的号码。哈丽估计记忆力已衰退的莫尔根，一定会想出个什么办法来帮助自己记住密码锁上的 6 个数字的号码。她在焦急、紧张而又惊恐的心情下，眼睛向整个房间的四周和各个角落不断地搜索。当她的目光接触到墙上的挂钟时，她突然意识到，密码就是钟面上的数字，因为钟早已停摆，这时钟面上的时、分、秒三针所指示的时间，合起来是 9 点 35 分 15 秒。93515 才 5 个数字，还差一个数字。在她差一点就要放弃这一努力的时候，脑中又突然闪过一个念头：晚上 9 点，不也就是 21 点吗？将"9"换为"21"，不就成 6 个数字了吗？怀着极其兴奋喜悦的心情，她按 213515 这 6 个数字在密码锁上一拨，只听见"嗒"地一声，保险柜被打开了，哈丽取出设计图，按时完成了任务。哈丽在关系到她成败与生死的千钧一发的危急时刻，突然意识到钟面上的数字与保险柜的密码可能有联系，她在思考这个问题的过程中用了灵感思维中的激发灵感思维方法。

案例 4　巴顿将军与卢森堡之战

1944 年 12 月，在卢森堡的一次战役中。美国的巴顿将军有一天凌晨 4 点就把秘书叫到办公室。秘书见他衣着不整，半穿制服半穿睡衣，知道他是刚下床，有重要事情要口授。原来巴顿将军刚刚想到德军在圣诞节时将会在某个地点发起进攻，他决定先发制人，于是向秘书口授了作战命令。果然不出他所料，几乎就在美军发起攻击的同时，德军也发动了进攻。由于美军先发制人，终于阻止了德军的进攻。过了一两天，巴顿将军在同秘书谈话时，回想起那天早晨获得的自发灵感而洋洋得意地笑着说："老实对你说吧，那天我一点也不知道德军要来进攻。"据《巴顿将军》一书记载，后来巴顿曾两次谈到这次军事行动是他在早上 3 点无缘无故地醒来，突然想到这件事，是他突然灵机一动的一大战果。巴顿将军曾经说："像这样的主意究竟是灵感还是失眠的结果呢？我不敢说我知道。以往的每一个战术思想几乎都是这样突然出现在我的脑海里，而不是有意识地苦思冥想的结果。"

案例 5　饭店与厕所

某老板在国道边开了一个饭店，但开业以后非常不景气，眼看着众多车辆急驰而去，却很少有人光顾饭店。他开始思考为什么自己物美价廉的经营却并不能招徕顾客呢？后来他换了一个方位和着眼点，在饭店旁建起一个很好的厕所，并做了一个非常醒目的标志。这样，许多驾驶员为了上厕所而停下车，同时也就光顾了饭店。这位老板通过满足过往驾驶员及同行人员上厕所的需求，从而增加饭店的生意。这是灵感思维的自发创新思维发挥的作用。

案例 6　紧身裙与可口可乐瓶

1923 年的一天上午，美国某玻璃瓶厂工人路透的久别女友来看望他。这天，女友穿着时兴的紧身裙，实在漂亮极了。这种裙子在膝部附近变窄，凸出了人体的线条美。约会后，路透突发奇想：为何不把又沉又重的可口可乐瓶设计成这种紧身裙的样式呢？于是，路透迅速按照裙子样式制作了一个瓶子，接着作为图案设计进行了专利登记，然后将这种瓶子设计带到可口可乐公司。

可口可乐公司的史密斯经理看了后大为赞赏，马上与路透签订了一份合同，约定每生产 12 打瓶子付给路透 5 美分。这就是可口可乐饮料现在所用的瓶样。目前，这种瓶子的生产数量已经达到 760 亿只，路透所得的金额，约值 18 亿美元。路透欣赏女友漂亮的裙子，想到改变又沉又重的可口可乐瓶形状，是灵感思维使他的灵感创新思维发挥了作用。

案例7　无线电熨斗的产生

日本松下电器公司生产的电熨斗，从 20 世纪 50 年代开始，几十年来畅销不衰。但到了 20 世纪 80 年代，出现了滞销现象。为了改进电熨斗的生产，松下公司请来数十名不同年龄的家庭主妇进行座谈。请她们对松下公司生产的电熨斗提意见，挑毛病。一位中年妇女突然大声说了一句："使用熨斗时电线拉来拉去太麻烦了，要是后面不拖一根电线就好了，那样熨起来会更方便。"这话立即引起了一阵哄笑。但主持人岩见宪一听，情不自禁地将桌子一拍，大声叫了起来："妙！好主意！不要电线的电熨斗。"不久，松下公司研制了无线电熨斗。与人交谈，特别是身份、经历大不相同的人交谈，不同思想的碰撞，不同思想交汇，常常能成为触发灵感的"媒介物""导火绳"，使技术人员突破和改变原有的思路，在思想上发生某种飞跃和质变，从而迸发出耀眼的灵感之光。

案例8　大仲马的《基度山伯爵》

法国著名作家大仲马一次偶然的机会在警察局档案中看到一份资料。记录的是：鞋匠皮科同一个富有的孤女结了婚，后来被人诬告入狱。在狱中，他忠心耿耿地服侍一个因政治问题而被捕的意大利主教。主教临死前向皮科讲了一个埋藏珍宝的秘密地方。7 年后，皮科找到珍宝重返巴黎，终于将诬告他的仇人一一杀死。大仲马根据这件事，经过想象，写成了一部波澜起伏、扣人心弦的著名小说——《基度山伯爵》。可以毫不夸张地说，没有想象，就没有文学创作。

案例9　伽利略与惯性定律

亚里士多德是古希腊的著名学者。他曾断言：当推动物体的外力停止作用时，原来运动的物体便归于静止。也就是说，物体的运动需要依靠外力来维持。他这种论断，在两千多年的漫长岁月中，一直被公认是"真理"。亚里士多德这一论断的确符合人们日常生活中的经验：要使一张桌子动起来，就得用力去推它；要使桌子动得快一些，就得多用点力推；一旦不推它了，桌子就会停下来。没人敢置疑。著名的意大利物理学家伽利略是第一个公开怀疑的学者。伽利略注意到，一个小球沿着第一个斜面滚下来，再滚上第二个斜面，而这个小球在第二个斜面上所达到的高度，同它在第一个斜面上开始滚下时的高度相差很小。这个差距是由摩擦力造成的。斜面越光滑，摩擦力越小，这个高度差就越小。于是伽利略想象：在没有摩擦力（或摩擦力为零）的情况下，无论第二个斜面的倾斜度是多少，小球在第二个斜面总要达到和在第一个斜面上相同的高度。接着，他又进一步想象：假若第二个斜面变成可以无限延伸的水平面，那么小球从第一个斜面上滚下来后，将沿着平面永远运动下去。通过这种巧妙思考，伽利略得出了一个全新的结论：一个运动着的物体在不受外力作用时，将保持原有的运动状态，维持匀速直线运动。他这一结论打破了亚里士多德被世人公认了两千多年的观点。后来，英国物理学家牛顿将伽利略的这一结论进一步总结为力学第一定律，即惯性定律。

案例10　卡诺的热力学第二定律

法国工程师卡诺于 1824 年想象过一部理想化的蒸汽机。通过理想化蒸汽机的研究，卡诺深刻地抽象和概括出了具体蒸汽机的本质与特征，阐明了热效率的极值问题。这种理想化的蒸汽机在现实中根本不存在，在当时，能够从理论上深刻认识蒸汽机，纯粹是依赖于

纯化想象。后来，基于卡诺的这种纯化想象，德国科学家克劳修斯总结出了热力学第二定律。现在，流体力学中的"理想流体"，固体力学中的"理想固体"，分子物理学中的"理想气体"，固体物理学的"理想晶体"，化学中的"理想溶液"，生物学中的"模式细胞"等，它们的出现，都是科学家们运用纯化想象思考法的结果。

案例11　刘秀诱敌

西汉末年，在邯郸自立为王的王朗，有一次带兵包围驻扎在蓟县为王莽政权守边的刘秀。刘秀被迫率领人马向南突围。刘秀从蓟县逃到饶阳，又从饶阳逃到束鹿，王朗一直在后紧紧追赶。刘秀的部队从束鹿向西还没走多远，王朗的追兵就到了。刘秀只得带领部队去树林里躲藏，可是道路泥泞，必然要留下脚印，王朗的部队就会沿着脚印追来。刘秀对此反复思考，想出了一个让王朗朝相反方向追击的办法，终于摆脱了危险。刘秀的办法是：命令将士们把脚上穿的鞋脱下，掉个头，让脚后跟朝前，脚尖朝后，然后再将鞋绑在脚上，以便于走路。刘秀部队的将士们脚上都穿了"后跟朝前，脚尖朝后"的鞋，这样朝前走路，实际上是朝东走，留下的脚印却是向西走。王朗上了当，朝相反的方向追击。刘秀思考这个问题运用了形象思维中思维想象的预示想象创新思维方法。刘秀在采取这种办法之前，运用预示想象，事先反复设想将士们脚穿"后跟朝前、脚尖朝后"的鞋如何走路，以及它将如何迷惑敌人，敌人将如何产生错觉等具体情景。

案例12　与国歌乐曲同步的升旗绳

现在很多单位经常都要升国旗，特别是中小学校，要在每周星期一早晨，举行全校师生一起参加的升国旗仪式。在升旗仪式中，一般都是一边缓缓升旗，一边高唱或高奏国歌。国旗升到旗杆的顶端，国歌正好结束，这当然是最理想的情况。可是这种情况出现的时候不多，常常都是要么国歌还没奏完或唱完旗已到顶，要么是旗还没到顶国歌已经奏完或唱完。这个难题显然可以用设计专用的电动控制设备的办法来解决，但为此要费很多事，花很多钱，一般都会认为没有这个必要。四川省成都市第24中学一个14岁的同学，他在旗杆的绳子上动了一番脑筋，想出了一个既能解决问题，又省事省钱的好办法。他对这个问题进行了这样的想象：如果按照国歌的旋律和节奏在旗绳上定出一些间隔，再在各个间隔上填入相应的歌词，升旗时一边拉绳，一边看旗绳上的歌词，这样便能做到使升旗与唱奏国歌同步。他思考这个问题运用了形象思维中思维想象的预示想象创新思维方法。这位同学想出的办法是比较简单的，但并不意味着只需脑筋一动，便能想得出来。他首先在头脑中反复进行了预示想象，设想如何才能使升旗的速度与节奏同唱奏国歌的速度与节奏相对应，使两者同步进行。然后他便找来一些塑料小珠子，在每个塑料珠子上都写上一定的歌词，然后再依次按一定的间隔串在旗绳上。他经过若干次调整塑料珠子的间隔，反复进行试验，才最后制成这种"与国歌乐曲同步的升旗绳"。目前它已被厂家所采用，并生产出了标准产品。

四、自我训练

1. 创建计划书

制订空调外机安装的创新计划，如表2-12所示。

创新思维与实战训练

表 2-12　制订空调外机安装的创新计划

依据形象思维方式，从空调外机的安装出发，展开想象思维。由于有些旧楼和自建楼，建造时未考虑空调外机安装的问题，外墙没有建造平台。在对该类建筑安装空调外机时，工作人员就像蜘蛛人一样，通过安全带攀爬在外墙上进行操作，先在外墙上打孔，将预制的空调外机支架固定到外墙上，再由几个工作人员将空调外机搬移到支架上。在整个安装过程中工作人员仅通过安全带作为支撑，操作不方便，也存在安全隐患。能否设计一种空调外机安装装置，以实现便捷、安全地安装空调外机。		
像蜘蛛人一样攀爬，不是我们的想象吗？我们想象着不用人去安装多好啊！不用人当然用机器，那就设计一种机器。这种机器要简单好用，所以只能安装在窗台上，并且能上下左右移动，能自动打孔、自动安装螺钉，能自动移动空调外机进行定位安装		

1. 空调外机安装特征描述	能打孔、能定位、能将空调外机送到指定位置	
	简单易行	
2. 空调外机安装的方法	人工安装，需要更好的保护措施	
	自动定位、打孔、安装螺钉	组合方法
	能自动将空调外机送到指定位置	创新方法
3. 技术管理方法描述	1. 加固安全措施 控制手段：_____ 2. 自动安装 控制手段：_____	
4. 解决方案描述	结合已有的智能技术，采用形象思维的方法，设计各部分方案	
5. 空调外机安装的系统设计	1. 设计固定支架，便于空调的传送； 2. 自动定位、自动打孔、自动安装固定件、自动传送空调外机	
6. 自我评价	1. 列出所有方案。 _____ 2. 找出一种或多种可实现的方案。 _____ 3. 说说用到了哪些形象思维。 _____	

2. 撰写专利文件的主要内容

针对创新计划书，通过分析与比较，依据空调外机安装的过程，采用模拟人工安装的方法，实现自动安装。为解决上述问题，本发明提出了一种空调外机安装装置，可辅助工作人员方便安全地安装空调外机。

文件 1：　　　　　　　　　　　**说明书摘要**

本发明公开了一种空调外机安装装置，包括支撑单元和传送单元。支撑单元包括腹板、前臂板和后臂板，前臂板和后臂板一体地连设在腹板的两端。两个臂板平行设置且延伸方向相同。后臂板上开设有螺纹通孔，支撑螺栓与螺纹通孔连接。支撑单元安装在窗台上用于支撑传送单元。传送单元采用三轴移动结构，包括第一X轴移动组件、第二

X 轴移动组件、第一 Y 轴移动组件、第二 Y 轴移动组件和 Z 轴移动组件，用于移动电钻到安装位置进行打孔，将空调外机支架移送到安装位置进行固定，最后将空调外机移送到固定好的空调外机支架上。安装过程中打孔、固定空调外机支架和安置空调外机均不需要工作人员悬挂到楼外进行操作，安装方便快捷，不需要多个工作人员，且操作安全。

文件2: **权利要求书**

1. 一种空调外机安装装置，其特征在于，包括支撑单元和传送单元。支撑单元与传送单元连接。所述支撑单元包括腹板（14）、前臂板（13）和后臂板（12）。前臂板（13）和后臂板（12）一体地连设在腹板（14）的两端。两个臂板平行设置且延伸方向相同。后臂板（12）上开设有螺纹通孔，支撑螺栓（15）与螺纹通孔连接。所述传送单元包括第一 X 轴移动组件（211）、第二 X 轴移动组件（212）、第一 Y 轴移动组件（222）、第二 Y 轴移动组件（221）和 Z 轴移动组件（241）。两个 X 轴移动组件均安装在前臂板（13）上且平行设置，两个 Y 轴移动组件与两个 X 轴移动组件连接，两个 X 轴移动组件驱动两个 Y 轴移动组件沿 X 向运动。第一 Y 轴移动组件（222）上安装有托架（232），第一 Y 轴移动组件驱动托架沿 Y 向运动。第二 Y 轴移动组件（221）上安装有支杆（231），Z 轴移动组件（241）安装在支杆（231）上，第二 Y 轴移动组件驱动支杆带动 Z 轴移动组件沿 Y 向运动。Z 轴移动组件（241）上设有电钻，Z 轴移动组件驱动电钻沿 Z 向运动。

2. 根据权利要求 1 所述的空调外机安装装置，其特征在于，所述 X 轴移动组件、Y 轴移动组件和 Z 轴移动组件均包括底座（2111）、导轨（2112）、滑台（2113）、第一支撑座（2114）、第二支撑座（2115）、丝杆（2116）、联轴器（2117）和安装在第二支撑座上的电机（2118）。两个 X 轴移动组件的底座安装在前臂板上，两个 Y 轴移动组件的底座均安装在两个 X 轴移动组件的滑块上，两个 X 轴移动组件的电机驱动两个 Y 轴移动组件在 X 轴移动组件的导轨上移动。托架安装在第一 Y 轴移动组件的滑块上，第一 Y 轴移动组件的电机驱动托架在第一 Y 轴移动组件的导轨上移动。支架安装在第二 Y 轴移动组件的滑块上，第二 Y 轴移动组件的电机驱动支架在第二 Y 轴移动组件的导轨上移动。电钻安装在 Z 轴移动组件的滑块上，Z 轴移动组件的电机驱动电钻在 Z 轴移动组件的导轨上移动。

3. 根据权利要求 1 或 2 所述的空调外机安装装置，其特征在于，所述腹板（14）包括前腹板（141）和后腹板（142）。前腹板和后腹板可拆卸连接。前腹板（141）与前臂板（13）一体连接，后腹板（142）与后臂板（12）一体连接。

4. 根据权利要求 3 所述的空调外机安装装置，其特征在于，所述前腹板（141）上开设有多个螺纹孔（1412），后腹板（142）上对应开设有螺纹通孔（1422），紧固螺钉穿过后腹板上的螺纹通孔与前腹板上的螺纹孔连接。

5. 根据权利要求 1 所述的空调外机安装装置，其特征在于，所述后臂板的内侧设有橡胶垫。

文件3：
说明书
一种空调外机安装装置

技术领域

本发明属于空调安装工具技术领域，具体涉及一种空调外机安装装置。

背景技术

目前大多高层建筑的外墙都建有用于安置空调外机的平台，在空调外机安装或维修过程中，工作人员可以站在平台上进行操作，不易发生安全事故。而有些旧楼和自建楼，建造时未考虑空调外机安装的问题，外墙没有建造平台。在对该类建筑安装空调外机时，工作人员通过安全带悬挂在外墙上进行操作，先在外墙上打孔，将预制的空调外机支架固定到外墙上，然后再由几个工作人员将空调外机搬移到支架上。整个安装过程中工作人员仅通过安全带作为支撑，操作不方便也存在安全隐患。需要设计一种空调外机安装装置，以实现便捷、安全地安装空调外机。

发明内容

为解决上述问题，本发明提出了一种空调外机安装装置，可辅助工作人员方便安全地安装空调外机。

本发明的具体技术方案如下。

一种空调外机安装装置，包括支撑单元和传送单元，支撑单元与传送单元连接。所述支撑单元包括腹板、前臂板和后臂板。前臂板和后臂板一体地连设在腹板的两端，两个臂板平行设置且延伸方向相同，后臂板上开设有螺纹通孔，支撑螺栓与螺纹通孔连接。所述传送单元包括第一X轴移动组件、第二X轴移动组件、第一Y轴移动组件、第二Y轴移动组件和Z轴移动组件。两个X轴移动组件均安装在前臂板上且平行设置，两个Y轴移动组件与两个X轴移动组件连接，两个X轴移动组件驱动两个Y轴移动组件沿X向运动。第一Y轴移动组件上安装有托架，第一Y轴移动组件驱动托架沿Y向运动。第二Y轴移动组件上安装有支杆，Z轴移动组件安装在支杆上，第二Y轴移动组件驱动支杆带动Z轴移动组件沿Y向运动。Z轴移动组件上设有电钻，Z轴移动组件驱动电钻沿Z向运动。

进一步，所述X轴移动组件、Y轴移动组件和Z轴移动组件均包括底座、导轨、滑台、第一支撑座、第二支撑座、丝杆、联轴器和安装在第二支撑座上的电机。两个X轴移动组件的底座安装在前臂板上，两个Y轴移动组件的底座分别安装在两个X轴移动组件的滑块上，两个X轴移动组件的电机驱动两个Y轴移动组件在X轴移动组件的导轨上移动。托架安装在第一Y轴移动组件的滑块上，第一Y轴移动组件的电机驱动托架在第一Y轴移动组件的导轨上移动。支架安装在第二Y轴移动组件的滑块上，第二Y轴移动组件的电机驱动支架在第二Y轴移动组件的导轨上移动。电钻安装在Z轴移动组件的滑块上，Z轴移动组件的电机驱动电钻在Z轴移动组件的导轨上移动。

进一步，所述腹板包括前腹板和后腹板。前腹板和后腹板可拆卸连接，前腹板与前臂板一体连接，后腹板与后臂板一体连接。一体连接的前腹板和前臂板为前部，一体连接的后腹板和后臂板为后部，安装时将前部和后部分别从窗台的外侧和内侧套在窗台上，再将前腹板和后腹板连接，该种结构相对于腹板为整体的结构，便于安装。

进一步，所述前腹板上开设有多个螺纹孔，后腹板上开设有螺纹通孔，紧固螺钉穿过后腹板上的螺纹通孔与前腹板上的螺纹孔连接。紧固螺钉到前腹板上不同的螺纹孔中时，前后臂板之间的距离不同，适应各种厚度的窗台。安装时根据各种窗台的厚度，将紧固螺钉穿到合适的螺纹孔中，从而使支撑单元的前后臂板紧紧夹住窗台。

进一步，所述后臂板的内侧设有橡胶垫。保护窗台的内墙面，防止支撑螺栓的尾部抵接窗台的内墙面导致墙面受损。

本发明的有益效果：空调外机安装装置的支撑单元安装在与欲安装空调外机的位置相邻的窗台上，用于支撑传送单元。传送单元采用三轴移动方式，用于移动电钻到欲安装位置进行打孔。将空调外机支架传送到欲安装位置进行固定，最后将空调外机传送到固定好的空调外机支架上。安装过程中的打孔、固定空调外机支架和安置空调外机均无须工作人员悬挂到楼外进行操作，安装方便快捷，且操作安全，保证了工作人员的人身安全。

附图说明

图2-12是本发明空调外机安装装置的主视图。
图2-13是本发明空调外机安装装置的右视图。
图2-14是传送单元中Y轴移动组件的俯视图。
图2-15是优选实施案例中支撑单元的立体图。

具体实施方式

下面结合附图及具体实施案例对本发明提出的一种空调外机安装装置做进一步的说明。

需要说明的是，图2-12中沿箭头Y的方向为Y向，沿箭头Z的方向为Z向，图2-13中沿箭头X的方向为X向。

本发明提出一种空调外机安装装置，包括支撑单元和传送单元。支撑单元与传送单元连接，支撑单元安装在窗台上用于支撑传送单元，传送单元用于在窗外进行外墙打孔并将空调外机支架和空调外机传送到欲安装位置。

如图2-12所示，支撑单元包括腹板14、前臂板13和后臂板12，前臂板13和后臂板12一体地连设在腹板14的两端，两个臂板平行设置且延伸方向相同，腹板、前臂板和后臂板构成U形结构，用于卡在窗台上。后臂板12上开设有螺纹通孔，支撑螺栓15与螺纹通孔连接，当支撑单元卡在窗台上后，调节支撑螺栓使前、后臂板紧紧夹住窗台，从而将支撑单元安装在窗台上。

如图2-12和图2-13所示，传送单元包括第一X轴移动组件211、第二X轴移动组件212、第一Y轴移动组件222、第二Y轴移动组件221和Z轴移动组件241。两个X轴移动组件均安装在前臂板13上且平行设置，两个Y轴移动组件与两个X轴移动组件连接，两个X轴移动组件驱动两个Y轴移动组件沿X向运动。第一Y轴移动组件222上安装有托架232，托架用于放置空调外机支架和空调外机，第一Y轴移动组件222驱动托架232沿Y向运动。第二Y轴移动组件221上安装有支杆231，Z轴移动组件241安装在支杆231上，第二Y轴移动组件221驱动支杆231沿Y向运动，从而带动Z轴移动组件241沿Y向运动。Z轴移动组件241上设有电钻（图2-12中未标出），电钻可用于打孔和锁紧螺钉，Z轴移动组件241驱动电钻沿Z向运动。在第一X轴移动组件211、第二X轴移动组件212和第一Y轴移动组件222的驱动下，托架232可在X、Y两个方向上移动，在第一X轴移动组件211、第二X轴移动组件212、第二Y轴移动组件221和Z轴移动组件241的驱动下，电钻可在X、Y、Z三个方向上移动。

具体地，Y轴移动组件和Z轴移动组件的结构相同，如图2-14所示，包括底座2111、导轨2112、滑台2113、第一支撑座2114、第二支撑座2115、丝杆2116、联轴器2117和安装在第二支撑座上的电机2118。第一支撑座2114和第二支撑座2115分别设置在底座2111的两端，导轨2112安装在底座2111上，沿所述底座轴向滑动，滑台2113设置在导轨2112上，丝杆2116的一端连接第一支撑座2114，另一端通过联轴器2117与电机2118连接，丝杆2116与滑台2113螺纹连接，电机2118驱动滑台2113在导轨2112上运动。第一X轴移动组件和第二X轴移动组件的结构与Y轴移动组件和Z轴移动组件结构相同，区别仅在于第一X轴移动组件和第二X轴移动组件具有两个滑块。两个X轴移动组件的底座安装在前臂板上，第一Y轴移动组件的底座的两端分别安装在第一X轴移动组件的一个滑块和第二X轴移动组件的一个滑块上，第二Y轴移动组件的底座的两端分别安装在第一X轴移动组件的另一个滑块和第二X轴移动组件的另一个滑块上，两个X轴移动组件的电机驱动两个Y轴移动组件同时在X轴移动组件的导轨上移动。托架安装在第一Y轴移动组件的滑块上，第一Y轴移动组件的电机驱动托架在第一Y轴移动组件的导轨上移动。支架安装在第二Y轴移动组件的滑块上，第二Y轴移动组件的电机驱动支架在第二Y轴移动组件的导轨上移动，从而带动Z轴移动组件在Y向上移动。Z轴移动组件的滑块上设有电钻（图2-12中未标出），Z轴移动组件的电机驱动电钻在Z轴移动组件的导轨上移动。

优选，腹板14包括前腹板141和后腹板142，如图2-15所示，前腹板和后腹板可拆卸连接，前腹板与前臂板一体连接，后腹板与后臂板一体连接。前腹板和后腹板之间可通过螺纹连接、销连接、卡扣连接等，一体连接的前腹板和前臂板为前部，一体连接的后腹板和后臂板为后部，安装时将前部和后部分别从窗台的外侧和内侧套在窗台上，将前腹板和后腹板连接，调节支撑螺栓将支撑单元安装到窗台上。该种结构相对于腹板为整体结构，便于安装。

优选，如图2-15所示，前腹板141上开设有多个螺纹孔1412，多个螺纹孔沿前腹板延伸方向分布，后腹板142上对应开设有螺纹通孔1422，紧固螺钉穿过后腹板的螺纹通孔与前腹板的螺纹孔连接。紧固螺钉穿到前腹板上不同的螺纹孔中时，前、后臂板之间的距离不同，可根据各种窗台的厚度，紧固螺钉穿到合适的螺纹孔中，从而使支撑单元的前、后臂板紧紧夹住窗台。

优选，后臂板的内侧设有橡胶垫，保护窗台的内墙面，防止支撑螺栓的尾部抵接窗台的内墙面导致墙面受损。

安装空调外机时，将空调外机安装装置的支撑单元卡在窗台上，调整支撑螺栓使支撑单元与窗台固定，传送单元位于窗外。传送单元移动电钻到外墙的欲安装空调外机的位置，在外墙上进行打孔，然后传送单元的托架移动至窗口，工作人员将空调外机支架放在托架上，托架移动到欲安装空调外机的位置，并使空调外机支架的安装孔与外墙上的孔一一对应，移动电钻锁紧每个螺钉，待空调外机支架固定在外墙上后，托架移动到窗口，工作人员将空调外机放置在托架上，移动托架将空调外机安放到固定好的空调外机支架上，再移动电钻锁紧空调外机与空调外机支架的每个固定螺钉。

文件4: 　　　　　　　　说明书附图

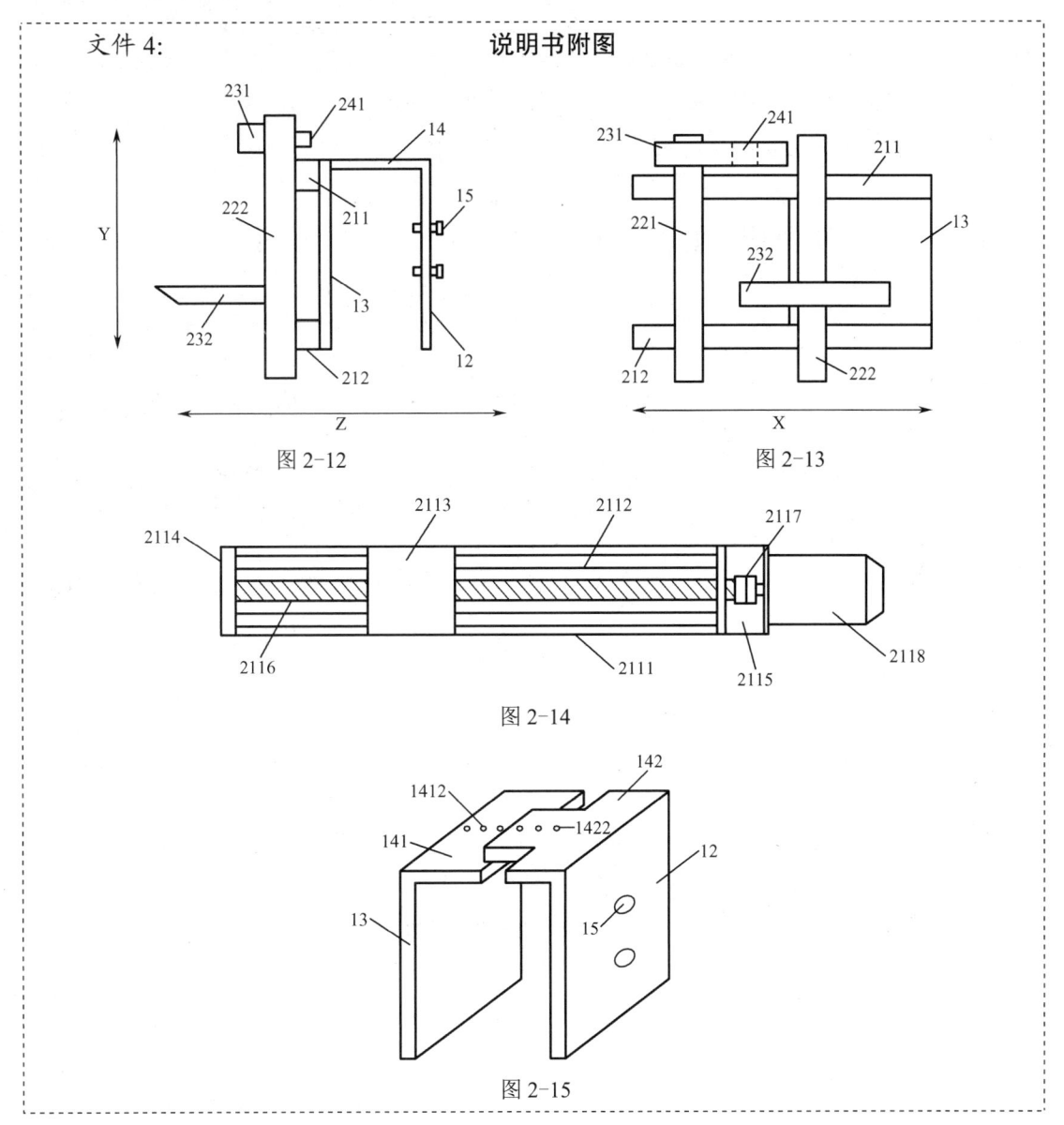

图 2-12

图 2-13

图 2-14

图 2-15

五、检验评估

1. 形象思维训练

闭上眼睛，做下列想象清晰性练习（想象的形象越清晰越好）。

（1）想象一片蓝天：白云朵朵—像马群—像羊群—像洁白的棉花—像神仙的笑脸。

（2）想象一列正在飞奔的列车：开始起动—越跑越快—两边的建筑向后飞奔而去—风驰电掣—气笛长鸣—开始减慢速度—越来越慢—停下来。

（3）想象一朵桃花：花苞绽开一点—逐渐开放—完全开放—慢慢枯萎。

（4）想象一张小孩照片：露出半个脸—露出大半个脸—露出全部脸—脸上有泥—大笑。

人的大脑有一个重要的功能，就是能凭借视觉想象力进行思考。也就是说，人在思考时能根据需要在人脑中构造出某种图形或抽象概念、感性外观的视觉想象。人的大脑就像长了眼睛，这些视觉想象物能移动、旋转、变化并且被分析。

2. 想象思维练习

（1）蔚蓝的大海一望无际，你站在船甲板上向远方眺望。想象一下，在海平面上慢慢出现了什么？

（2）人的视觉想象力越强，大脑中的这双"眼睛"就越敏锐，视觉想象物及其运动在大脑中就越清晰。

要检测一下自己的视觉想象力吗？请想象一个轮子置于一平面上。如图 2-16 所示，轮子边缘有一黑点，使轮子在平面上滚动。试画出黑点在轮子滚动时留下的轨迹。

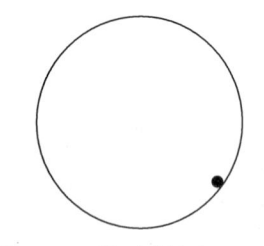

图 2-16 轮子边缘有一黑点

（3）立方体六个面都涂上了黑漆。在三个面上各切两刀，大立方体变成多少个小立方体？其中，有几个三面涂漆的？几个两面涂漆的？有几个一面涂漆的？有几个完全没有涂漆的？如果你想象不出来，可以画一个立体图作参考。

（4）一个人买了一盒每盘可以燃烧 1 小时的蚊香，他想用这种蚊香计算 45 分钟，怎么计算呢？

（5）一张方桌截去一个角，还有几个角？

（6）望远镜如果倒过来望会看到什么？

3. 联想思维练习

（1）在两个没有关联的信息间，寻找各种联想，将它们联结起来。

例：手纸—原子弹；手纸—造纸—机器—科学知识—科学家—原子弹；

皮球—讲台；黑板—会议；汽车—人；油泵—空气。

（2）分别在下面每题的字上加同一个字使其组成不同的词。

① 王、自、睡、触、幻、感。

② 目、阔、大、博、告、意。

③ 口、具、理、士、边、家。

④ 天、一、全、字、分、得。

（3）用下面 4 组不相关的词汇，任意变换排列顺序加上美妙的联想，造出 4 句有特色、立体形象的句子。

① 摩托车—天空—沉思。

② 竹子—云朵—笑脸。

③ 钢笔—青草地—蓝天—马儿。

④ 跑步—青年—深夜—两个月。

4. 形象思维测试

（1）在猜谜语游戏中你是否成绩不错？

（2）你是否喜欢和别人打赌，赌运是否很好？

（3）你是否一看见一幢房子便感到合适与舒适？

（4）你是否常一见某个人，便感到十分了解他（她）？
（5）你是否经常一拿起电话便知道对方是谁？
（6）你是否常听到某些"启示"的声音，告诉你应该做些什么？
（7）你是否相信命运？
（8）你是否经常在别人说话之前，便知道其内容？
（9）你是否有过恶梦，而其结果又变成事实？
（10）你是否经常在打开微信之前，便已知道其内容？
（11）你是否经常为其他人接着说完话？
（12）你是否常有这种经历：有段时间未能听到某一个人的消息了，正当你在思念之时，忽然接到他（她）的短信或电话？
（13）你是否无缘无故地不信任别人？
（14）你是否为自己对别人第一次印象的准确判断而感到骄傲？
（15）你是否常有似曾相识的经历？
（16）你是否经常在登机之前，因害怕该航班出事，而临时改变旅行计划？
（17）你是否在半夜里因担心亲友的健康或安全而忽然惊醒？
（18）你是否无缘无故地讨厌某些人？
（19）你是否一见某件衣服，就感到非得到它不可？
（20）你是否相信一见钟情？

答是的记 1 分，答否的记 0 分，累计所得分数，并按如下标准进行评价。

10～20 分：有很强的直觉能力，有着惊人的判断力。当你将它用于创造时一定会取得巨大的成功。

1～9 分：你有一定的直觉能力，但因常常不善于运用而让其自生自灭，应该加强对它的培养，让它成为你事业上的好帮手。

0 分：你一点也没有发展自己的直觉能力。应该试着按直觉办事，就会发现直觉能力。

5．实训题

仔细观察小河或池塘，特别是水质、污泥、水草、鱼、虾、黄鳝，如果有荷花之类的也应描写，特别是莲蓬、荷叶、藕等。用形象思维的方法，看看能做哪些创新？如仔细观察荷叶，其有不沾水的现象，可否用来做雨伞呢？

要求完成：

（1）详细描述小河或池塘，并写一篇记叙文。（需要对细节进行详细描写，不少于 300 字。）

（2）根据题意，说明你想解决的问题。（列举不少于 10 条。）

（3）选取其中一条，说明大致解决方案。（至少有一个可行方案，但可以不知道某些模块的具体方案。）

（4）针对第（3）条，去查阅中国知网、中国专利信息网，认真学习别人的专利文件，读懂其中一个专利，并抄录下来。

6．评价表

完成评价表，如表 2-13 所示。

创新思维与实战训练

表 2-13 评价表

评价指标	检验说明	检验记录			
检查项目	➢ 思考题 ➢ 观察题 ➢ 作图题 ➢ 判断题 ➢ 其他				
结果情况					
评价内容	检验指标	权重	自评	互评	总评
任务完成情况	1. 过程情况				
	2. 任务完成的质量				
	3. 在小组完成任务的过程中所起的作用				
专业知识	1. 能描述形象思维概念、特征				
	2. 能描述形象思维创新方法				
	3. 能描述形象思维的培养方法				
	4. 能用形象思维举一个创新案例				
	5. 会用形象思维创新一个小创意				
职业素养	1. 学习态度：积极主动参与学习				
	2. 团队合作：与小组成员一起分工合作，不影响学习进度				
	3. 现场管理：积极参与讨论				
综合评价与建议					

任务 2.4 逻辑思维方法训练

扫一扫看本任务教学课件

扫一扫下载专利案例文件：一种快速定位突发案情的视频检索方法

扫一扫下载专利案例文件：一种楼道照明装置

学习思维导读

项目描述	有统计表明，青少年的脊柱侧弯发病率已高达 3%，按这一数据估算，全国每年将产生大概 100 万名的脊柱侧弯患者。脊柱侧弯与近视眼、心理健康等疾病一并被专家称为妨碍青少年健康成长的三大问题。 目前，医治和矫正青少年脊椎侧弯的方法很多，大多通过被动方式，如推拿复位、热药磁疗、手术治疗等，这些方法存在风险且治疗成本高；轻微时使用矫姿带等，这类产品佩戴相对不方便且会影响人体部分肌肉。 针对青少年脊椎侧弯这种病状，通过学习逻辑思维的方法，创新一种预防青少年脊椎侧弯，且在轻微弯曲时能得到矫正的方法。 从逻辑思维的角度来分析，青少年产生脊椎侧弯，或因学业繁重，或因长期玩电脑、手机，坐姿不正确导致的。因此，要学习逻辑思维方法去解决青少年脊椎侧弯的问题

项目二　创新思维方法训练

续表

项目目标	1. 掌握逻辑思维的概念； 2. 了解逻辑思维的表现形式和要素； 3. 掌握逻辑思维的创新方法
项目任务	1. 收集青少年脊椎侧弯的相关信息； 2. 用逻辑思维列举出解决青少年脊椎侧弯的所有方案； 3. 筛选出切实可行的解决方案； 4. 通过学习专利文件的撰写案例，掌握专利文件撰写方法
项目实施	遇到问题→创新冲动 收集信息→信息处理 学习讨论→类比创新 创新考核→检验评价

一、感受问题与创新冲动

新闻场景——影响青少年健康的顽疾——脊柱侧弯

在 2017 年 5 月 21 日世界脊柱健康日之前，深圳发布了深圳市青少年脊椎侧弯的统计报告《深圳 20 万名初中生脊柱侧弯发病率高出欧美 3 倍》。这次调研是由深圳医院和教育部门联合发起的历时两年半的基础性筛查，由 6 名医生和 14 名志愿者组成调研团队，首次为深圳 20 万名初中生进行脊柱侧弯筛查，结果发现发病率高于欧美国家 3 倍。而早在 2013 年，当地也有过一次筛查，3 万名学生的样本，发病率达 6%，也就是说，100 名深圳青少年有 6 名脊柱侧弯。这篇报道几乎刷满了学生家长的手机屏幕，"真的有这么严重？""发病率有多少啊？""怎样才算脊柱侧弯？"成了很多家长心中的疑问。其实，早在 20 世纪，就有专家总结出妨碍青少年健康成长的三大问题：脊柱侧弯、近视眼、心理健康。现在近视眼和心理健康的关注程度已有所提高，脊柱侧弯成了危害青少年健康成长的重要隐患之一。

另有部门做过统计：我国青少年脊柱侧弯发病率已达 3%，按这一数据估算，全国每年将产生大概 100 万名青少年脊柱侧弯患者，目前全国累计已有 1 000 万人。报告指出：脊柱发病的人群多为 10～15 岁的中学生。

引起青少年脊柱侧弯的原因是多方面的，如遗传、生理疾病、坐姿不良、运动不当等。脊柱侧弯前期具有一定的隐匿性，其症状不易被察觉，所以多数脊柱侧弯患者症状严重时才被发现。

（1）青少年脊柱侧弯的原因之一：坐姿不良。

如图 2-17 所示，在学习和玩耍中，长期的坐姿不良是青少年脊柱侧弯的重要原因之一。据有关调查资料，坐姿不正确导致脊柱侧弯占总数的 70%～80%。这是由于不良的姿势都容易使脊椎长时间处于弯曲，使颈、胸、腰椎前伸、前屈或侧弯，不仅使脊椎椎间盘内的压力增高，也使脊椎部的肌肉韧带长期处于非协调受力状态，如颈后部肌肉和韧带易受牵拉劳损，椎体前缘相互磨损、增生，再加上扭转、侧屈过度，更进一步导致损伤，加速了颈椎的蜕变过程而发生颈椎病，脊椎因长时间姿势不良而发生侧弯。

图 2-17 坐姿不良

（2）青少年脊柱侧弯的原因之二：运动不当。

青少年在翻筋斗、打闹时跌倒，头颈部受伤易诱发颈椎病；如果遭受外伤，会造成脊椎骨折；有的咽喉部或颈部患有急慢性炎症时，因周围组织的炎性水肿，易诱发颈椎病症状，也易于诱发颈椎病或脊柱侧弯等疾病。

（3）青少年脊柱侧弯的原因之三：代谢紊乱。

青少年脊柱侧弯一般出现在 10~14 岁。因为这一时期是人生第二个生长高峰，由于青少年学习紧张，或没有生活规律，或长时间玩游戏，或偏食等原因导致人体代谢紊乱，特别是钙、磷代谢和激素代谢失调者，往往容易发生各种脊椎病；还有的由于精神情绪不稳、逆反心理严重、父母教育粗暴等原因，焦虑紧张、烦躁恼怒等不良情绪往往使原本轻微的脊柱侧弯症状更加严重。

青少年脊柱侧弯主要表现在站立时姿态不对称、双肩不等高、弯腰时背部不对称、背部皮肤有色素或不正常毛发等情况。由于早期脊柱侧弯引起的外观异常并不明显，尤其是穿着衣服时不易被发觉，所以家长对这个年龄段的青少年应特别注意。有一个简单易行的检查方法是：双手自然下垂，合拢，然后弯腰 90 度，如果有脊柱侧弯，可出现两侧背部或腰部不等高，俗称剃刀背畸形；肩胛骨或者肋骨后凸，严重者可出现胸廓旋转畸形、两侧乳房不对称；上身倾斜侧躯干缩短和由于胸腔容积下降，造成活动耐力下降、气促、心悸等。

读了以上资料，可以发现青少年脊柱侧弯严重地影响了青少年的身心健康，除遗传与疾病原因外，更多地与坐姿和运动有关，你能否找到一种解决办法呢？

根据上述材料完成的创新冲动表，如表 2-14 所示。

项目二 创新思维方法训练

表 2-14 创新冲动表

1. 详细了解问题，确定问题关键；
2. 初步思考的大致解决方案

创新冲动记录表

时间：_____ 地点：_____ 天气：_____

问题描述：
2017 年温州医学院附属二医院康复医学中心开展脊柱侧弯普查，市区某知名小学 90 多名五年级学生中，有 26 名学生被检出脊柱不健康。
2019 年 3 月，梧州市妇幼保健院深入 5 所小学为 5 000 多名学生进行免费的脊柱侧弯筛查，初筛脊柱侧弯率约 12.9%。2019 年暑假，梧州市妇幼保健院中医科每天接诊及治疗的脊柱侧弯、颈椎病治疗的患儿共计 20 多人，比平时多出 3~4 倍，年龄大多在 7~14 岁。
据中国儿童发展中心调查统计，我国儿童脊柱侧弯症的发病率高达 20%，而脊柱不健康的儿童已占到 68.8%。
当前的青少年或因学业繁重，或因长期玩电脑、手机，坐姿不正确导致脊椎弯曲，严重损伤脊椎，或是青少年在翻筋斗、打闹时跌倒，遭受外伤，也会造成脊椎骨折。有统计表明，青少年的脊柱侧弯发病率已高达 3%，按这一数据估算，全国每年将产生大概 100 万名的脊柱侧弯患者，脊柱侧弯与近视眼、心理健康等疾病一并被专家称为妨碍青少年健康成长的三大问题。
目前，针对青少年脊椎弯曲的问题往往采取医治和矫正的方法，大多通过被动方式，如推拿复位、热药磁疗、手术治疗等，这些方法存在风险且治疗成本高。与其说事后医治和矫正，不如采取预防的方法，减少青少年患病率。因此，从产生的病因出发，寻找一种预防的方法

心理状态	
自我暗示	
原因分析	遗传与疾病、坐姿不正确、运动损伤
思维方法	纠正坐姿，采用逻辑思维方法
初步思考方案	1. 用某种束缚物（如背背佳）强迫改正坐姿； 2. 预警坐姿，即坐姿不正时能及时提醒

1. 说明：记录时间、地点和天气等信息，便于回忆当时的情景。
2. 思维方法：在一项问题的解决方案中，有多种思维方法。本项目的目的在于思维方法训练，故专门针对某种思维方法进行类比训练

二、信息收集与处理

收集青少年脊椎弯曲的问题，看看医学预防方法、听听专家的说法、学校怎么做、市民怎么认识，再去查阅中国知网中期刊、会议等论文资料，再查阅中国专利信息网中的资料，分门别类地整理，依据自己的生活、经验、知识，想想还有没有别的方法，并填入表 2-15 中。

表 2-15 通过百度网、中国知网、中国专利信息网等搜寻青少年脊椎侧弯的解决方法

方法类型	解决方法	资料来源
强迫方法		

91

续表

方法类型	解决方法	资料来源
监控与预警		
治疗方法		
自己思考的其他方法		

1. 逻辑思维方法主要有_____、_____、_____等。
2. 什么是逻辑思维？

_____

3. 逻辑思维的特征有_____、_____。
4. 如何培养逻辑思维？

_____

针对青少年脊柱侧弯的问题，通过百度网、中国知网、中国专利信息网等搜寻青少年脊柱侧弯的解决方法，一一记录下来，并思考新的解决方案。通过讨论要解决两个问题：第一，有切实可行的解决方案吗？第二，能否想到新的方法？有什么样的思维方法可以帮助我们找到新的解决方案。

6人一组，先学习几个例子，讨论5分钟，归纳出采用了什么思维方法，每组选一名代表陈述观点，谈感想。

案例1　如何问问题

有甲、乙两人，甲只说假话，乙只说真话。但是，他们两个人在回答别人的问题时，只通过点头与摇头来表示，不讲话。有一天，一个人面对两条路：A与B，其中一条路是通向京城的，另一条路是通向一个小村庄的。这时，他面前站着甲与乙两人，但他不知道此人是甲还是乙，也不知道"点头"是表示"是"还是表示"否"。现在，他只问一个问题，就可以断定出哪条路通向京城。那么，这个问题应该怎样问？

案例2　他们的职业分别是什职业

小王、小张、小赵三个人是好朋友，他们中一个人下海经商，一个人考上了重点大学，一个人参军。此外还知道以下条件：小赵的年龄比士兵的大；大学生的年龄比小张小；小王的年龄与大学生的年龄不一样。请推论出这三个人中谁是商人？谁是大学生？谁是士兵？

案例3　计算容积

一个名牌大学数学系的学生十分骄傲。一位老者要求他计算灯泡的容积。骄傲的学生拿着尺子量了好长时间，记了好多数据，也没有算出来，只是写出了一个复杂的算式。而老者只是把灯泡放入水中，然后用量筒量出水的容积，就算出了灯泡的容积。

现在如果你手中只有一把直尺和一只啤酒瓶子，而这只啤酒瓶子下面 2/3 是规则的圆柱体，上面 1/3 是不规则的圆锥体。以上面的事例做参考，怎样才能求出它的容积呢？

提示：瓶中注入约一半水，测出水的高度，再把瓶子倒过来测量出瓶盖到水面的高度。

案例 4　他们被哪个学校录取了

孙康、李丽、江涛三人分别被北京大学、牛津大学和麻省理工学院录取，但不知道他们各自究竟是被哪个大学录取了，有人做了以下猜测。

甲：孙康被牛津大学录取，江涛被麻省理工学院录取；

乙：孙康被麻省理工学院录取，李丽被牛津大学录取；

丙：孙康被北京大学录取，江涛被牛津大学录取。

他们每个人都只猜对了一半。

孙康、李丽、江涛三人究竟各自是被哪个大学录取了？

提示：孙康、李丽、江涛分别被北京大学、牛津大学、麻省理工学院录取了。

逻辑思维又称抽象思维，就是人脑对客观事物抽象、概括的反映，是人脑理性认识阶段，人们在认识事物的过程中借助概念、判断、推理等思维形式能动地反映客观现实的理性认识过程。只有经过逻辑思维，人们对事物的认识才能达到对具体对象本质规律的把握，进而认识客观世界。它是人的认识的高级阶段，即理性认识阶段。

逻辑思维是思维的一种高级形式，是指符合世间事物之间关系（合乎自然规律）的思维方式。

逻辑思维是确定的，而不是模棱两可的；是前后一贯的，而不是自相矛盾的；是有条理、有根据的思维。在逻辑思维中，要用到概念、判断、推理等思维形式和比较、分析、综合、抽象、概括等思维方法，而掌握和运用这些思维形式和方法的程度，就是逻辑思维的能力。

逻辑思维的一般作用是帮助我们正确认识客观世界，解决常规问题，表达思想。

1. 逻辑思维的类型

逻辑思维一般有经验型与理论型两种类型。

经验型是在实践活动的基础上，以实际经验为依据形成概念，进行判断和推理，如工人、农民运用生产经验解决生产中的问题，多属于这种类型。

理论型是以理论为依据，运用科学的概念、原理、定律、公式等进行判断和推理。科学家和理论工作者的思维多属于这种类型。经验型的思维由于常常局限于狭隘的经验，因而其抽象水平较低。

2. 逻辑思维的方法

1）分析与综合

分析与综合是形式逻辑与辩证逻辑共同研究的方法。分析是在思维中把对象分解为各个部分或因素，分别进行考察的逻辑方法，是认识事物整体的必要阶段。综合是在思维过程中把对象的各个部分或因素结合成为一个统一体进行考察的逻辑方法，是掌握事物本质和规律的基础。

分析与综合是思维方向相反的过程。分析与综合是互相渗透和转化的，在分析基础上综合，在综合指导下分析。分析与综合，循环往复，推动认识的深化和发展。

例如，在光的研究中，人们分析了光的直射、反射、折射，认为光是微粒，随后人们又发现光的干涉、衍射现象和其他一些微粒说不能解释的现象，认为光是波。当人们测出了各种光的波长，提出了光的电磁理论，似乎光就是一种波，是一种电磁波。但是，光电效应的发现又是波动说无法解释的，人们又提出了光子说。当人们把这些方面综合起来以后，一个新的认识产生了：光具有波粒二象性。

又如桌上放着 2、1、6 三张卡片，变换它们的位置使其成为能被 43 整除的 3 位数，该如何变？分析每张卡片的特性。

2）分类与比较

根据事物的共同性与差异性就可以把事物进行分类，具有相同属性的事物归入一类，具有不同属性的事物归入不同类。

比较就是寻求两个或两类事物的共同点和差异点。按照对象，比较分为同类事物之间的比较和不同类事物之间的比较。按照形式，比较分为求同比较和求异比较。

在相似中求不同处。例如，香港有一家经营黏合剂的商店，在推出一种新型的"强力万能胶"时，市面上也有形形色色的"万能胶"。老板决定从广告宣传入手，他经过研究发现几乎所有的"万能胶"广告都基本雷同。于是，他想出一个与众不同、别出心裁的"广告"，把一枚价值千元的金币用这种胶粘在店门口的墙上，并告示谁能用手把这枚金币抠下来，这枚金币就送给谁。这个广告引来许多人尝试和围观，起到了"轰动"效应。尽管没有一个人能用手抠下那枚金币，但进店买"强力万能胶"的人日益增多了。

在不同中求相同或相似处。如人类发明飞机时参考了鸟，发明潜水艇时参考了鱼。

通过比较就能更好地认识事物的本质。分类是比较的后继过程，重要的是分类标准的选择，选择得好还可能有重要规律的发现。

3）归纳与演绎

归纳：从多个个别的事物中获得普遍的规则。例如，黑马、白马，都可以归纳为马。

演绎：与归纳相反，演绎是从普遍性规则推导出个别性规则。例如，马可以演绎为黑马、白马等。

归纳是从个别性的前提推出一般性的结论，前提与结论之间的联系是或然性的。演绎是从一般性的前提推出个别性的结论，前提与结论之间的联系是必然性的。

4）抽象与概括

抽象就是运用思维的力量。抽象是从众多的事物中抽取出共同的、本质性的特征，而舍弃其非本质的特征。具体地说，科学抽象就是人们在实践的基础上，对于丰富的感性材料通过"去粗取精、去伪存真、由此及彼、由表及里"的加工，形成概念、判断、推理等思维形式，以反映事物的本质和规律。

概括是形成概念的一种思维过程和方法，即把某些具有一些相同属性的事物中抽取出来的本质属性，推广到具有这些属性的一切事物，从而形成关于这类事物的普遍概念。概括是科学发现的重要方法。概括是由较小范围的认识上升到较大范围的认识，是由某一领域的认识推广到另一领域的认识。

概括是从单独对象的属性推广到这一类事物的全体的思维方法。抽象与概括和分析与综合一样，也是相互联系不可分割的。

5）因果思维法

简单来说，因果关系的逻辑就是：因为 A，所以 B，或者说如果出现现象 A，必然就会出现现象 B（充分关系）。这是一种引起和被引起的关系，而且是原因 A 在前，结果 B 在后。

但有先后关系不一定就是因果关系，例如，起床先穿衣服，然后穿裤子，或者先刷牙后洗脸，这都不是因果关系。同样，并不是一切必然联系都是引起和被引起的关系，只有有了引起和被引起关系的必然联系，才属于因果联系。

因果对应关系可分为以下几种。

（1）一因一果：一个原因产生一个结果。

（2）多因一果：多个原因一起产生一个结果。

（3）一因多果：一个原因产生多个结果。

（4）多因多果：多个原因一起产生多个结果。

6）递推法

递推就是按照因果关系或层次关系等方式，一步一步地推理。

有的原因产生结果，这个结果又作为原因产生下一个结果，于是形成因果链。因果链就是一种递推思维。

例如，英国民谣："失了一颗铁钉，丢了一只马蹄铁；丢了一只马蹄铁，折了一匹战马；折了一匹战马，损失一位将军；损失一位将军，输了一场战争；输了一场战争，亡了一个帝国。"

逻辑思维的更高层次是辨证思维（包括系统思维）。逻辑思维可以直接创新，只重视逻辑思维不重视非逻辑思维会阻碍创新。在创新活动中，逻辑思维要和非逻辑思维要交替运用。

3. 逻辑思维与创新思维的关系

（1）逻辑思维渗透于一切创造过程中。逻辑思维与创新、创造过程密切相关。一切创造活动都是以逻辑思维为基础的，运用逻辑思维对创造成果进行条理化、系统化和理论化。

（2）创新活动需要运用逻辑思维的各种形式（如形式、辨证）。运用得好本身就可以创新。伽利略推翻亚里士多德的物体下落速度与其质量成正比的错误结论就是很好的例证。

三、案例分析

案例 1　不翼而飞的材料何处寻

某次，日本新日铁公司寄给我国宝山钢铁公司（以下简称"宝钢"）一箱技术材料，清单上写明是 6 份，但开箱清点只有 5 份，其中 1 份不翼而飞。双方发生争执，日方坚持说，"我方提供给贵方的材料，装箱时需要经过几次检查，不会漏装。"宝钢的同志则说："我们开箱时有很多人在场，开箱后又经过几次清点，是在确实判定材料缺少 1 份后才向你们提出交涉的。"双方各执一词，相持不下。后来宝钢的同志重新做了充分准备，再与日方进行谈判。这次宝钢代表全面列举了资料短缺的 3 种可能：① 日方漏装；② 运输途中丢失；

③ 我方开箱后丢失。接着，逐一分析：如果资料是运输途中丢失了，木箱必然会破损，可是现在木箱完好无损；运输中丢失的可能性被排除了；如果资料是我方开箱后丢失的，那样木箱上所印的质量就会大于现有 5 份资料的质量，而木箱上现在所印质量正好与 5 份资料的质量相等，可见资料既不是途中散失的，也不可能是我方丢失的。既然所列 3 种可能已经排除了两种，那就可以肯定仅有一种可能，资料是日方漏装了。日方只好发电报回去查询是否漏装，后来由新日铁公司补来了漏装的一份资料。这次谈判我方代表运用了逻辑思维求同求异创新思维获得了成功。

案例 2　河中石兽何处寻

清朝年间，沧州南面，有座寺庙依河而立，寺门面坏了，两个石兽也一并没入河中。10 多年过去了，僧人们募捐重修寺庙，但在落水处打捞石兽，总是找不到。这时有个聪明人说："石兽一定是被激流冲到下游去了，你们没见到山洪暴发时，河中乱石翻滚、泥沙俱下的情形吗？你们这样打捞石兽，岂不是刻舟求剑？"众人听后，恍然大悟，于是驾了几条小船，拖了铁耙沿着下游河道找了十几里，却不见石兽踪影。一位大学者正在附近讲学，听说这件事后便嘲笑道："你们这些人好不通事，那么大的两个石兽怎么能与一般的小乱石相比呢？怎么可能被暴涨的河水卷走呢？石兽又重又硬，而沙性松散，石兽淹没于沙中，只会越沉越深。你们顺流而下捞，岂不荒唐可笑？"此高论一出，众人佩服得五体投地。然而此论虽高，众人却并没有从河沙深处挖到石兽，打捞的结果仍是一场空。这时，一个老河工听说这件事，不由得大笑道："凡河中失石，当求之于上流。因为大石坚硬沉重，河沙却很松浮，河水不但卷不走大石，其反冲力反而会将大石迎水面的沙子冲走了，这样越冲越沉，形成一个深坑，大石就会翻倒在坑中。如此周而复始，大石便会不断向上游翻。"众人按照他所说的去打捞，果然在上游几里以外找到了石兽。老河工熟悉水文原理，运用逻辑思维类比推理创新思维方法找到了石兽。

案例 3　化学家李比希与神奇的大铁锅

德国化学家李比希有一次到生产柏林蓝的化工厂参观。他发现工人们用铁棒贴着铁锅锅底拼命地搅拌，铁棒与锅底相互摩擦发出极大的噪声。李比希感到奇怪，他知道生产柏林蓝的过程中只需要轻轻搅拌，不粘锅底就行了。工人们为什么要这样用力？工人们告诉他，搅拌的声响越大，柏林蓝的质量就越好。李比希更觉得奇怪，声音居然和颜料的生产质量有关，这简直有点荒唐。他决心揭开这个谜。回到家后他一直在思考这个问题，并且亲自动手做了模拟实验，最后终于找到了原因。原来用铁棒在铁锅底用力搅拌，会磨下一些铁屑，铁屑与溶液发生化学反应，会提高柏林蓝的质量。于是李比希写信告诉那家工厂，只要他们在溶液中加入一些含铁的化合物，柏林蓝的质量同样会得到保证。李比希在研究这个问题时经过逻辑推理过程是：首先从化学的角度来看，声音与原料的生产质量之间不可能有因果关系。所以，用力搅拌能提高柏林蓝质量，一定有别的原因。他分析用力搅拌铁锅除能发出巨大的响声外还会产生什么结果？通过实验发现还会磨下许多的铁屑；最后，进行实验证明铁屑和溶液发生化学反应，会提高柏林蓝的生产质量。

案例 4　卡文迪许与地球的质量

我们脚下的大地是硕大无比的地球，也是有质量的。但是，怎样才能测出它的质量

呢？英国科学家卡文迪许准备解决这一宏大的科学难题。他想到了牛顿提出的万有引力定律，但万有引力的引力常数当时没有人能测出来。1750年，19岁的卡文迪许开始向引力常数和地球质量的难题进军，他先拿两个铅球做引力实验。铅球的质量是已知的，距离也是已知的，他要先测出它们之间的引力，才能求出引力常数。但是引力是很微小的，要测出引力需要极精确的测量装置。卡文迪许根据细丝转动的原理做了一个引力测量装置，如果它受到引力，就会产生一个力，促使细丝转动，转动得越多，说明受到的力越大。尽管卡文迪许的装置比普通的弹簧秤精确许多倍，但是对测量微小的引力来说，细丝转动的灵敏度还不够高。一天，他看到几个孩子在玩小镜子的游戏而深受启发。孩子们手里的镜子，对着太阳在墙上反射出一个个小光斑，小镜子轻轻转动一个很小的角度，光斑在墙上便会移动一大段距离。卡文迪许马上在他的测量装置上也安装了一面小镜子。细丝测力仪受到一点微小的力，它上面的小镜子就会转动一个微小的角度，而小镜子的反射光就会转动一个明显的角度。他利用这种放大的办法，使细丝测量引力装置的灵敏度大大提高。最终，卡文迪许求出了引力常数，测出了地球与铅球之间的引力，再反推出地球的质量。他成了世界上第一个测出地球质量的人。卡文迪许在构思测量地球实验中运用逻辑思维的演绎推理创新思维，通过试验，实现了对地球的测量，成为第一个测出地球质量的科学家。

案例5　牧人与他的骆驼

"起来！你这个懒鬼！"一个牧人一边喊一边用棍子打着他那匹骆驼。这匹骆驼懒洋洋地躺在沙上，挑战似地一动也不动。"如果你再不听我的话，我就把你牵到集市上卖了。你这不值钱的东西，我把你只卖1元钱，我发誓。"可一整天过去了，这匹骆驼还是不肯听他的话。既然发了誓，就得兑现。第二天他只好牵着骆驼上市场去了。他边走边埋怨骆驼，埋怨自己。他后悔自己性子太急，1元钱就把这么一匹骆驼给卖掉了，那也太吃亏了，要是能卖100元钱就好了。忽然他想起个自圆其说的好主意，可以使自己免遭损失。他赶快跑回家，抱来他那只又老又瞎的猫。他把骆驼和猫拴在一起，在集市上高声叫卖"这匹好的骆驼，只卖1元钱啊！来买吧，乡亲们！从没有这么便宜的骆驼，只卖1元钱。"可当有人走过来表示有兴趣时，他又喊："这匹骆驼只卖1元钱。可我得搭上这只猫，这只猫卖99元钱。"从早晨到傍晚，不管怎么叫卖，他也没把这匹搭配猫的骆驼卖出去。他周围聚了一大群人，大家全都嘲笑他，笑他那种狡诈的手法，没人愿意花钱上当。等到天黑，牧人牵着骆驼和猫，满意地回家了。他对自己说："我发誓把骆驼只卖1元钱，我做的每件事都履行了的誓言，可人们都不愿意买，我的誓言没能实现，这可不能怪我。"牧人利用辩证思维将"利"与"害"结合在一起。一匹骆驼卖1元钱，这是使他吃亏的事，而他那只又老又瞎的猫，要卖99元钱，这是对他极为有利的买卖。把骆驼和猫捆在一起出售。通过中介体——猫，他把利与害有机地辩证地统一为一体，既自圆其说，兑现了自己的诺言，又维护了自己的权利。

案例6　火山爆发后的预期

1982年2月底，墨西哥的爱尔·基琼火山爆发了。美国人预测，火山的爆发将对世界的气候、农业等产生深远影响，并将进一步影响到粮食价格、国际关系。为争取主动，美国人进行了一番仔细的研究和预测。预测认为，大量的火山灰进入天空，将遮住大量的阳光，使到达地面的阳光减少，会导致气候变冷。同时大量的尘埃将在天空中成为水蒸气凝结的"核",以这些小核为中心,水蒸气进行聚集,凝聚成雨。因此,尘埃的增加将使全球的降雨量增多。就是说世界的大气候将变得寒冷多雨。然而,一些地区的多雨将使另一些地区变得干旱。由于有的地方淫雨成灾,有的地方旱魃横行,必将导致全球性的粮食减产。这样粮食出口国将只有美国一家。而美国 1981 年粮食丰收,仓库里积压了大量粮食,造成粮价下跌,农民对此怨声载道。为了上扬粮价,美国决定在 1983 年减少 1/3 的粮食耕种面积。事情果然如美国决策部门所预料的那样。1983 年世界气候恶化、农业歉收,灾荒不断。美国人手中有大批的粮食,各国不得不以高价从美国进口粮食。美国人不仅卖掉了积压的粮食,粮价还比往年上涨了 1.6 倍。美国人运用逻辑思维进行推理,从而预测分析活动火山爆发对气候、农业的影响,并及时采取了对策。

案例 7 继母的见面礼

拿破仑·希尔说:当我还是一个小孩子时,我被认为是一个应该下地狱的人。无论何时出了什么事,如母牛从牧场上被放跑了,或者堤坝裂了,或者一颗树被神秘地砍倒了,人人都会怀疑:这是拿破仑·希尔干的。而且,所有的怀疑竟然都还有证明。我母亲死了,我父亲和弟兄们都认为我是恶劣的,所以我便真正是顽恶劣的了。有一天,我的父亲宣布:他即将再婚。我们大家都很担心:我们的新"母亲"是哪一种人。我本人断然认为即将来我们家的新母亲是不会给我一点同情心的。这位陌生的妇女进入我们家的那一天,我父亲站在她的后面,让她自行应付这个场面。她走遍每个房间,很高兴地问候我们每一个人,直到她走到我面前为止。我直立着,双手交叉叠在胸前,凝视着她,我的眼中没有丝毫欢迎的表露。父亲说:"这就是拿破仑,是希尔兄弟中最坏的一个。"我绝不会忘记我的继母是怎样应对他这句话的。她给我的见面礼是:她把双手放在我的两肩上,两眼内闪耀着光辉,直盯着我的眼,使我意识到我将永远有一个亲爱的人。她说:"这是最坏孩子吗?完全不是。他恰好是这些孩子中最伶俐的一个,我们所要做的一切,无非是把他所具有的伶俐品质发挥出来。"我的继母总是鼓励我依靠自己的力量,制订大胆的计划,坚毅地前进。后来证明这种计划就是我事业的支柱。我决不会忘记她教导我:"当你去激励别人的时候,你要使他们有自信心。"

继母与拿破仑首次见面,虽然父亲说:"这就是拿破仑,是希尔兄弟中最坏的一个。"但母亲运用辩证思维的观点:事情是不断变化发展,矛盾是可以转化的,坚定地相信小拿破仑。反而说:"他是在这些孩子中最伶俐的一个,我们要把他的伶俐品质发挥出来。""我的继母造就了我。因为她深厚的爱和不可动摇的信心激励着我努力成为她相信我能成为的那种孩子"。

案例 8 一个老农夫与 8 辆货车

一个炎热的午后,有位穿着汗衫、满身汗味的老农夫,伸手推开厚重的汽车展示中心玻璃门。他一进来,我就满面笑容地迎上前去,并客气地向他问道:"老人家,我能为您做点什么吗?"老人有点不自在地说:"不用不用,我刚好路过这里,感到外面天气很热,于是,我就进来凉快一下,等一会儿我就走了。"我看他确实热得汗流浃背,就热情地对他说:"就是啊,今天实在很热,气象局预报说有 35 ℃啊,您一定热坏了吧,那就请过来,我帮您倒杯冰水吧。"接着,我就请老人坐在柔软豪华的沙发上休息。他继续客气道:"可是,我们种田人衣服不太干净,怕会弄脏你们的沙发。"老人的客气让我觉得有点不自在,

我一边倒水一边笑着说:"您就不要客气了,没有什么关系的,沙发就是给客人坐的,不然的话,公司买它干什么?"于是,老人就没有再说什么,只是向我笑着不住地点头。

喝完冰凉的茶,老人闲着没事,便走向展示中心内的新货车,东瞧瞧、西看看。这时,我闲着也没有事情,就又向他走了过去:"老人家,这款车很有力哦,要不要我帮您介绍一下?""不用了!不用了!"老人忙不迭地说,"你千万不要误会了,我可没有钱买,种田人也用不到买这种车的。"反正我也没有什么事情可做,于是就笑着说:"不买也没关系,以后有机会您还是可以帮我们宣传介绍啊。"接着,我就详细而耐心地将货车的性能逐一解说给老人听。听完后,老人突然从口袋中拿出一张皱巴巴的白纸,递到我的手中,并说:"这些是我要订的车型及数量,请你帮我处理一下。"我接过纸张一看,一下子就愣住了,这位老人竟然一次要订 8 辆货车。我简直不敢相信自己的眼睛,就连忙紧张地说:"老人家,您一次订这么多车,我们经理不在,我必须找他回来和您谈,同时也要安排您先试车的。"老人这时语气平和地说:"小姐,你就不用找你们的经理了。我本来是种田的,由于和人一起投资了货运生意,需要买一批货车。可是我对车子非常外行,买车简单,可是我们最担心的是车子售后服务及维修。因此我儿子教我用这个笨方法来试探每一家汽车公司。"老人停了一下,又接着说道:"这几天我走了好几家,每当我穿着破烂的旧汗衫,进到汽车销售厂,当表明我没有钱买车时,常常会受到冷落,有时还露出鄙夷的目光,我的心中甭提有多难过……而只有你们这个公司,只有你刚才知道我不是你们的客户,还那么热心地接待我,对我的服务还那么好,你们公司对于一个不是你们客户的人都这么热情,更何况如果我要成为你们的客户……"

最后,这位老人成功购买了 8 辆货车,经理知道后也非常高兴,并把我作为榜样进行了表扬,同时发给我 3 000 元奖金作为鼓励。而我们公司由于这位老人的宣传,在一个月中就有了过去 3 个月的销量。老人家为了找到可信赖的汽车销售商,运用了机遇思维以退为进的思维方法。而我在辩证思维的作用下,用发展变化的、长远的、全局的观点,认识"顾客"与"赚钱"的关系。"顾客是上帝",首先应该把顾客作为一个"人"来看待,每一个人都有可能是你的顾客。只有用"仁慈"的爱心去经营,才能真正让顾客感到温暖。服务第一和服务至上的态度能够创造财富。因此,我经受住了考验,得到了顾客的信任,取得了成功。

案例 9　康熙铁箱钥匙

当年康熙皇帝为了分门别类地将珍宝装起来,曾命人打造了 10 个大铁箱。每只铁箱各配了一把不同型号的锁,每把锁各有两把相同的钥匙。康熙挑选了 10 个可靠的大臣,一人发给一把钥匙,要他们各自保管一个铁箱。另外那 10 把钥匙则由康熙亲自保管。没过多久,康熙就感到这样很不方便。因为这 10 个大臣并不是天天都同时在他身边,当他需要取出某件珍宝时,负责保管那个铁箱的大臣可能偏偏不在。有一天,康熙要求众大臣在不另配钥匙的前提下,想出一个好办法:无论什么时候,叫到任何一个保管钥匙的大臣,都能很快、很方便地取出任何一件珍宝。大臣们一个个皱着眉头想了很久,也没能想出好办法来。这时,一个叫布扎拉的小太监跪在地上向康熙禀告说,他想出了一个办法。

布扎拉想出的办法是,将康熙皇帝掌握的那 10 把钥匙,同 10 个大铁箱上的那 10 把锁,一一对应地分别编为 1～10 号。然后把第 1 号钥匙放在第 2 号铁箱里,第 2 号钥匙放

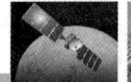

在第 3 号铁箱里……依此类推（第 10 号钥匙则放在第 1 号铁箱里）。这样，负责保管铁箱的任何一个大臣，用自己保管的那一钥匙，都能很快、很方便地打开与其相对应的铁箱，然后，再用打开铁箱中的钥匙，依次逐一打开其他铁箱，直到取出所需要的珍宝。布扎拉思考这个问题运用的是形象思维中思维联想的连锁联想创新思维方法。将这 10 把锁作为依次环环紧扣的一个整体来思考。否则仅仅是各自孤立地去想"一把钥匙一把锁"，只能把这 10 把钥匙都交给一个大臣来管；或者只能再另配 90 把钥匙分给每人 10 把。显然它们都是不符合康熙皇帝要求的笨办法。

四、自我训练

1. 创建计划书

制订预防青少年脊椎侧弯的创新计划，如表 2-16 所示。

表 2-16　制订预防青少年脊椎侧弯的创新计划

依据逻辑思维方式，从青少年脊椎侧弯的结果出发寻找原因。统计大量案例可知，青少年脊椎侧弯主要是坐姿不正确导致的，只有极少数一部分脊椎侧弯是先天的或由疾病产生的。所以，无论用何种方法治疗，都不如预防有效。 因此，从结果、原因的逻辑过程来看，采取预防方式是最好的途径	
1. 青少年脊椎侧弯特征描述	脊椎侧弯小部分是由遗传或疾病引起的，大部分是由后天习惯不良引起的
	轻微的脊椎侧弯可以纠正，也可预防
2. 防青少年脊椎侧弯的方法	加强教育　　　　　　　　　　　　　制定政策
	采用校正工具进行纠正　　　　　　　医疗方法
	预防为主　　　　　　　　　　　　　创新方法
3. 技术管理方法描述	1. 医疗方法 医疗手段有_____ 2. 主动预防 控制手段有_____
4. 解决方案描述	针对青少年脊椎侧弯产生原因，可能找出一种主动介入的方法进行预防
5. 防青少年脊椎侧弯的系统设计	设计若干传感器监控青少年的坐姿； 构建坐姿倾斜的模型； 预警坐姿并及时提醒。 结论：时刻监控坐姿
6. 自我评价	（1）列出所有方案。 _____ （2）找出一种或多种可实现的方案。 _____ （3）说说用到了哪些逻辑思维。 _____

2. 撰写专利申请书

针对创新计划书，通过分析与比较，依据青少年脊椎侧弯的原因，采用预防的方法进行纠正。其撰写的专利文件如下。

文件1:   说明书摘要

　　本发明公开了一种预防与矫正脊椎侧弯的系统和方法,其中所述系统包括:检测单元主要是安装在椅背不同位置的多个超声波测距仪,对用户的后背进行测距,并将测量数据传给控制单元;控制单元接收测量数据后,与预设值进行比较,判断用户脊椎是否处于竖直状态,并将竖直状态与非竖直状态,以及各自对应的时间分类存储,若连续处于非竖直状态的时间大于设定时间 δ,则提醒单元提醒用户强制纠正坐姿;终端单元与通信单元连接,通信单元将控制单元存储的数据发送给终端单元;终端单元安装有脊椎监督软件,处理接收的数据,显示用户每天矫正脊椎的情况。本发明能够准确测量脊椎的状态,及时提醒用户纠正坐姿,可帮助用户预防及矫正脊椎侧弯。

文件2:   权利要求书

　　1. 一种预防与矫正青少年脊椎轻度侧弯的系统,其特征在于,所述系统包括启停单元、检测单元、控制单元、提醒单元、通信单元和终端单元。

　　启停单元,用于启动和关闭各个单元。

　　检测单元,包括多个超声波测距仪,所述多个超声波测距仪安装在椅背的不同位置,对用户的后背进行测距,并将测量数据传给控制单元。

　　控制单元,接收所述检测单元发送的测量数据,与预设值进行比较,判断用户脊椎是否处于竖直状态,并将竖直状态与非竖直状态分类存储,同时记录并存储对应状态的时间;若连续处于非竖直状态的时间大于设定时间 δ 时,发送提醒信号给提醒单元。

　　提醒单元,接收控制单元发送的提醒信号,提醒用户强制纠正坐姿。

　　通信单元,连接控制单元,用于将控制单元存储的数据发送给终端单元。

　　终端单元,与通信单元连接,安装有脊椎监督软件,处理来自通信单元的数据,显示用户每天矫正脊椎的情况,并在已有数据上预测治疗效果或不预防的后果。

　　2. 根据权利要求 1 所述的系统,其特征在于,所述启停单元为压力传感器、电场传感器或红外人体反应器,通过检测是否有人落座来启动或停止各单元。

　　3. 根据权利要求1所述的系统,其特征在于,所述提醒单元为振动器或语音提示电路。

　　4. 根据权利要求1所述的系统,其特征在于,所述终端单元为手机。

　　5. 根据权利要求 1 所述的系统,其特征在于,所述通信单元与终端单元为有线连接、蓝牙连接或 WiFi 连接。

　　6. 一种预防与矫正青少年脊椎轻度侧弯的方法,其特征在于,包括如下步骤。

　　步骤 1,在椅背上安装脊椎侧弯检测器,检测用户脊椎的状态,并将检测数据传送给控制单元。

　　步骤 2,控制单元将脊椎侧弯检测器送来的检测数据与预设值进行比较,判断用户脊椎是否处于竖直状态,并将竖直状态与非竖直状态分类存储,同时记录并存储对应状态的时间;若非竖直状态的时间大于设定时间 δ 时,发送提醒信号给提醒单元。

　　步骤 3,提醒单元收到控制单元送来的提醒信号后,提醒用户强制纠正坐姿。

　　步骤 4,通信单元与终端单元连接,将控制单元存储的脊椎状态与时间信息发送给终端单元。

步骤 5，终端单元将这些数据进行处理分析，显示用户每天矫正脊椎的情况，并在已有数据上预测治疗效果或不预防的后果。

文件 3：

说明书
一种预防与矫正脊椎轻度侧弯的系统及方法

技术领域

本发明涉及一种预防与矫正脊椎轻度侧弯的系统及方法，属于预防医学领域。

背景技术

当前的青少年或因学业繁重，或因长期玩电脑、手机，坐姿不正确导致脊椎侧弯，严重损伤脊椎。有统计表明，青少年的脊柱侧弯发病率已高达 3%，按这一数据估算，全国每年将产生大概 100 万名的脊柱侧弯患者，脊柱侧弯与近视眼、心理健康等疾病一并被专家称为妨碍青少年健康成长的三大问题。

目前，医治和矫正青少年脊椎侧弯的方法很多，大多通过被动方式，如推拿复位、热药磁疗、手术治疗等，这些方法存在风险且治疗成本高；轻微时使用矫姿带等，这类产品佩戴相对不方便且会影响人体部分肌肉。所以青少年需要在日常生活中时刻提醒自己保持正确的姿势，避免久坐，这样能够预防脊椎侧弯，且在轻微侧弯时还能得到矫正。

目前已有一些检测坐姿及久坐提醒装置，如专利号 201410775635.9 "可调节的人体姿势检测提醒装置"专利，该装置使用三轴加速度传感器，通过测量垂直方向的加速度值来判断佩戴者是否落座，若为坐姿模式时，则根据此时的加速度来判断坐姿是否正常，不正常或超时则发出振动提示。该装置不能直接检测人体的坐姿状态，只能通过测得的重力加速度值进行推算，准确性不高，且该装置无法置入座具。专利号 201410019465.1 "基于智能移动设备的久坐提醒及坐姿检测装置"专利，通过在主要受力点的平面布置压力传感器来检测坐姿情况及时间，通过移动设备提醒用户。该装置只能在平面内检测坐姿，无法检测脊椎的状态，且提醒功能必须通过智能移动设备进行。

发明内容

为解决上述问题，本发明提出一种预防与矫正脊椎轻度侧弯的系统及方法，检测脊椎状态是否正常，若不正常且超过设定时间则发出提示，提醒用户纠正坐姿，达到预防脊椎侧弯及矫正脊椎轻度侧弯的效果。

本发明的具体技术方案如下：一种预防与矫正青少年脊椎轻度侧弯的系统，包括启停单元、检测单元、控制单元、提醒单元、通信单元和终端单元。启停单元，用于启动和关闭各个单元。检测单元，包括多个超声波测距仪，所述多个超声波测距仪安装在椅背的不同位置，对用户的后背进行测距，并将测量数据传给控制单元。控制单元，接收所述检测单元发送的测量数据，与预设值进行比较，判断用户脊椎是否处于竖直状态，并将竖直状态与非竖直状态分类存储，同时记录并存储对应状态的时间；若连续处于非竖直状态的时间大于设定时间 δ 时，发送提醒信号给提醒单元。提醒单元，接收控制单元发送的提醒信号，提醒用户强制纠正坐姿。通信单元，连接控制单元，用于将控制单元存储的数据发送给终端单元。终端单元，与通信单元连接，安装有脊椎监督软件，处理来自通信单元的数据，显示用户每天矫正脊椎的情况，并在已有数据上预测治疗效果或不预防的后果。

作为本发明的进一步改进，所述启停单元为压力传感器、电场传感器或红外人体反应器，通过检测是否有人落座来启动或停止各单元。

利用这些传感器检测是否有人落座，从而自动启动或关闭整个系统，与设置启动按钮相比启停控制方便，可防止用户遗忘。

作为本发明的进一步改进，所述提醒单元为振动器或语音提示电路。

振动器和语音提示电路均为常用的提醒装置，连接电路简单，提醒效果明显。

作为本发明的进一步改进，所述终端单元为手机。

用手机作为监督终端，使用方便，随时随地可以查看脊椎状态及矫正效果。

作为本发明的进一步改进，所述通信单元与终端单元为蓝牙连接或WiFi连接。

不管终端设备为电脑还是手机，均支持蓝牙连接或无线网络连接，相应的通信单元为蓝牙模块或无线网卡模块。

进一步地，一种预防与矫正青少年脊椎轻度侧弯的方法，包括如下步骤。

步骤1，在椅背上安装脊椎弯曲检测器，检测用户脊椎的状态，并将检测数据传送给控制单元。

步骤2，控制单元将脊椎侧弯检测器送来的检测数据与预设值进行比较，判断用户脊椎是否处于竖直状态，并将竖直状态与非竖直状态分类存储，同时记录并存储对应状态的时间；若非竖直状态的时间大于设定时间δ时，发送提醒信号给提醒单元。

步骤3，提醒单元收到控制单元送来的提醒信号后，提醒用户强制纠正坐姿。

步骤4，通信单元与终端单元连接，将控制单元存储的脊椎状态与时间信息发送给终端单元。

步骤5，终端单元将这些数据进行处理分析，显示用户每天矫正脊椎的情况，并在已有数据上预测治疗效果或不预防的后果。

本发明的有益效果：通过装在椅背上多个超声波测距仪直接对用户的背部进行测距，不需要进行换算处理，就能够得到准确的脊椎状态，与预设值进行比较后判断用户脊椎是否竖直，若处于非竖直状态一定时间后，报警提醒用户强制纠正坐姿，超声波测距器每隔一段时间就会重新扫描测距，周而复始地监测用户脊椎的状态，及时提醒用户纠正坐姿，达到预防脊椎侧弯及治疗脊椎轻度侧弯的效果。终端安装脊椎监督软件，处理分析这些记录的数据，显示用户每天矫正脊椎的情况，并在已有数据上预测治疗效果或不预防的后果，更形象生动，加强用户对坐姿的重视程度，也方便家长监督子女的脊椎状况。

附图说明

图2-18为本发明整个系统的结构示意图。

图2-19为本发明整个系统的主程序流程图。

具体实施方式

下面结合附图对本发明作进一步说明。

如图2-18和图2-19所示是一种预防与矫正脊椎侧弯的系统，包括启停单元、检测单元、控制单元、提醒单元、通信单元和终端单元。启停单元采用压力传感器、电场传感器或红外人体反应器，通过检测是否有人落座来启动和关闭检测单元、控制单元、提

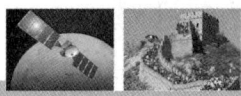

醒单元和通信单元；检测单元包括多个超声波测距仪，将这些超声波测距仪安装在椅背不同的位置，周期性地测量背部与椅背各个部位的距离，并将这些数据发送给控制单元；控制单元接收这些距离数据后，将其与预设的标准值进行比较，来判断脊椎是否处于竖直状态，并将竖直状态信息与非竖直状态信息分类存储，同时统计并存储对应状态的时间，若连续处于非竖直状态的时间大于设定时间 δ，控制单元发送提醒信号给提醒单元；提醒单元优选振动器或语音提示电路，收到相应的提醒信号后做出提醒；通信单元与终端单元通过蓝牙连接或 WiFi 连接，将控制单元存储的信息发送给终端单元；终端单元为电脑或手机，安装有脊椎监督软件，这个软件将通信单元发送的数据进行处理分析，显示用户每天矫正脊椎的情况，并在已有数据上预测治疗效果或不预防的后果，加强用户对坐姿的重视程度，也方便家长监督子女的脊椎状况。

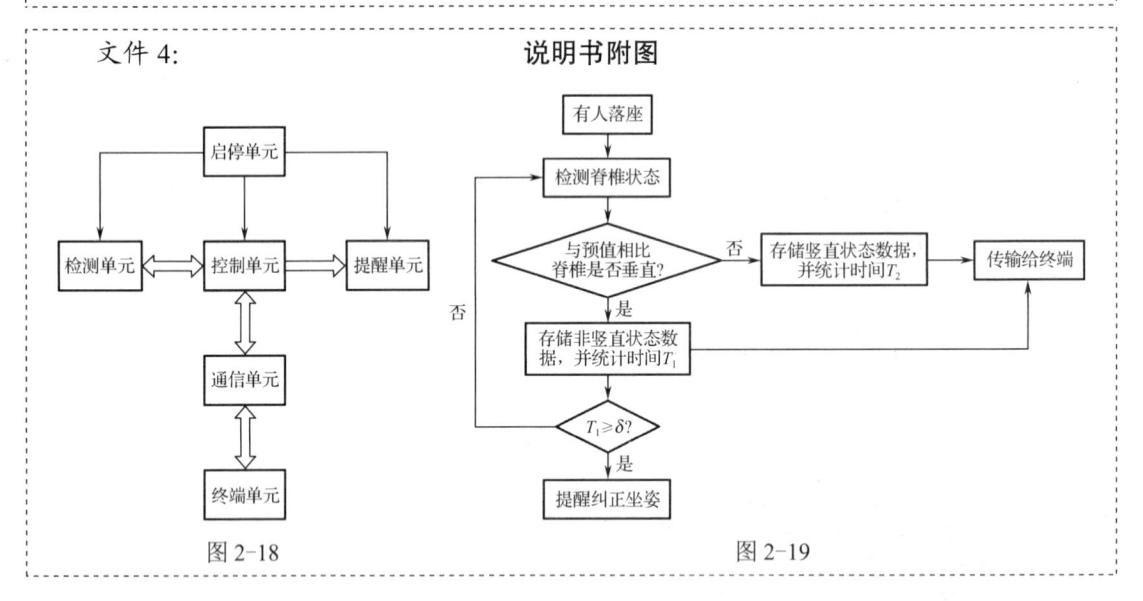

文件4: **说明书附图**

图 2-18　　　　图 2-19

五、检验评估

1. 思考题

（1）马虎的校长。李校长给 4 名老师获得的奖品和奖状上写名字，他把一些人的名字和对应的奖项写错了。当然，他不会在一个奖项上写两个名字，所以出错也不外乎 3 种可能：正好有 3 个人写对了；正好有两个人写对了；正好有 1 个人写错了。那么他究竟写错了几个人的名字呢？

（2）如图 2-20 所示，找糖水杯子。在 16 个大小相同的杯中有 7 杯盛的是凉开水，1 杯盛的是白糖水。你能否只尝 4 次，就找出盛白糖水的杯子？

（3）某药店收到 10 瓶药，每瓶中装有重 100 毫克的药丸 1 000 粒。后被告知其中一瓶药发错了，错药的形状、颜色及包装均与其他 9 瓶药完全相同，只是每丸药重 110 毫克，你能用天平称一次找出错药吗？

（4）拥有古物的是谁？孙某和张某是考古学家老李的学生。有一天，老李拿了一件古物来考验两人，两人都无法验证出来这件古物是谁的。老李告诉了孙某拥有者的姓，告诉张某拥有者的名，并且在纸条上写下以下几个人的姓名，问他们知道谁才是拥有者。

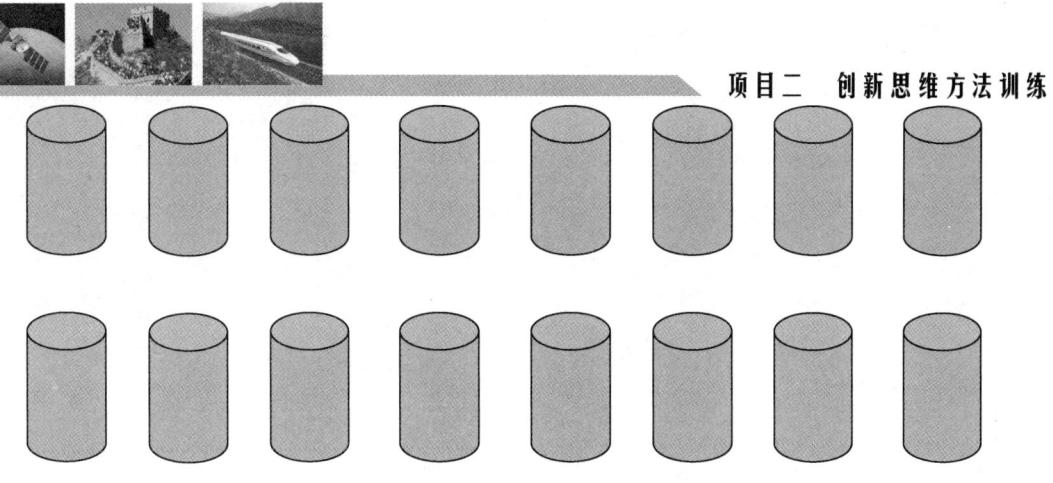

图 2-20　找糖水杯子

纸条上的姓名有：沈万三、岳飞、岳云、张飞、张良、张鹏、赵括、赵云、赵鹏、沈括。

孙某说：如果我不知道的话，张某肯定也不知道。

张某说：刚才我不知道，听孙某一说，我现在知道了。

孙某说：哦，那我也知道了。

请问：那件古物是谁的？

（5）如何分汤。两个室友每天都会喝一小锅汤。起初，两个人经常因分不匀而发生争执，因为他们总是有人会认为对方的汤比自己的多。后来他们找到了一个两全其美的办法：一个人分汤，让另一个人先选，这样问题就解决了。后来又加进来一个新室友，现在是 3 个人来分汤。因此，他们必须找出一个新的分汤方法来维持他们之间的公平。

请问：应该如何分汤？

（6）喝救命水。有多半瓶水，可是瓶口用软木塞塞住了，这时在不敲碎瓶子，不拔木塞，不准在塞子上钻孔的情况下，如何能喝到瓶子里的水呢？

（7）破案。某公寓发生了一起凶杀案，死的是已婚妇女，探长来到现场侦察。法医说："尸体经过检验，不到两小时前被一把刀刺中心脏而死。"

探长发现桌上有一台录音机，问其他警员："你们开过录音没有？"警员都说没开过。

于是，探长按下放音键，传出了死者死前挣扎的声音：

"是我老公想杀我，他一直想杀我。我看到他进来了，他手里拿着一把刀。他现在不知道我在录音，我要关录音机了，我马上要被他杀死了……咔嚓。"录音到此中止。

探长听到录音后，马上对警员说，这段录音是伪造的。你知道探长为什么快就认定这段录音是伪造的吗？

（8）哪种说法是假的？高校 2019 年秋季入学的学生中有些是免费师范生，所有的免费师范生都是家境贫寒的，凡是贫困生都参加了勤工助学活动。

如果以上说法是真的，那么，请找出以下错误的说法。

A．有些参加勤工助学活动的学生不是免费师范生。

B．2019 年秋季入学的学生中有人家境贫寒。

C．凡是没有参加勤工助学活动的学生都不是免费师范生。

D．有些参加勤工助学活动的学生是 2019 年秋季入学的。

（9）人寿保险。在一个小区的居民中，大多数中老年人都办了人寿保险，所有买了四居室以上住房的居民都办了财产保险，所有办理人寿保险的人都没有办财产保险。

如果上述说法是真的，那么以下哪种说法是真的？

① 某些中老年人买了四居室以上的住房。
② 某些中老年人没办财产保险。
③ 没有办人寿保险的人是买了四居室以上住房的人。

A．①、②和③　　　　　　B．①和②
C．②和③　　　　　　　　D．①和③

（10）4个杯子。桌上有4个杯子，每个杯子上写着一句话。

第1个杯子：每个杯子里都有水果糖。
第2个杯子：我的里面有苹果。
第3个杯子：我的里面没有巧克力。
第4个杯子：有的杯子里没有水果糖。

以上所述，如果有一句话是真的，那么以下哪种说法为真？

A．每个杯子中都有水果糖。
B．每个杯子中都没有水果糖。
C．每个杯子里都没有苹果。
D．第3个杯子里有巧克力。

（11）过河。在一条河边有一个猎人、一匹狼、一个男人领着两个小孩、一个女人也带着两个小孩。条件为：如果猎人离开的话，狼就会把所有人都吃掉；如果男人离开的话，女人就会把男人的两个小孩掐死；而如果女人离开，男人则会把女人的两个小孩掐死。

这时，河边只有一条船，这个船上只能乘坐两个人（狼也按一个人算），而所有人中，只有猎人、男人、女人会划船。请问，怎样做才能使他们全部渡过这条河？

附答案：

（1）错了两个。题目只说了3种情况，所以只考虑这3种情况就行，他写对了两个人，写错的也是两个人，而第1种和第3种是一样的，而且绝对是不可能发生的。

（2）把2、3、4的水倒到1里一点，尝一下，如果甜，糖水就在1、2、3、4中。

把2倒到3里尝一下，如果不甜，就是1或4，再尝4就可以了。如果甜，再尝2，如果甜就是2，如果不甜就是3。

现在假设。1、2、3、4不甜。肯定在5、6、7、8当中。还有两次机会。把6倒到5中，尝一下，如果甜，尝一下6就知道是在5还是6当中。

如果5、6不甜，就在7、8当中，任意尝7或8就可以知道是7还是8是糖水了。

（3）把瓶子编上号，然后从各瓶中拿出与编号相同数的药粒。

1　2　3　4　5　6　7　8　9　10
1　2　3　4　5　6　7　8　9　10
100　200　300　400　550　600　700　800　900　1 000

如果都是正确的则应有5 500毫克，若第5瓶是错的则总重为5 550毫克，如果第6瓶是错的总重应为5 560毫克。

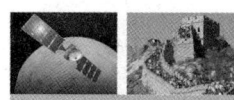

(4)答案:岳飞。

【分析】孙某说:"如果我不知道的话,张某肯定也不知道。"那名字和姓肯定有多个选择的,排除沈万三和张良,把沈姓和张姓也同时排除。现在剩下:赵括、赵云、赵鹏、岳飞、岳云。张某说:"刚才我不知道,听孙某一说,我现在知道了。"所以肯定是多选的排除:那就是"云",剩下赵括、赵鹏、岳飞。

最后,孙某说:"哦,我也知道了。"那姓肯定是唯一的,那只有"岳飞"了。

(5)【分析】想要使 3 个人都得到心里平衡,分汤的方法就必须要公平、公正、公开。因此,可以得出以下结论。

第 1 步:让第 1 个人将汤分成他认为均匀的 3 份。

第 2 步:让第 2 个人将其中两份汤重新分配,分成他认为均匀的两份。

第 3 步:让第 3 人第 1 个取汤,第 2 人第 2 个取汤,第 1 人第 3 个取汤。

(6)把软木塞按进去。

(7)【分析】 如果真的是她老公杀她的话,死者就不可能说:"他不知道我在录音,我要关录音机了。"如果被杀者录音并不被杀人者所知,录音机就不会有咔嚓声。如果有咔嚓声,则证明杀人者知道录音机所在何处,离开的同时也会把录音机销毁,就不会存在这个录音了。

(8)答案:选 A。

【分析】在选项 B 中,有免费师范生入学,一定有贫寒生入学,因为免费师范生是贫寒的。C 选项的免费师范生一定贫寒,一定参加勤工助学,没参加勤工助学的一定不是免费师范生。D 选项中有些参加勤工助学的就是那些 2019 年秋季入学的免费师范生。排除后发现 A 错误,原因是那些勤工助学的可能就是那几个免费师范生,没其他人。

(9)答案:选 C。

【分析】②正确,因为肯定有中老年人员办人寿保险,所以肯定没办财产保险。③正确,买四居室以上的人都办了财产保险,办人寿保险的没办财产保险,办财产保险的也肯定没办人寿保险,所以这些大户都没办人寿保险。①不能断定,因为大多数中老年人都办了人寿保险,而也可以有买了四居室以下的中老年人没办人寿保险。

(10)答案:选 D。

【分析】由题目可知,第 1 和第 4 个杯子一定有一句真话,因为这两句话是矛盾的。假设第 1 个杯子是真话,第 4 个杯子就是假话,第 3 个杯子是真话,就有两句真话矛盾了。所以第 4 个杯子说的是真话,其他 3 个杯子都是假话。A 排除。B 也排除,因为有些杯子没有糖,有些杯子是有的。例如,第 1 个杯子有糖,第 4 个有糖,第 3 个有巧克力,第 4 个有苹果。由此可以看出,C 也不对。只有 D 是真的,如果第 3 个杯子没有巧克力,那就有两句话是真的了。

(11)【分析】第 1 步:猎人与狼先乘船过去,放下狼,回来再接女人的一个孩子过去。

第 2 步:到对岸后,放下该孩子将狼带回来,然后一同下船。

第 3 步:女人与她的另一个孩子乘船过去,放下孩子,女人再回来接男人。

第 4 步:男人和女人同时过去,然后男人放下女人,男人划回来下船,猎人与狼再上船。

第 5 步:到对岸后,猎人与狼同时下船,然后,女人再上船。

第 6 步:女人过去接男人,男人划过去放下女人,回去接自己的一个孩子。

创新思维与实战训练

第7步：男人放下自己的一个孩子，把女人带上，划回去，放下女人，再带着自己的另一个孩子划过去。

第8步：男人再独自划回来接女人。

2. 找规律

找规律，如图2-21所示，各图形中右下角空白处应选哪个？

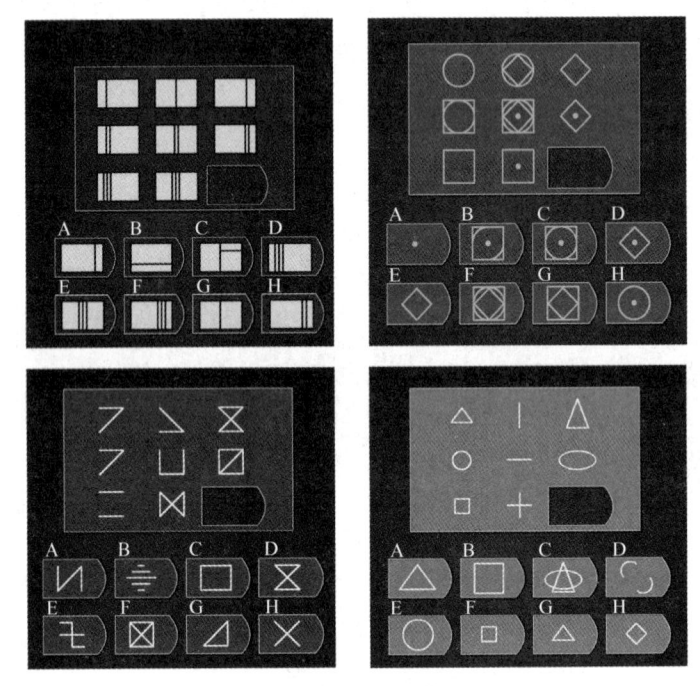

图 2-21 找规律

3. 实训题

仔细观察门、窗、日光灯、吊扇等物品，对锁门、关窗、灯光控制、防日光灯闪烁、节能、吊扇安全、风向等利用逻辑思维进行创新，也可向防盗、防火、智能家居等方面拓展。

要求完成：

（1）详细描述门、窗、日光灯、吊扇等物品，并列举出其缺陷。（需要对细节进行详细描写，不少于300字。）

（2）根据题意，说明想解决的问题。（列举不少于10条。）

（3）选取其中一条，说明大致解决方案。（至少有一个可行方案，但可以不知道某些模块的具体方案。）

（4）针对第（3）条，查阅中国知网、中国专利信息网，认真学习别人的专利文件，读懂其的一个专利，并抄录下来。

4. 评价表

完成评价表，如表2-17所示。

表 2-17 评价表

评价指标	检验说明	检验记录			
检查项目	➢ 思考题 ➢ 观察题 ➢ 作图题 ➢ 判断题 ➢ 其他				
结果情况					
评价内容	检验指标	权重	自评	互评	总评
任务完成情况	1. 过程情况				
	2. 任务完成的质量				
	3. 在小组完成任务过程中所起的作用				
专业知识	1. 能描述逻辑思维的概念				
	2. 能描述逻辑思维特征				
	3. 能说一个根据逻辑思维进行创新的实例				
	4. 会用逻辑思维做一个小创意				
	5. 会运用逻辑思维写专利文件				
职业素养	1. 学习态度：积极主动参与学习				
	2. 团队合作：与小组成员一起分工合作，不影响学习进度				
	3. 现场管理：积极参与讨论				
综合评价与建议					

项目三 创新技法训练

创新技法的训练，不能脱离理论与实践，同时要结合各种思维方法一起训练，才能取得好的效果。要把创新精神和创新思维能力的培养贯穿到教学中，在条件允许的情况下，应尽可能多地加入创新内容。那么，如何训练学生的创新技法呢？可从以下四个方面进行启发、引导和训练。

一、多向思维

要想培养学生的创新性、革新性，首先要培养学生思维、联想和敏捷的能力。不能局限一般性的思维，就事论事，墨守成规，既要看到事物的局部，又要看到事物的全部；既要看到事物的普遍性，又要看到事物的特殊性、通用性。要采用多向思维、发散思维、逆向思维，才会有所突破，有所发展。举一个简单的例子，问："纸有什么作用？"如果仅能回答"纸可以用来写字、画画"，那么说明你的思维比较狭隘；如果还能回答"纸有折叠的功能"，你就能发明各种装饰品；如果能回答"纸有包东西的功能"，你就能发明包装盒，或者想得更深点，就能发明快餐盒；如果能回答"隔热的功能"，你就能发明纸衣服，甚至纸房子；如果能回答"发热的功能"，你就能利用"废纸"垃圾发电；如果能回答……尽管以上提及的这些东西，人们都已经发明了，但不难想到，正是人们拥有这种思维，才发明了许多东西，给人们的生活带来了极大的方便。可以想象一下，如果人们只能看到一般性的原理和作用，则这样多的发明，是根本不可想象的。

项目三 创新技法训练

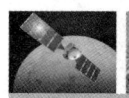

学电子的学生，每天都接触到无数的电路，可以想象一下，如果按照以上这种思维去学习和研究，会有一个多么令人吃惊的结果呢？举一个简单的例子，如在彩色电视机中，有一个不引人注意的"掉电关机"的电路。为此电路而设计的带继电器的开关，如图3-1、图3-2所示。

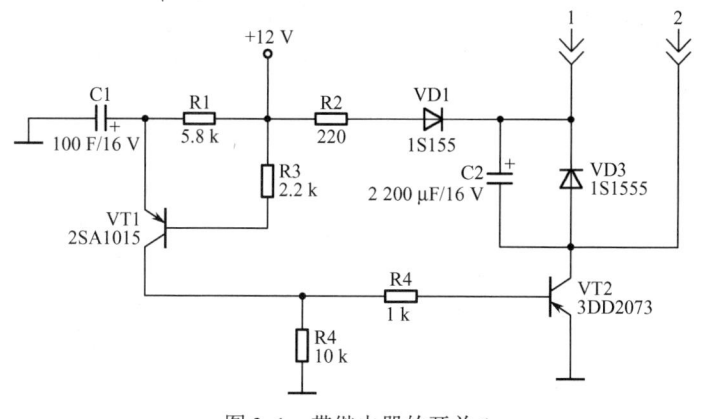

图 3-1　带继电器的开关 1

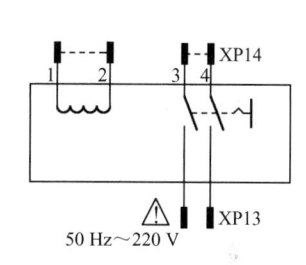

图 3-2　带继电器的开关 2

设置这个"掉电关机"电路的本意是：当因某种原因停电后，电视机可以自动关掉，不至于发生事故。那么能不能借鉴这个电路做些什么东西呢？

最简单的想法是：可以设计一种类似的开关，装在电灯、空调器上，达到与电视机上作用相类似的效果，如在停电后忘记关灯时，不会发生某种严重的后果。

再想想还能做什么呢？类似的设计可以用在水龙头开关上。将电的原理换成机械原理，电压换成水压，电流控制器换成机械控制器，继电器换成自锁开关。用在水龙头上的自动锁定开关设计如图3-3所示。

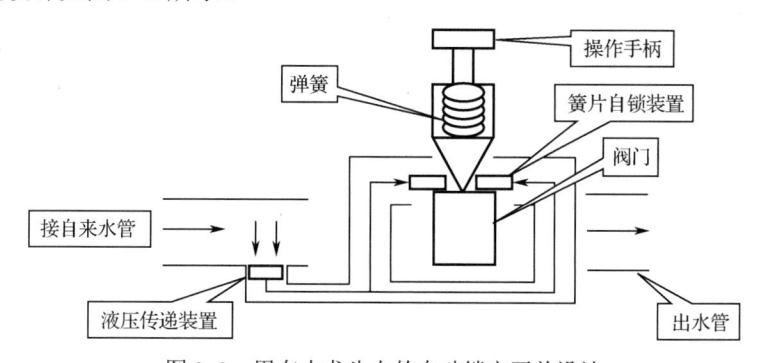

图 3-3　用在水龙头上的自动锁定开关设计

如果在水龙头上设计一个自动锁定开关，则当水龙头开着放水时，簧片会在水压的作用下锁定，工作正常。当停水后，如果你忘记关水龙头，水龙头的簧片失去了水压，会自动弹开，整个阀门系统在弹簧的作用下，向下运动，自动关闭。当来水后，只有重新打开水龙头，才能放水，这样可以避免浪费水资源，或者造成其他损失。煤气自动锁定开关设计的原理也类似。

如果你的思维更加开阔，才思更加敏捷，则可以将此类设计用在汽车上，不过需要进行一些改进，如在汽车的头部加上一个传感器，当汽车遇到阻碍物时，传感器将遇险信号传给这个电路，电路开始工作，断开电源，释放刹车板，自动停车。甚至可以制造无人驾驶汽车，当它遇到阻碍物时，让它自动转弯，绕开阻碍物。同样，将此类开关装在飞机上，可以避免飞机相撞。如果再来一个反向思维，则可以用作漏电保护器，也可以用作"防雷电"的保护装置。如果再加一个"倒相器"，又能做什么呢？读者可以自己想想。

尽管这是一个很普通的电路设计，但它的确很神奇，只要你真正掌握了它的原理，还可以想得更多，想得更远，创造无穷无尽的奇迹。

二、注意观察

有人说，发明是懒汉的专利。这话虽然有点不雅，却不无道理。如果你不想偷懒，就不会想到如何轻松、如何投机取巧，就不会去动脑筋、想办法，提高工作效率，也就没有了创新、发明。最早的时候，人们是用手搬东西的，有人认为太辛苦了，于是就发明了提篮。用手提着还是累，又发明了扁担和箩筐。这样还是不省力，于是就发明了独轮车、板车、汽车、火车……同样，因人们过河很不方便，就有人在河上放一块木板，这就是桥的雏形。河宽了，人们自然想到在河中加几个桥墩，于是就发明了桥。之后，将木板换成石头、水泥、钢筋，于是就有了现在的公路桥、铁路桥、悬挂桥、斜拉桥……科学在不断进步，这是人类智慧的进步，也是发明在不断进步。

出现这些发明好像是顺理成章的事情，但这其实是人们在不断观察和思考的结果。以下不妨来看看，别人的观察发现了什么。

因为钻木取火麻烦，所以人们发明了火柴、打火机；

因为下雨天淋湿衣服，所以人们发明了雨衣、雨伞；

因为天黑行走不方便，所以人们发明了火把、蜡烛、手电筒。

为了记事方便，蔡伦发明了活字印刷术、造纸术；

为了防雷电，富兰克林发明了避雷针；

为了照明，爱迪生发明了电灯；

为了传递声音，贝尔发明了电话；

……

以上这些发明，有的很高深，有的很简单。其实，人们想做一些发明，并不一定要去做多高深的研究，只要平时多观察、多思考，就会有所收获。不信？你看：

因为人走灯熄，所以人们发明了人体感应灯；

因为路灯需要专人管理，所以人们采用光敏电阻做开关自动控制；

因为棋手每下一步棋都要棋手按表，所以人们用数字电路或单片机发明了自动计时智能棋盘；

此外，利用寻呼机可以实现用电分时计量；

环保的包装盒采用丝瓜"筋"生产；

出现了有声禁止吸烟的警示牌；

出现了自动感应报警器；

……

在人们的生活中每天都会遇到许多事情，如某些生活上的不便、某些工作上的效率不高、某些管理上的欠缺等，都为人们的发明创造提供了丰富的素材，关键是人们应该勤观察，勤思考。

三、相互组合

创新有时并不是要你去冥思苦想，而只需做一些简单的组合，就可以创造发明一个新东西。

组合的根本出发点是以某一事物为主，将其他的事物加入，对其功能进行扩展，形成一个新的事物。显然，这也是一种创新，也是一种发明。

假如你既希望测电压，又需要测电流，有时还需要测温度，或者测三极管的某些参数，电阻的阻值……将这些测量组合在一起，不就是"多功能万用表"吗？

收音机与录音机的组合，构成收录机，既可听广播，又可录音、放音。

收录机如此，录像机会怎样呢？针对电视机的特点，能否设计一种"电视与录像"一体的机子呢？实际上厂家已开发过。

冷暖空调，可制冷，也可制热。

联想加热器，能否做一个恒温器？只要将它与电子温度器组合起来就可以了。

如果将圆珠笔挂在口袋上，则携带和使用起来都很方便。能否让收音机也"借"一下圆珠笔的"光"呢？有人在圆珠笔的尾部装上收音机，使用时只需插入耳机。仿照收音机与圆珠笔的组合，能否让测电笔与圆珠笔组合起来呢？

可见，组合可以从两（多）种事物的整体结合开始，并在结合过程中逐渐演化成新产品。不要小看这样的组合，其实生活中的许多产品都是这样组合出来的。

针对打电话需要记录，将电话机与录音机组合起来就有了录音电话。如果还希望自动应答，可再加进留言记录集成电路，就可成为"自动应答录音电话机"。

电话与收发设备的组合，构成无绳电话。无绳电话通话距离相对较近，你能否将它改进一下？实际上原来的"小灵通"就是它的一种改进。

电话与红外线发射接收系统组合，有了投币电话。

电话与磁卡读写器组合，有了磁卡电话。

电话与微电脑组合，有了 IC 卡电话。

无绳电话与寻呼机组合，构成了"移动电话"。

名片本、记事簿、英汉字典、电脑，组成了"掌上电脑"。

原有电扇组合装上摇头装置，成为"摆头电扇"，再组合装上一盏小灯，成为"兼照明电扇"；又组合装上定时器，成为定时关闭的"省心电扇"，采用集成电路控制，成为了智能化的电扇。

电铃，就是由电子钟与机械铃组合在一起，为学校上下课打铃的。类似的有电子报时器，将电子表与音乐集成电路两者结合起来，就有了"电子报时器"。它不仅可计时，而且到时可提醒用户。

能照明的电警棍：晚上巡逻时，既要带电筒，又要带警棍，人们感到这样颇为不便，于是有人在警棍上装上了电筒。

……

以上这些，不都是组合的产品吗？

尽管这种创新，好像只是将两件或两件以上的东西组合在一起，没有多少新思想，其实这是人们不断观察和思考的结果，也是创新。

不妨试试，围绕收音机的组合，还能开发哪些功能呢？

联想一种音乐茶杯，只要喝茶时，马上就可以放出一首乐曲。如果改进一下，在休闲时就可以收听电台节目了。婴儿玩耍的玩具，只采用音乐块和语音块都比较单调，但安装上收音机就丰富得多了，既增加了婴儿的兴趣，又提高了婴儿的说话能力，使之在不知不觉中健康成长。

除茶杯和玩具外，老年人经常使用拐杖，那么能否将收音机置于拐杖里？收音机与手表组合起来会怎样，与手机组合起来又会怎样？

四、模仿发明

在做"小发明"时，不要冥思苦想，不要想一步登天，不要追求一下子就发明一个绝世之作，要注意观察，利用前人的经验和成就，不妨从模仿开始，不要强调太多的实用性、价值性。

以无线电小制作为例，看看怎样模仿。

如图 3-4 所示为一个音乐茶杯的电路。其原理为将光敏电阻用作音乐集成电路的开关，封装在茶杯的底部。当你饮茶时，端起茶杯，光线照射光敏电阻，电路接通，发出悦耳的音乐。

模仿这个电路，可以做如下设计。

（1）防盗钱包。钱包放在袋子里时，没有光线照射，钱包不发声，当小偷偷出来时，钱包受到光的照射，就发出声音，提醒主人钱包被偷了。

（2）防盗手机。

（3）音乐蛋糕。

（4）个性化的音乐贺片。

（5）环境亮度检测器。当环境亮度低时，自动报警，保护学生视力。

如图 3-5 所示为人体感应声光报警猫的电路设计。人体感应声光报警猫是由具有人物或动物造型的绒毛或塑料玩具装入电子电路及电池改制而成的。当人体接近或在其附近走动时，此猫便发出"喵喵"的叫声，同时猫的两只眼睛闪闪发光。当人体远离后，叫声停止，发光中断，仿佛它有知觉一样。此猫给儿童带来了欢乐。

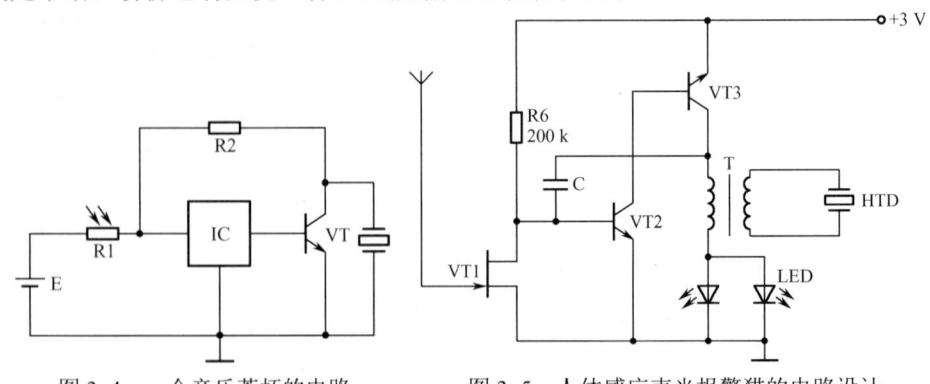

图 3-4　一个音乐茶杯的电路　　　图 3-5　人体感应声光报警猫的电路设计

利用此电路，可以设计放置在贵重物品旁边的物品，以起到防盗报警的作用。

同样也可以利用如图 3-5 所示的电路，发明"有电危险，不要靠近"的声控警示牌，如图 3-6 所示，IC1 选用 KD56030。

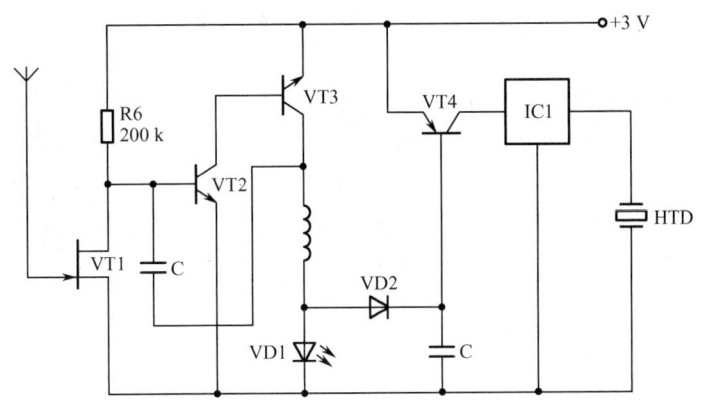

图 3-6　发声声控警示牌的电路

如图 3-7 所示是魔术师道具的电路设计。当人体的任何部位接触 T1、T2 时，灯泡都会被点亮，而不伤及人体。可以来模拟设计一个门铃，也可以改进一下，设计一个卡拉 OK 话筒电源，唱歌时接通电源，放下时自动关闭，以免产生噪声，还可以设计触摸开关。

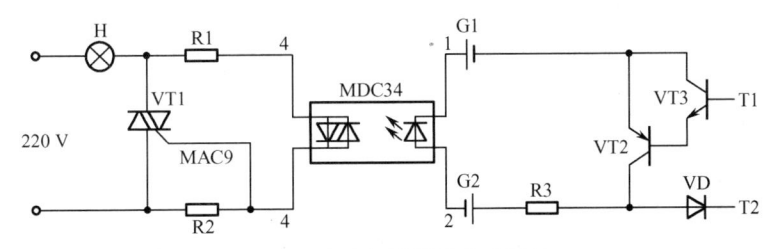

图 3-7　魔术师道具的电路设计

还能设计什么呢？

可以仿照别人所做的一些小制作、小发明，不断去实践，去摸索，你的创新水平也就会不断提高。

总之，在起步阶段，不要过多地去追求高标准、大发明，以训练为主，功到自然成。

要培养创新思维，不但要掌握课堂上所学的原理，还要借鉴许多别人实用性、典型性的东西。当你有了那种最原始的、最朴素性的创作冲动时，才会有足够的本钱，联想前人的经验，开启你创作的源泉。只要养成了良好的观察和思考的习惯，创新的目的就达到，创新能力自然就提高了。

那么需要做些什么呢？

（1）扎实地掌握理论知识，努力提高自己的动手能力；

（2）尽可能多地记忆一些创新技法，深刻地理解其原理；

（3）平时要多观察思考；

（4）要能灵活运用。

创新思维与实战训练

特别是对学生来说,掌握一些必要的理论知识是必不可少的,只有大脑中有了创新意识,才能有创作冲动。

当然,进行创新和发明,还必须有敏锐的目光、超前的意识、独到的见解。如果按部就班,人云亦云,亦步亦趋,那么没有哪个发明会等着你了。

任务 3.1 设问法创新训练

扫一扫看本任务教学课件

扫一扫下载专利案例文件:一种瓶装产品的防伪方法

学习思维导读

扫一扫下载专利案例文件:一种骑行车辆安全防控装置

扫一扫下载专利案例文件:一种汽车进入隧道强制开灯装置

项目描述	我国学生体质健康调研最新数据表明,我国小学生近视眼发病率为 22.78%,中学生为 55.22%,高中生为 70.34%。大多数学生都是因为平时不注意保护眼睛而造成近视的。 不正确用眼,不注意用眼卫生,特别是长期玩电脑、手机,导致坐姿不正确,导致眼睛过度疲劳,造成近视,并且有越来越严重的趋势。 目前,对于近视眼的治疗主要有手术治疗、药物治疗等,也有通过按摩、做眼保健操等进行预防,其实,这些方法都不能从根本上解决问题。怎样才能找到最好的方法呢?通过设问法的学习,依据设问法的创新方法,逐一提问,就能找到一种预防近视眼加深的方法,以达到预期效果
项目目标	1. 掌握设问法的概念; 2. 了解设问法的类型及创新过程; 3. 掌握设问法创新步骤
项目任务	1. 收集近视眼的相关信息; 2. 用设问法列举解决近视眼的所有方案; 3. 筛选出切实可行的解决方案; 4. 通过学习专利的撰写案例,掌握专利撰写方法
项目实施	遇到问题 → 创新冲动 收集信息 → 信息处理 学习讨论 → 类比创新 创新考核 → 检验评价

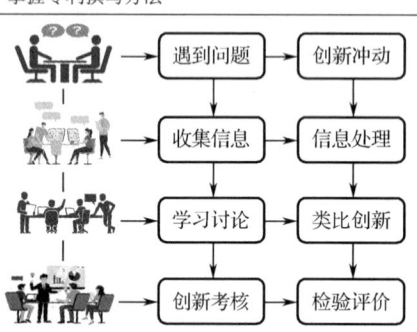

一、感受问题与创新冲动

> 新闻场景——触目惊心的近视眼
>
> 如图 3-8 所示,全是戴眼镜的学生。中国、美国、澳大利亚的一次近视眼调查报告显示,我国近视眼人数已近 4 亿,居世界第一,近视发生率已经达到世界平均水平的 1.5 倍,青少年近视发生率更是高达 50%~60%,特别是大学生的近视率已超过了 80%。近视眼人数的连年攀升,已经成为影响我国人民健康的一个重要问题。解决近视的问题已经刻不容缓。

图 3-8　戴眼镜的学生

1. 近视发病的原因——不良的生活方式

常会见到这样的情景：父母为了不让孩子乱跑，就让孩子看电视、玩游戏；有些父母则将玩游戏当作孩子学习的奖励，导致孩子长时间不正确用眼而近视。常听孩子说："父母也没怎么管我，因为在家里除了看电视也没什么玩的。"

一个明显的区别，城市孩子看电视、打游戏时间长，导致了近视高发。而农村孩子近视大多是因为灯光亮度不够造成的。

国内外大量的研究表明，孩子们的近视，先天性的并不多，更多的是长期用眼不卫生导致的。在室内长时间看电脑或近处的物体，再看远处物体障碍就越大，变近视的概率就越大。也就是说，如果长期使用一种用眼方式，则导致患上近视眼的概率大。这是因为室内狭小空间限制了眼球的运动，而户外，远近不同的变化，加速了眼球的运动，可以有效地预防近视。美国、澳大利亚等国家的研究也已经表明，只要在户外活动足够的时间，近视率会明显下降。这也是我国虽然全面推广了眼保健操，但由于户外活动时间不够，所以近视率还在不断上升的原因。

2. 近视度数加深——放纵不良习惯

2017 年，首都医科大学附属北京同仁医院验光配镜中心做过一次统计，一天就有几十名中小学生验光配镜。整个寒假期间，来验光的学生特别多，早上排队的人都排到了院外天桥边上。

南京市鼓楼区力学小学五年级学生王文燕发现自己近视了，去医院一查已经有 250 度了，但她并不担心，她说全班有很多同学像她这样，都戴眼镜了。

南京眼科医院的眼科专家认为，近视不是一种病，跟体质没有多大关系，是人的眼睛为了适应环境而做出的一些变化，即眼轴拉长。如果长时间近距离看东西，眼轴长度就会固定下来，变成了近视。如果再不采取措施，普通近视就会变得越来越深，成为高度近视（超过 600 度）。一般来说，小学阶段已经近视了，长大后就有可能是高度近视。

中国医药卫生事业发展基金会理事赵金相指出，大量的医学研究证实，随着近视度数加深，各种眼病的发生率将显著增加，如黄斑变性、视网膜脱离等，特别是高度近视更容易引起上述并发症，严重的可以致盲。

对学生近视问题，应该提高到国家的战略高度，因它将影响我国的人口素质，降低了不少特殊职业人员的选取范围，严重影响国家的发展。

3. 预防近视的方法——减轻课业负担

2009 年，北京市眼科研究所以初二学生为样本进行了调查。结果发现，在同样实施"全国亿万学生阳光体育运动"的学校里，城市学生近视率还是超过 70%，而郊区学生不到 30%；在郊区学生中，重点学校学生近视率依然超过 60%，非重点学校的则只有 19%。由此可以看出，课业负担是近视率高的主要原因。因此，减轻课业负担可有效地降低近视率。

虽然有些学校已减少了学生的作业，但家长们的课外作业没有减下来。不少学生从幼儿园开始就已经报了很多课外培训班。例如，奥数班、围棋课、剑桥英语课、钢琴课等，无时无刻地让孩子错误用眼。紧张的学习、巨大的精神压力，让孩子的眼睛不堪重负。

对家长来说，孩子的近视没有被当作一回事。有的买来各种仪器、药物，希望能治好近视，有的配个眼镜就了事，殊不知，孩子的眼睛近视是一种影响一生的缺陷。其实，经过大量研究，医学干预手段对于降低近视率并不明显，而最有效的方法就是每天户外活动 3 个半小时。这是最简单快捷、成本最低的方式。

读罢以上这则新闻，你有何感想？你觉得除教育部门外，是否还可以采用技术手段解决近视问题？

根据上述材料，完成创新冲动表，如表 3-1 所示。

表 3-1 创新冲动表

| 1. 详细了解问题，确定问题关键； |
| 2. 初步思考大致解决方案 |

创新冲动记录表

时间：_____ 地点：_____ 天气：_____

问题描述：

目前，中国、美国、澳大利亚合作开展的一项防治儿童近视调查显示，我国近视眼人数已近 4 亿，居世界第一，近视率已经达到世界平均水平的 1.5 倍，青少年近视率更是高达 50%~60%。近视眼人数连年攀升，已经成为影响我国人民健康的重要问题。

当前我国近视眼的发病率居高不下，并且有越来越严重的趋势，特别是青少年的近视度数还在不断加深。为了防止这种情况继续恶化，因此，我们要尽快找到一种方法来抑制这种状态

心理状态	
自我暗示	
原因分析	长期不卫生用眼
思维方法	从强制卫生用眼出发，采用设问法进行创新设计
初步思考方案	当用眼不卫生时，就预警并提醒

1. 说明：记录时间、地点和天气等信息，便于回忆当时的情景。
2. 思维方法：在一项问题的解决方案中，有多种思维方法。本项目的目的在于思维方法训练，所以专门针对某种思维方法进行类比训练

二、信息收集与处理

收集青少年近视度数加深的问题,看看医学预防方法,听听专家怎么说、学校怎么做、市民怎么认识,再去查阅中国知网中的期刊、会议等论文资料,查阅中国专利信息网中的资料,分门别类地整理,依据自己的生活、经验、知识,想想还有没有别的方法,并填入表3-2中。

表3-2 通过百度网、中国知网、中国专利信息网等搜寻青少年近视度数加深的问题解决方法

方法类型	解决方法	资料来源
加强教育		
预防		
纠正		
自己思考的方法		

1. 设问法主要有_____、_____、_____等。
2. 什么是设问法?
_____
3. 设问法的特征有_____、_____、_____。
4. 如何培养设问法创新?
_____

针对预防青少年近视度数加深的问题,通过中国知网、中国专利信息网等搜寻预防青少年近视度数加深的解决方法,找到了几种方法,但并不能有效地预防青少年近视度数加深的问题。我们还需设计更好的方法去解决该问题。

案例1 方便食品

方便面是一种只用开水一冲就能食用的快餐食品,它因不需烹调并且味道鲜美可口而深受消费者欢迎。正是这一创新,使发明方便面的日本一家小企业一跃成为食品行业的明星。许多企业触类旁通,沿着这一思路,开发出以"方便"为特点的方便米饭、方便米粉、方便蔬菜、方便啤酒、方便饮料等。我国农民发明家张炳林,就是以"炳林牌"快餐米粉及其加工机械的研制获得了10项科研成果,其中4项获得国家专利和首届中国食品博览会银奖。天津的"狗不理"包子也因其在"方便"上动了脑筋而走向世界。我们对各种各样的食品乃至用品进行"方便"化,就会有无数可以创新的课题。

案例2　发泡产品

面粉经发酵产生小气泡使馒头松软可口。于是，发泡塑料、发泡橡胶、发泡水泥相继被发明，它们不仅轻巧省料，而且有更好的隔热、隔音性能。若在肥皂中加些气泡，则可使肥皂不会沉到水下，成为可浮在水面的浴皂。

案例3　拉链

最早提出拉链设想的是美国发明家贾德森，其初衷是代替鞋带用的，可是仅作为系鞋子用的拉链并不畅销，是个赔本的生意。而有位服装店老板首先将拉链应用在钱包上，然后又应用在海军服装上，最后应用在运动衣上使之大受欢迎。而安徽省立医院外科主任医师李乃刚和徐斌，1989年1月11日，又成功地将拉链应用到了胰腺手术病人身上。治疗急性坏死性胰腺炎时，病人在手术后半个月到一个月内还得将手术切口敞开，以便随时清洗不断产生的坏死组织和腹腔渗出液，观察病情发展，这样不仅病人很痛苦，而且容易感染，手术成功率低。而装上拉链后则效果很好，手术成功率大大提高。

爱因斯坦说："提出一个问题往往比解决一个问题更重要，因为解决问题也许仅是一个教学上或实验上的技能而已。而提出问题新的可能性，从新的角度去看旧的问题，都需要创造性的想象力，而且标志着科学的真正进步。"

设问法就是围绕创新对象或需要解决的问题发问，然后针对提出的具体问题予以研究解决的创新方法。其特点是：强制性思考，有利于突破不善于思考提问的思维障碍；目标明确、主题集中，在清晰的思路下引导发散思维。

创新、创造、发明的关键是能够发现问题，提出问题。设问法就是对任何事物都多问几个"为什么"。设问法特别适用于创新过程的早期阶段。

1. 奥斯本设问法

奥斯本设问法（7步法）是奥斯本提出的一套设问方法。

（1）确定革新的方针。
（2）收集有关资料。
（3）对收集的资料进行分析。
（4）进行自由思考，一一记录并构思革新方案。
（5）提出实现方案的各种设想。
（6）综合有用的数据资料。
（7）评价各种方案，筛选出切实可行的设想。

2. 核检表法

核检表法是奥斯本提出来的一种创新方法，即根据需要解决的问题或创新的对象列出有关问题，一个一个地核对、讨论，从中找到解决问题的方法或创新的设想。以下介绍奥斯本核检表法9个方面的提问。

（1）能否他用（转化）？
① 现有的事物有无他用？
② 保持不变能否扩大用途？
③ 稍加改变有无其他用途？

（2）能否借用（引申）？
① 现有的事物能否借用别的经验？
② 能否模仿别的东西？
③ 过去有无类似的发明创造？
④ 现有成果能否引入其他创造性设想？
（3）能否改变（变动）？
① 现有事物能否做些改变？如改变意义、颜色、声音、味道、式样、花色品种等。
② 改变后效果如何？
（4）能否扩大（扩展）？
① 现有事物可否扩大应用范围？
② 能否增加使用功能？
③ 能否添加零部件？
④ 能否扩大或增加高度、强度、寿命、价值？
（5）能否缩小（缩减）？
① 现有事物能否减少、缩小或省略某些部分？
② 能否浓缩化？
③ 能否微型化？
④ 能否短点、轻点或压缩、分割、简略？
（6）能否代用（替代）？
① 现有事物能否用其他材料、其他元件？
② 能否用其他原理、其他方法、其他工艺？
③ 能否用其他结构、其他动力、其他设备？
（7）能否调整（重组）？
① 能否调整已知布局？
② 能否调整既定程序？
③ 能否调整日程计划？
④ 能否调整规格？
⑤ 能否调整因果关系？
（8）能否颠倒（反向）？
① 作用能否颠倒？
② 能否从相反方向考虑？
③ 位置（上下、正反）能否颠倒？
（9）能否组合（综合）？
① 现有事物能否组合？
② 能否原理组合、方案组合、功能组合？
③ 能否形状组合、材料组合、部件组合？

应用核检表法征服发电机故障：TFW 无刷同步发电机发生大面积无法发电的故障。经检测该发电机空载基本正常，但接上负载后，电压陡降，无法发电。面对这种情况，根据发电机的原理方框图，应用核检表法，设计出具有 12 个零部件、37 项无法发电的专用核检表。按核检表逐步排除了 11 个零部件的 32 个疑点之后（在专用核检表上是前面 32 个疑点通过测试确认正常），剩下的励磁转子绕组无可辩驳地上升为关键的问题点。为了避免损伤励磁转子绕组，根据电磁感应原理，制作了"感应子"（相当于绕有变压器次级线圈的 U 形铁芯），按照脉冲变压器的工作原理，察看在励磁转子绕组通入直流电的瞬间，所跨越的各槽中线圈里的电流，在"感应子"线圈中感生电势的大小和方向，加以记录和分析。经过研究，断定励磁转子绕组确有毛病，经综合分析，认为很可能线头接错。于是，将该绕组线圈的连线全部反接，即将正确的"头接头，尾接尾"的方式错接为"头接尾、尾接头"，此时奇迹发生了：在展开的绕组布置图上，显示出与不良发电机测试的记录完全一致的反应。于是确诊了"绕组连线接错"是故障的根源。由于绕组连线接错，线圈与线圈之间串联起来，不仅不起相互支持的作用，反而产生抵制、削弱的效果，最后只剩下原设计有效匝数 1/3 的功能，无法克服负载时强大的电枢反应，因而导致了发电机无法发电的故障。

3. 5W2H（6W2H）法

美国陆军部提出 5W2H 法。我国著名教育家陶行知先生提出 6W2H 法，他把这种提问模式叫作教人聪明的"八大贤人"。为此他写了一首小诗："我有几位好朋友，曾把万事指导我，你若想问真姓名，名字不同都姓何：何事、何故、何人、何如、何时、何地、何去，还有一个西洋名，姓名颠倒叫几何。若向八贤常请教，虽是笨人不会错。"

（1）Why 为什么需要创新？
（2）What 创新的对象是什么？
（3）Where 从什么地方着手？
（4）Who 谁来承担创新任务？
（5）When 什么时候完成？
（6）How 怎样实施？
（7）How much 达到怎样的水平？
（8）Which 哪件事或哪一个项目？

4. 动词提示核检表法和田十二法

生活处处有加法，如饼干+钙片=补钙食品；日历+唐诗=唐诗日历；手表+跳日装置=跳日手表；剪刀+开瓶装置=多用剪刀；白酒+曹雪芹=曹雪芹家酒。

生产处处有减法，如肉类-油脂=脱脂食品；金矿-杂质=真金；水-杂物=纯净水；璞-石=玉；铅笔-木材=笔芯。

动词提示核检表法和田十二法是我国的创造学者，根据上海市和田路小学开展创造发明活动中所采用的技法，总结提炼而成的，共 12 种，即加一加；减一减；扩一扩；缩一缩；变一变；改一改；联一联；代一代；搬一搬；反一反；定一定；学一学。

1）加一加

在进行某种创造活动过程中，可以考虑在这件事物上还可以添加什么？把这件事物加长一点、加高一点、加厚一点、加宽一点行不行？或者让原物品在形状上、尺寸上、功能上有所"异样""更新"，以求实现创新的可能。

例如，伽利略发明的望远镜就是"加一加"的典型例子。欧洲有一个磨镜片的工人，有一次，他偶然把一块凸透镜片与一块凹透镜片加在一起，透过这两块镜片向远处一看，惊讶地发现远处的景物可以移到眼前来。这个发现，后来被科学家伽利略知道了，他对这个无意之中"加一加"而形成的事物进行了研究，发明了望远镜。

2）减一减

在原来的事物上还可以减点什么？如将原来的物品减少一点、缩短一点、降低一点、变窄一点、减薄一点、减轻一点等，这个事物能够变成什么新事物，它的功能、用途会发生什么变化？在操作过程中，减少时间、次数可以吗？这样做又有什么效果？

例如，隐形眼镜就是将镜片减薄、减小，并减去了镜架而发明的。

再如，多用蒜泥、姜末刨的发明。在日常生活中。婴儿要吃苹果、生梨，父母只能用调羹硬压，重病人要吃水果，也只能吃有汁的水果，硬性、脆性的水果都不能吃；厨师、家庭主妇进行烹饪要用蒜泥、姜末，也只有凭刀工切碎才能完成，有时还不能达到要求。通过学习，运用"加一加""减一减"等技法，从使用的萝卜丝刨子、木工用的锯子，联想到是否可做适当的改进，创造一种简易的粉碎食品的工具。于是就可以在此基础上动手试制，用"加一加"技法增加了铝皮的厚度，使齿口不致变形；用"减一减"技法减小了齿口，使齿口成三角形，把长方形的铝皮装上把柄，可作汽水扳头；将另一块不锈钢皮打眼儿作萝卜丝刨子，这样市场上还没有的一种简易、方便、实用的多用蒜泥、姜末刨诞生了。经厨师、家庭主妇使用效果很理想，它还适合中风重病人、吃流汁病人的使用，另外，它还解决了人们喂养婴儿时制作苹果泥等的苦恼，也是厨师烹调必不可少的工具。

3）扩一扩

现有物品在功能、结构等方面还可以扩展吗？放大一点、扩大一点，会使物品发生哪些变化？这件物品除大家熟知的用途外，还可以扩展出哪些用途？

例如，大家知道吹风机是吹头发的。但在日本，有人想利用吹风机去烘干潮湿的被褥，扩展了它的用途。后来在此基础上发明了一种被褥烘干机。如把一般望远镜扩成又长又大的天文望远镜。它的能见度是人肉眼的 4 万倍，放大率达 3 000 倍。用这种望远镜看星空，38 万千米远的月亮，就好像在 128 千米的近处一样。

4）缩一缩

将原有物品的体积缩小一点，长度缩短一点会怎样？可否据此开发出新的物品。

我国的微雕艺术是世界领先的，其实质也是"缩一缩"。它缩小的程度是惊人的，能在头发丝上刻出人物头像、名人诗句等，成为一件件价值连城的珍品。生活中的袖珍词典、微型录音机、照相机、浓缩味精、浓缩洗衣剂（粉）等都是"缩一缩"的结果。

5）变一变

变一变是指改变原有物品的形状、尺寸、颜色、滋味、音响等，从而形成新的物品。它也可以从内部结构上，如成分、部件、材料、排列顺序、长度、密度、浓度和高度等方面去变化；也可以从使用对象、场合、时间、方式、用途、方便性和广泛性等方面变化；还可以从制造工艺、质量和数量，对事物的习惯性看法、处理办法及思维方式等方面去变化。

例如，企业经营要创新就离不开一个"变"字，如果冷饮食品厂不注重产品的花样翻新，就无法开发出形状、颜色、味道各不相同的新产品，也就无法使企业发展壮大；如果企业不拘现状而不断开发新产品，那么企业就会充满生机和活力。

6）改一改

改一改是指从现有事物存在的缺点入手，发现该事物的不足之处，如不安全、不方便、不美观的地方，然后针对这些不足寻找有效的改进措施，以进行发明和创新。"变一变"技巧带有主动性，它表现在发明者要主动地对它进行各方面的变动，使这一事物能保持常新。"改一改"技巧则带有被动性，它常常是事物缺点已暴露出来或人们已发现该事物的缺点后，才为人们所利用的发明技巧，即通过消除某种缺点的方式进行创造。因此，"变一变"对思维灵活、善于创新的人较适合；"改一改"对初学者或较保守、不善于发现问题的人更适合，因为这一方法使人更容易发现问题和寻找创造对象。

"改一改"技巧的应用范围很广，如拨盘式电话机改为琴键式电话机，手动抽水马桶改为自动感应式抽水马桶等。

7）联一联

某一事物和哪些因素有联系呢？利用它们之间的联系，通过"联一联"看看是否能产生新的功能，开发新的产品。

例如，用手机可以发短信，一直以来都是通过按键输入的，将其与手写信息联系起来，通过"联一联"开发出了可以手写输入的手机，方便手机用户使用。

8）代一代

代一代是指用其他的事物或方法来代替现有的事物，从而进行创新的一种思路。有些事物尽管应用的领域不一样，使用的方式也各有不同，但都能完成同一功能，因此，可以试着代替，既可以直接寻找现有事物的代替品，也可以从材料、零部件、方法、颜色、形状和声音等方面进行局部代替。看代替以后会产生哪些变化？会有什么好的结果？能解决哪些实际问题？

例如，曹冲称"象"可以说是"代一代"的典型事例。又如，用各种快餐盒代替传统的饭盒，用复合材料代替木材、钢铁等。

9）搬一搬

将原事物或原设想、技术移至别处，使之产生新的事物、新的设想和新的技术。把一件事物移到别处，还能有什么用途？某个想法、原理、技术搬到别的场合或地方，能派上别的用处吗？

例如，利用激光的特点来进行激光打孔、激光切割、激光测量、激光照排、激光治疗近视眼等；将日常照明电灯通过改变光线的波长，制作紫外线灭菌灯、红外线加热灯，改变了灯泡颜色，就成了装饰彩灯；把灯泡放在道路的路口，就成了交通灯。

10）反一反

"反一反"就是将某一事物的形态、性质、功能及其正反、里外、横竖、上下、左右、前后等加以颠倒，从而产生新的事物。"反一反"的思维方法又叫逆向思维，一般是从已有事物的相反方向进行思考。

例如，人尽皆知的司马光砸缸的故事就是其典型的事例。一个小朋友不小心落到了水缸里，司马光突破要救人必须得"人离开水"这一常规想法，而是将缸砸破，使水离开人，将小朋友救起。

11）定一定

"定一定"是指对某些发明或产品定出新的标准、型号、顺序，或者为改进某种东西，为提高学习和工作效率及防止可能发生的不良后果做出一些新规定，从而进行创新的一种思路。

例如，有人用"定一定"发明了一种"定位防近视警报器"。他利用微型水银密封开关，将其与电子元件、发声器一起安装在头戴式耳机上，经调节，规定头部到桌子的距离，当头部低于这个规定值时，微型水银开关接通电源，并发出警告声，提醒人要端正坐姿。

12）学一学

学习模仿其他物品的原理、形状、结构、颜色、性能、规格、动作、方法等，以求创新。

如科学家研究了蝙蝠飞行原理，发明了雷达；研究了鱼在水中的行动方式，发明了潜水艇；研究了大鲸在海中游行的情形，把船体改进成流线型，大大提高了轮船航行的速度。英国人邓禄普发明充气轮胎也是同样的道理。一次，他看到儿子骑着硬轮自行车在卵石道上颠簸行驶，非常危险。他想，能否做一种新的可以减小震动的轮胎呢？在花园里，他看到了浇水的橡皮管，踩一脚上去觉得很有弹性，于是他利用橡胶的弹性，成功发明了充气轮胎。

三、案例分析

案例 1　旋转式内燃机

往复式内燃机虽然取代了蒸汽机成为应用广泛的动力机，但存在很多缺点。首先，其工作机构多、零件多、结构复杂，并且摩擦损耗会降低机械效率；其次，活塞往复运动产生较大的往复惯性力，使系统易产生强烈振动，限制了转速。此外，往复式内燃机还有一套较复杂的配气机构。

1945 年，德国的汪克尔想到了"改一改"，发明了旋转式内燃机，取消了曲柄连杆机构、气门机构等，实现了高速化，质量小（比往复式内燃机轻了 1/2~2/3），结构和操作简单（零件数减小 10%，体积减小 50%）的目标。此外，在大气污染方面也有所改善。

案例 2　希尔顿酒店的建立

著名的希尔顿酒店创始于 20 世纪 20 年代，当时，希尔顿看中一块商业的"风水宝地"之后，发现买下这块地要 30 万美元，而他只有 5 000 美元，而且买下地后还要有大量的资金投入，初看起来这个项目显然不行。

希尔顿想到了"分一分"。首先，把一次性支付 30 万美元的地皮费改成每年每月支付。他对土地所有人说："我租用你的土地 90 年，每年给你 3 万美元，按月支付，共 270 万美元，一旦我支付不起，你可以拍卖酒店。"对方感觉占了个大便宜。而后，希尔顿又把自己开酒店的方案讲给一个投资人听，很快就达成了协议。酒店如期建成，并最终成为世

界级酒店，而希尔顿也成为当时的世界顶级富豪。

案例 3　自行车轮胎的发明

1845 年，英国米德尔塞克斯的土木工程师罗伯特·W·汤姆逊发明了用牛皮包裹内充有空气或马毛的轮胎，但没有实际使用。1888 年，居住在爱尔兰贝尔法斯特的苏格兰兽医约翰·博伊德·邓禄普，看到自己儿子自行车的实心橡胶轮在石头路上颠簸得很厉害，于是，他想"扩一扩"，用一根通过活门充气的管子缠在车轮上，就可以防止颠簸。他的发明让他儿子参加骑车比赛获得了第一名，于是此项发明受到了人们的重视。邓禄普为他的发明申请了专利，放弃了兽医职业，建立了世界上第一家轮胎制造厂，开始生产橡胶轮胎。从 1894 年起，早期大批量生产的"希尔德布兰德"和"沃尔米勒"牌摩托车正式使用了邓禄普轮胎。

案例 4　东芝电气公司的彩色电扇

日本的东芝电气公司 1952 年前后曾一度积压了大量的电扇卖不出去，7 万多名职工为了打开销路，费尽心机地想了不少办法，但依然进展不大。有一天，一个小职员向当时的董事长石坂提出"学一学"，学习其他产品有多种颜色的方式，建议改变电扇颜色。在当时，全世界的电扇都是黑色的，东芝公司生产的电扇自然也不例外。这个小职员建议把黑色改为彩色。经过研究，公司采纳了这个建议。第二年夏天，东芝电气公司推出了一批浅蓝色电扇，大受顾客欢迎，市场上还掀起了一阵抢购热潮，几个月之内就卖出了几十万台。从此以后，在日本，以及全世界，电扇就不再都是一副统一的黑色面孔了。

案例 5　月球仪的诞生

在荷兰的一个小镇上，住着一位名叫阿·布鲁特的退休老人。他和不少退休老人一样，每天都是通过看电视来消磨时间。有一天，电视里播放有关月球探险的节目。在电视屏幕上，主持人煞有介事地将月球的地图摊开，并口若悬河地加以讲解。布鲁特心想："看这种月球平面图，效果不好。月球和地球都是圆的，既然有地球仪，同样也可以有月球仪。地球仪有人买，月球仪肯定也会有人买。"于是，老人就想到"搬一搬"，开始制造月球仪。当第一批月球仪做好以后，老人就在电视和报纸上刊登广告。果然不出他所料，世界各地的订单源源不断地飞来。从此，他每年靠制造月球仪就可以赚 1 400 多万英镑。老人运用的就是伴生联想思考法，从地球仪联想到月球仪，创造出了大量的财富。

案例 6　"抱娃"热销之谜

韩国的金光中曾生产了一种叫"抱娃"的黑皮肤玩具，在百货公司里销售。可是销路一直不好，几乎无人问津，只得把"抱娃"堆放在仓库里。金光中的儿子是一位肯动脑筋的年轻人。他注意到百货公司里有一种身穿游泳衣的女模特模型，而女模特模型有一双雪白的手臂。他想"反一反"，假如把这种黑色的"抱娃"放在女模特模型雪白的手腕上，那可真是黑白分明。有了这种鲜明的对比，说不定顾客会喜欢"抱娃"呢。果然，这一招很奏效。凡是从女模特模型前走过的女孩都会情不自禁地打听："这个'抱娃'真好看，哪儿有卖……"原来无人问津的"抱娃"，一时间成了抢手的热门货。后来，他的儿子又想继续"反一反"。他请了几位白皮肤的女士，身着夏装，手中各拿一个"抱娃"，在繁华的街道上"招摇过市"，这一下子吸引了大量过往行人的注意，连新闻记者也纷纷前来采访。第二

天，报纸上竟相刊登出照片和报道。没想到，这一成功的"反一反"推销，竟然掀起了一股"抱娃"热。归根结底，"抱娃"推销术之所以收到了奇效，是因为成功地运用了"反一反"的相反效应思考法。

案例 7　煤油代替汽油

早些年，人们对用煤油代替汽油在内燃机中使用，一直持怀疑态度，因为煤油不像汽油那么容易汽化。后来，有个人看到一种红叶子的野花，能够在早春季节的雪地里开放是因为红色能帮助野花吸收热量。由此他想到了"代一代"：因为煤油吸收热量比汽油慢，所以煤油不像汽油那样容易汽化。野花能依靠红叶子在微寒的早春雪地里快速地吸收热量而存活。如果把煤油染上红色，也许也会像红叶子那样更快地吸收热量。经过试验之后，结果正如他所料，煤油汽化的难题解决了。这样煤油就可以同汽油一样在内燃机中使用了。从现象上来看，煤油与野花没有任何联系，但是通过"代一代"把它们联系起来，却取得了意想不到的成果。

案例 8　怀炳和尚捞铁牛

公元 1066 年，我国宋朝英宗年间，黄河发洪水，将每个 1 万斤（5 000 千克）重的 8 个铁牛冲到了河里。洪水退去以后，为了重建浮桥，需将这 8 个铁牛打捞上来。一个叫怀炳的和尚经过一番调查摸底和反复思考，决定依据曹冲称"象"的"代一代"方法将 8 个铁牛全都捞上了岸。怀炳提出的办法是，在打捞的那一天，他指挥一帮船工，将两条大船装满泥沙，并排地靠在一起；同时在两条船之间搭了一个连接架。船划到铁牛沉没的地方后，他叫人潜入水下，把拴在木架上绳子的另一端牢牢地绑在铁牛上。然后船上的船工一边在木架上收紧绳子，一边将船里的泥沙一铲一铲地抛入河中。随着船里泥沙的不断减少，船身一点一点地向上浮起。当船的浮力超过船身和铁牛的重量时，陷在泥沙中的铁牛便逐渐浮了起来。这时，通过船的划动，就能很容易地把铁牛拉到江边并拉上岸。如此反复进行了 8 次，终于将 8 个铁牛全都打捞到了岸上。怀炳的打捞情景的设想，运用了"代一代"创新技法。

案例 9　振荡器

一个放大电路，被发现在工作时有自激，此时有人非常悲观，认为电路不能用了，而有人想到"改一改"，正好可以改成三点振荡器，如图 3-9 所示。

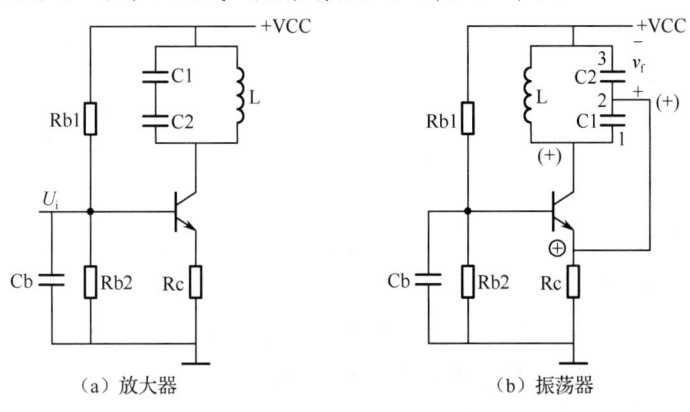

(a) 放大器　　　(b) 振荡器

图 3-9　相关电路

四、自我训练

1. 创建计划书

制订预防青少年近视度数加深的创新计划，如表 3-3 所示。

> 扫一扫下载专利案例文件：
> 一种预防近视眼患者近视加深的装置与方法

表 3-3　制订预防青少年近视度数加深的创新计划

依据设问法，针对青少年的近视眼产生的原因，不断地提问：		
近视眼是天生的吗？是，但只是很少一部分；近视眼是后生的吗？是，几乎都是。		
近视程度会加深吗？是，不注意用眼会越来越深。		
近视眼可以治疗吗？能，但难度很大，效果不明显。		
近视眼可以预防吗？能，只要注意用眼就可以。		
青少年能做到注意用眼吗？不能，因为青少年或学业繁重，或者长时间玩电脑、手机，容易忘记或根本就没有这种意识。		
所以，可采用提醒的方法。能时刻提醒吗？不可能！能智能提醒吗？能。有这种设备吗？有，但效果不好，如挂在身上的陀螺仪，但可靠性差，容易忘记配带，甚至会丢失。那么，可以重新设计一种非常容易使用的智能提醒设备		
1. 青少年近视度数加深的特征描述	玩电脑、手机时间过长	
	光线过暗、用眼距离过近或过远	
2. 预防青少年近视度数加深的方法	政策强制管理	制定政策，加强教育
	药物控制	
	时刻监控与提醒	创新方法
3. 技术管理方法描述	1. 药物控制 控制手段有＿＿＿＿＿＿＿＿＿＿＿＿＿＿＿＿ 2. 时刻监控与提醒 控制手段有＿＿＿＿＿＿＿＿＿＿＿＿＿＿＿＿	
4. 解决方案描述	由于药物控制给身体或多或少造成伤害，还不一定有效果，所以找出时刻监控的智能方法更加有效	
5. 预防青少年近视度数加深的系统设计	➢ 设计若干传感器，监控青少年用眼情况； ➢ 构建预防青少年近视加深的模型； ➢ 预警并及时提醒。 结论：时刻监控提醒	
6. 自我评价	（1）列出你的所有方案。 ＿＿＿＿＿＿＿＿＿＿＿＿＿＿＿＿＿＿＿＿＿＿＿＿＿＿＿＿＿＿ （2）找出一种或多种可实现的方案。 ＿＿＿＿＿＿＿＿＿＿＿＿＿＿＿＿＿＿＿＿＿＿＿＿＿＿＿＿＿＿ （3）说说用到了哪些设问法。	

2. 撰写专利的主要内容

针对创新计划书，通过分析与比较，依据预防青少年近视度数加深的现状，采用对青少年用眼时距离、光线和时间进行检测的技术解决方案进行智能检测，以解决青少年用眼不卫生的问题。

文件1: 说明书摘要

本发明公开了一种预防近视眼患者近视度数加深的装置与方法，其中装置包括环境亮度检测模块、距离检测模块、主控模块和提醒模块。环境亮度检测模块、距离检测模块和提醒模块均连接在主控模块上，受控于主控模块。本发明通过检测环境亮度，判断此时环境是否适合阅读，若亮度过高或过低，则提醒用户不适合阅读；在适合阅读的亮度条件下，若用户阅读超过一定时间后，则提醒用户休息。本发明从检测照明强度是否合适及控制用眼时间两方面来预防近视度数加深，可以起到较好的预防效果。本发明的装置安装在眼镜架上，使用方便，不受使用场合的限制。

文件2: 权利要求书

1. 一种预防近视眼患者近视度数加深的装置，该装置安装在眼镜架上，其特征在于，包括环境亮度检测模块、距离检测模块、主控模块和提醒模块。环境亮度检测模块、距离检测模块和提醒模块均与主控模块连接。

环境亮度检测模块用于检测环境亮度，并将测得的亮度值发送给主控模块。

距离检测模块用于测量眼镜架到阅读物的距离，并将测得的距离值发送给主控模块。

主控模块用于接收亮度值和距离值。通过亮度值判断是否适合阅读，通过距离值判断是否正在阅读，并统计阅读时间与非阅读时间，向提醒模块发出亮度不适合信号和超时阅读提醒信号。

提醒模块接收提醒信号，并根据不同的提醒信号做出相应的提醒。

2. 根据权利要求1所述的装置，其特征在于，所述距离检测模块采用周期性测量方式。

3. 根据权利要求1所述的装置，其特征在于，所述装置还包括启停模块。所述启停模块连接环境亮度检测模块、距离检测模块、主控模块和提醒模块。所述启停模块包括机械开关和轻触开关，两开关串联控制整个装置的开启或关闭。

4. 根据权利要求1所述的装置，其特征在于，所述装置还包括无线通信模块。无线通信模块与主控模块连接，用于进行远程无线通信。

5. 根据权利要求1所述的装置，其特征在于，所述提醒模块包括振动器和语音提示电路。

6. 一种预防近视眼患者近视度数加深的方法，基于权利要求1~5任意一项所述的装置，其特征在于，包括以下步骤。

步骤1：开启装置。

步骤2：环境检测模块检测环境亮度，并将测得的亮度值发送给主控模块。

步骤3：主控模块将亮度值与预设亮度值进行比较，判断当前亮度是否适合阅读，若不适合阅读，则通过提醒模块提醒用户该环境不适合阅读，继续执行步骤2；若适合阅读，则执行步骤4。

步骤4：距离检测模块检测眼镜架与阅读物的距离，并将测得的距离值发送给主控模块。主控模块将距离值与预设距离值进行比较，判断当前是否处于阅读状态，若处于阅读状态，则增加阅读状态时间，执行步骤5；若不处于阅读状态，执行步骤6。

步骤5：将阅读状态时间计数与时间预设值进行比较，如果超过时间预设值，则通过提醒模块提醒用户阅读超时，执行步骤4；反之则执行步骤2。

步骤 6：统计非阅读时间，若达到设定的休息时间，则将阅读状态时间清零，执行步骤 2。

文件 3：　　　　　　　　　　　说明书
一种预防近视眼患者近视度数加深的装置与方法

技术领域

本发明涉及一种预防近视眼患者近视度数加深的装置与方法，属于预防医学领域。

背景技术

当前的青少年或因学业繁重，或因长时间玩电脑、手机，导致眼睛过度疲劳，造成近视，并且有越来越严重的趋势。我国学生体质健康调研最新数据表明，我国小学生近视发病率为 22.78%，中学生为 55.22%，高中生为 70.34%。专家呼吁，预防近视度数加深，应该调整饮食结构、加强锻炼、保证充足睡眠，最重要的是科学用眼。目前，已有一些工具可以帮助青少年注意科学用眼，达到预防近视或近视度数加深的效果。例如，申请号 200810189775.2 的"预防近视架"、申请号 200910134270.0 的"预防近视书桌"等，使用这些装置来防止近距离看书，达到预防近视或近视度数加深的效果。但是这些工具只能在家或教室里使用，使用场合受限。申请号 201210570476.X 的"基于距离检测的防近视眼镜"，公开的防近视眼镜主要包括眼镜、距离感应器、报警器等，主要原理为采用距离感应器发出信号，距离信息接收器接收信号，当距离超出预定保健距离时，报警器报警。以上这些装置都是通过控制用眼距离来预防青少年近视或加深近视度数的，而用眼时间过长、照明光线过强或过弱也是导致近视或近视度数加深的主要原因，目前还未有针对这两个原因来预防近视度数加深的装置，尤其针对照明光线不适宜这个原因。

发明内容

为解决上述问题，本发明提出了一种预防近视眼患者近视度数加深的装置与方法，通过检测环境亮度和控制用眼时间来预防近视或近视度数加深。

本发明的具体技术方案如下：一种预防近视眼患者近视度数加深的装置，该装置安装在眼镜架上，包括环境亮度检测模块、距离检测模块、主控模块和提醒模块。环境亮度检测模块、距离检测模块和提醒模块均与主控模块连接。环境亮度检测模块用于检测环境亮度，并将测得的亮度值发送给主控模块；距离检测模块用于测量眼镜架到阅读物的距离，并将测得的距离值发送给主控模块；主控模块用于接收亮度值和距离值，并通过亮度值判断是否适合阅读，并通过距离值判断是否正在阅读，并统计阅读时间与非阅读时间，向提醒模块发出亮度不适合信号和超时阅读提醒信号；提醒模块接收提醒信号，并根据不同的提醒信号做出相应的提醒。

作为本发明装置的进一步限定方案，所述距离检测模块采用周期性测量方式。

距离检测模块每间隔一段时间检测一下眼镜架到阅读物的距离，及时判断处于阅读状态还是非阅读状态，保证主控模块统计的阅读时间准确。

作为本发明装置的进一步限定方案，所述装置还包括启停模块。所述启停模块连接环境亮度检测模块、距离检测模块、主控模块和提醒模块。所述启停模块包括机械开关和轻触开关，两开关串联连接。

启停模块采用机械开关和轻触开关串联，安装在眼镜脚上，当眼镜脚张开一定角度后，接通机械开关。当用户戴上眼镜后，轻触开关接触到人脸皮肤，轻触开关接通，则整个装置开启，而只要其中一个开关断开，如用户摘下眼镜使轻触开关断开，则整个装置关闭。启停模块实现了自动开启或关闭整个装置，防止用户遗忘和误操作，节省能耗。

作为本发明装置的进一步限定方案，所述装置还包括无线通信模块。无线通信模块与主控模块连接，用于进行远程无线通信。

加装无线通信模块，可以将用户的用眼时间上传到某些统计平台，统计用户用眼时间数据，为科学研究提供依据。

作为本发明装置的进一步限定方案，所述提醒模块包括振动器和语音提示电路。

振动器和语音提示电路均为常用的提醒装置，电路连接简单，提醒效果明显。根据主控单元发出的不同信号分别启动振动器和语音提示电路。

本发明还公开了一种预防近视眼患者近视度数加深的方法，包括以下步骤：

步骤1：开启装置。

步骤2：环境检测模块检测环境亮度，并将测得的亮度值发送给主控模块。

步骤3：主控模块将亮度值与预设亮度值进行比较，判断当前亮度是否适合阅读，若不适合阅读，则通过提醒模块提醒用户该环境不适合阅读，继续执行步骤2；若适合阅读，则执行步骤4。

步骤4：距离检测模块检测眼镜架与阅读物的距离，将测得的距离值发送给主控模块。主控模块将距离值与预设距离值进行比较，判断当前是否处于阅读状态，若处于阅读状态，则增加阅读状态时间，执行步骤5；若不处于阅读状态，则执行步骤6。

步骤5：将阅读状态时间计数与时间预设值进行比较，如果超过时间预设值，则通过提醒模块提醒用户阅读超时，执行步骤4；反之则执行步骤2。

步骤6：统计非阅读时间，若达到设定的休息时间，则将阅读状态时间清零，执行步骤2。

本发明的有益效果：本发明通过检测环境的亮度，判断此时环境是否适合阅读，若亮度过高或过低，则提醒用户不适合阅读；在适合阅读的亮度条件下，若用户阅读超过一定时间，则提醒用户休息。本发明从判断照度是否合适及控制用眼时间两方面来预防近视度数加深，本发明的装置安装在眼镜架上，使用方便，不受使用场合的限制。

附图说明

图3-10是本发明装置的一实施案例的结构示意图。

图3-11是本发明装置的另一实施案例的结构示意图。

图3-12是本发明方法的一实施案例的流程图。

图3-13是本发明方法的另一实施案例的流程图。

具体实施方式

如图3-10所示，一种预防近视眼患者近视度数加深的装置，包括环境亮度检测模块、距离检测模块、主控模块和提醒模块。该装置安装在眼镜架上。

环境亮度检测模块用于检测环境亮度，将测得的亮度值传给主控模块，可选用光敏电阻或光敏二极管。

距离检测模块用于检测眼镜架到阅读物的距离，将测得距离值传给主控模块。

主控模块接收亮度值后，将亮度值与设定的适合阅读的亮度预设值进行比较，本实施案例中设定适合的照度范围为 300~350 lx，若测得的亮度值不在该范围内，则判断为不适合阅读，主控模块发送亮度不适合信号给提醒单元。若测得的亮度值在上述范围内，则判断为适合阅读。主控模块接收距离检测模块测得的距离值，将距离值与预设距离值进行比较，本实施案例中预设距离值为 5~80 cm，若测得的距离值不在该范围内，则认为当前是非阅读状态；若测得的距离值在该范围内，则认为当前是阅读状态。统计连续处于阅读状态的时间，若超过时间预设值，则发送超时阅读信号给提醒模块。

提醒模块用于接收提醒信号，并根据不同的提醒信号发出相应的提醒。提醒模块包括振动器和语音提示电路，当接收到亮度不适合信号或超时阅读信号时，振动器发生振动或语音提示电路发出语音。

如图 3-11 所示，与上述实施案例相比区别仅在于本发明的装置还包括启停模块和无线通信模块。无线通信模块与主控模块连接，用于与终端设备建立连接，将统计的阅读时间传输给终端设备。启停模块由机械开关和轻触开关串联，共同控制整个装置的开启或关闭，将机械开关和轻触开关安装在眼镜脚内侧，当眼镜脚张开角度大于 70°时接通机械开关，角度小于 70°时开关关闭。轻触开关只有接触到人脸皮肤时才能接通，只有当两个开关同时接通时，整个装置才开启，否则整个装置关闭。

结合图 3-10 和图 3-12，提出了一种预防近视眼患者近视度数加深的方法，包括以下步骤。

步骤1：将本发明的装置安装在眼镜架上，开启装置。

步骤2：环境检测模块检测当前的环境亮度，并将测得的亮度值发送给主控模块。

步骤3：主控模块将测得的亮度值与预设亮度值进行比较，判断当前亮度是否适合阅读。根据研究，一般适合阅读的照度范围为 300~350 lx，将预设亮度值设为 300~350 lx，若测得亮度值不在该范围内，则判断为不适合阅读，通过提醒模块提醒用户该环境不适合阅读，继续执行步骤2；若适合阅读，则执行步骤4。

步骤4：距离检测模块优选超声波测距仪，检测眼镜架与阅读物的距离，将测得的距离值发送给主控模块；主控模块将距离值与预设距离值进行比较，判断当前是否处于阅读状态，将预设距离值设为 5~80 cm，若测得的距离值在该数值范围内，则判断为处于阅读状态，增加阅读状态时间计数，执行步骤5；若不处于阅读状态，则执行步骤6。

步骤5：主控模块将阅读状态时间计数与时间预设值进行比较，如果超过时间预设值，则通过提醒模块提醒用户阅读超时，执行步骤4；反之则执行步骤2。

步骤6：统计非阅读时间，若达到设定的休息时间，则将阅读状态时间清零，执行步骤2。

结合图 3-11 和图 3-13，提出了一种预防近视眼患者近视度数加深的方法，包括以下步骤。

步骤1：将本发明的装置安装在眼镜架上，启停模块检测到用户佩戴眼镜架，开启装置。

步骤2：环境检测模块检测当前的环境亮度，将测得的亮度值送给主控模块。

步骤3：主控模块将测得的亮度值与预设亮度值进行比较，判断当前亮度是否适合阅读。根据研究，一般适合阅读的照度范围为 300~350 lx，将预设亮度值设为 300~350 lx，若测得的亮度值不在该范围内，则判断为不适合阅读，经提醒模块提醒用户该环境不适合阅读，继续执行步骤2；若适合阅读，则执行步骤4。

步骤 4：距离检测模块优选超声波测距仪，检测眼镜架与阅读物的距离，将测得的距离值发送给主控模块；主控模块将距离值与预设距离值进行比较，则判断当前是否处于阅读状态。将预设距离值设为 5～80 cm，若测得的距离值在该数值范围内，则判断为处于阅读状态，增加阅读状态时间计数，执行步骤 5；若不处于阅读状态，则执行步骤 6。

步骤 5：主控模块将阅读状态时间计数与时间预设值进行比较，如果超过时间预设值，则通过提醒模块提醒用户阅读超时，并通过通信模块将阅读时间计数发送给终端，执行步骤 4；反之则执行步骤 2。

步骤 6：统计非阅读时间，若达到设定的休息时间，则将阅读状态时间清零，执行步骤 2。

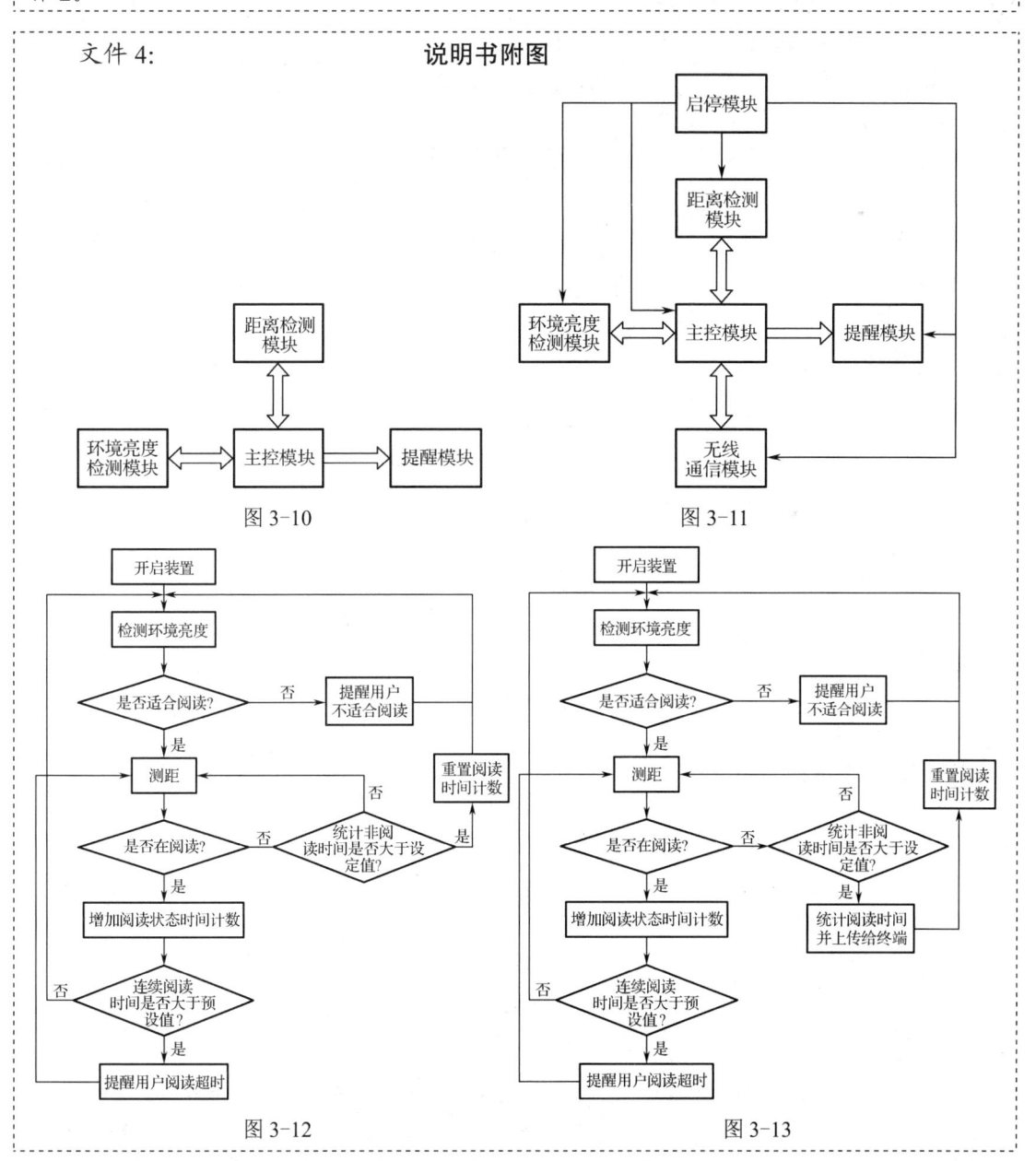

文件 4： **说明书附图**

图 3-10

图 3-11

图 3-12

图 3-13

五、检验评估

1. 思考题

（1）在 10 个"一"字中，每个字添上不超过 3 笔的笔画，变成其他不重复的 10 个字。

一、一、一、一、一、一、一、一、一、一。

（2）请写出"国"字中藏有多少个汉字？

（3）请不借助字典和其他工具在"广"字上加笔画，看能写出几个字。

（4）请不借助字典和其他工具在"口"字上、下、左、右加笔画，各写出 5 个以上的字。

（5）请不借助字典和其他工具写出以下字。

一口马、两只马、两口马、三只马、四只马、加只马、又是马、累了马、也是马、它有马、各种马。

（6）下面有 8 个成语，请找出与它们同义的另 8 个成语。

① 绘声绘色；

② 鸡犬升天；

③ 老调重弹；

④ 卷土重来；

⑤ 画蛇添足；

⑥ 江郎才尽；

⑦ 溃不成军；

⑧ 病入膏肓。

（7）分别用 8 个字描述它们的意思。

① 小而胖的人；

② 小而瘦的人；

③ 胖而白的人；

④ 高而黑的人；

⑤ 高而瘦的人；

⑥ 高而壮的人；

⑦ 胖而黑的人；

⑧ 丑而黑的人。

（8）在空格内填入适当的字，组成成语。

（　）（　）（　）一，（　）（　）（　）六，
（　）（　）（　）二，（　）（　）（　）七，
（　）（　）（　）三，（　）（　）（　）八，
（　）（　）（　）四，（　）（　）（　）九，
（　）（　）（　）五，（　）（　）（　）十。

（9）减一笔，加一笔。

原字：　　　　王　灭　旧　日　玉　大　亚　泊

减去一笔成字：

加上一笔成字：

（10）根据前后的意思在空格内填入适当的字。

① 二人一上（　），二人土上（　），一月日边（　）。

一人摆过（　），（　）是江边鸟，（　）为天下虫。

②（　）（　）茶三口白水，（　）（　）庵二个山人，王元鹅在（　）（　）（　）。

（11）打两个字。

四口同图，内口皆归外口管；五人共伞，小人全仗大人遮。

（12）甲乙丙 3 人正在卖水果，他们决定每个苹果卖同样的价钱。开始时，甲有 5 个苹果，乙有 7 个苹果，丙有 9 个苹果。可是甲乙丙最后卖的钱完全相同，为什么？（请尽可能多地说出理由。）

2. 分析题

1）有 4 个人坐在会议室的桌边开会，从左到右每个人分别是小刘、小赵、小马、小孙。请根据以下信息判断每个人的车辆种类。

（1）小刘穿着一件蓝衬衫。

（2）穿着红衬衣的人有一辆五洋车。

（3）小孙有一辆金狮车。

（4）小马旁边的人穿着绿衬衫。

（5）小赵旁边的人有一辆凤凰车。

（6）金狮车主旁边的人穿白色衬衫。

（7）永久牌车主与金狮牌车主的距离最近。

2）3 位列车工作人员与 3 位乘客分别都叫作李光明、王大纲、刘学兵（乘客姑且称先生）。根据以下条件分析谁是机械师。

（1）李光明先生家住上海。

（2）司闸员家住上海与天津之间的某地。

（3）王大刚先生每年挣 2 万元。

（4）3 位先生中有一人与司闸员家住在同一地，每年挣的钱是司闸员的 3 倍。

（5）刘学兵打台球的技术比消防员的好。

（6）与司闸员同名的那位乘客家住在天津。

3. 实训题

仔细观察手机，针对手机充电、亮度、声音、字符大小、携带、防盗等功能利用设问技法进行创新，也可依据上述功能进行拓展，如限制使用时间、禁止某类游戏等。

要求完成：

（1）详细描述你认为的手机缺陷。（需要对细节进行详细描写，字数不少于 300 字。）

（2）根据题意，说明你想解决的问题。（列举不少于 10 条。）

（3）选取其中一条，说明大致的解决方案。（至少有一个可行方案，但可以不知道某些模块的具体方案。）

（4）针对第（3）条，去查阅中国知网、中国专利信息网，认真学习别人写的专利文件，读懂其中的一个专利，并抄录下来。

创新思维与实战训练

4. 检验评估

完成评价表，如表 3-4 所示。

表 3-4 评价表

评价指标	检验说明	检验记录
检查项目	➢ 思考题 ➢ 观察题 ➢ 作图题 ➢ 判断题 ➢ 其他	
结果情况		

评价内容	检验指标	权重	自评	互评	总评
任务完成情况	1. 过程情况				
	2. 任务完成的质量				
	3. 在小组完成任务的过程中所起的作用				
专业知识	1. 能描述设问法概念				
	2. 能描述设问法的创新技法				
	3. 能找到一个使用设问法的创新案例				
	4. 会用设问法创意出一个小项目				
	5. 会写专利文件				
职业素养	1. 学习态度：积极主动参与学习				
	2. 团队合作：与小组成员一起分工合作，不影响学习进度				
	3. 现场管理：积极参与讨论				
综合评价与建议					

任务 3.2 移植法创新训练

扫一扫看本任务教学课件

扫一扫下载专利案例文件：一种汽车油箱盖未关闭提醒装置

扫一扫下载专利案例文件：一种手扶电梯急停装置

学习思维导读

项目描述	浙江省 2017 年事故统计，在浙江省高速辖区所有亡人事故中因货车低速行驶引发的交通事故占比高达 18.08%。低速行驶已经成为"隐形杀手"，给道路交通安全带来了严重的威胁。 可是，靠讲法、靠呼吁、靠自觉，是难以改变驾驶陋习的；靠交警处罚，往往由于取证难，执法成本高，效果不佳；靠高清拍照查处，往往投入成本大，短期难以奏效。 针对这些严重的交通违法事件，通过学习移植法，创新解决方案，防止类似事件发生

项目三 创新技法训练

续表

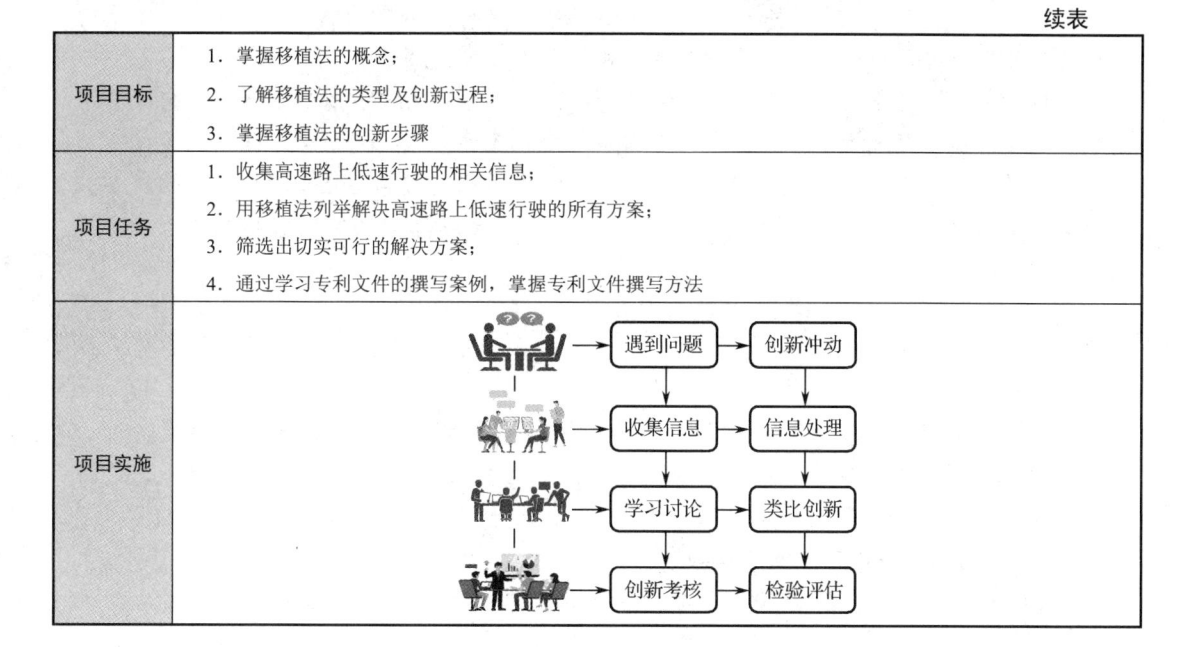

项目目标	1. 掌握移植法的概念； 2. 了解移植法的类型及创新过程； 3. 掌握移植法的创新步骤
项目任务	1. 收集高速路上低速行驶的相关信息； 2. 用移植法列举解决高速路上低速行驶的所有方案； 3. 筛选出切实可行的解决方案； 4. 通过学习专利文件的撰写案例，掌握专利文件撰写方法
项目实施	遇到问题 → 创新冲动 收集信息 → 信息处理 学习讨论 → 类比创新 创新考核 → 检验评估

一、感受问题与创新冲动

新闻场景——高速路上低速行驶的危害

高速路上低速行驶是交通法不允许的，然而，有一些驾驶员由于这样或那样的原因，在高速路上低速行驶，如图3-14所示，导致交通事故频发，给人们的生命财产带来了严重的威胁。常见的低速行驶主要分为两类：第一类是高速路上机动车行驶速度低于规定速度，容易造成后车追尾；第二类是在高速路上发生事故，没有及时撤离，也可视为低速，容易造成二次交通事故。

1. 低速行驶成为安全隐患

图3-14 高速路上低速行驶的车辆

低速行驶比超速驾驶、疲劳驾驶更容易被驾驶员忽略。不知道大家有没有感受过，前方车辆低速行驶会给后方车辆造成视觉差距，后方车辆驾驶员总觉得前方车辆是以"适当车速"行驶的，等到距离近了时刹车也来不及了。

2017年8月，在S14杭长高速路上，一辆沪D牌重型货车追尾一辆低速行驶的浙J牌照重型半挂牵引车，事故造成一人受伤一人死亡。

2017年12月，在诸永高速往温州方向，一辆轻型厢式货车追尾一辆前方低速行驶的重型半挂牵引车，导致轻型货车驾驶员当场死亡。

2018 的 7 月 17 日 16 时 20 分，G36 宁洛高速路上行线 380 千米处路段，一辆轿车追尾林某某驾车的时速低于规定的最低时速的车辆，引发交通事故。

2018 年 4 月 11 日 15 时，在距甬金高速蔡宅收费站 4 千米左右的位置，一辆大货车追尾另一辆低速行驶的大货车，导致两名司乘人员被困在车内，一名男子受伤严重。

2018 年 1 月 19 日 02 时 38 分，河南籍驾驶员李某彬驾驶的重型车辆追尾河南籍驾驶员李某林驾驶的重型半挂牵引车，造成乘车人王某锋当场死亡，驾驶人李某彬及乘车人王某新受伤。

2019 年 6 月 10 日 12 时 12 分，杨某驾驶江西牌照重型半挂车追尾了王某驾驶的重型半挂车，杨某所在牵引车的驾驶室下部被王某牵引的平板挂车整个铲断，杨某受伤严重。

事实上，由于"低速行驶"酿成的事故数不胜数，根据浙江省 2017 年事故统计分析，在浙江省高速辖区所有亡人事故中因货车低速行驶引发的占比高达 18.08%，低速行驶已经成为"隐形杀手"。

2. 未及时撤离酿成二次交通事故

2019 年 2 月 20 日 21 时 30 分，左先生驾驶越野车行驶至柳北高速路某处时，与文先生驾驶的越野车发生追尾事故，随后左先生车上两名乘客下车未及时撤离至钢护栏外的安全地带，被阿冉驾驶的越野车撞上，发生了二次交通事故，造成两名乘客 1 死 1 伤。

2019 年 7 月 14 日 9 时 45 分，两小车在楚萍路与朝阳路交叉路口发生了碰撞，人员没有及时撤离。几分钟后，一辆小车因视线盲区未能注意到路中的江某，车辆的左前角与江某发生了碰撞，致使江某倒地受伤。

2018 年 11 月 13 日 19 时 30 分，在浙江温州瓯海大道瑶溪段高架桥上，发生了一起白色轿车追尾黑色轿车的事故。驾驶员随即在车后摆放了一个三角警示牌，但人并未撤离到安全地带。18 分钟后，一辆货车途经此地，货车驾驶员反应不及，虽然立即采取变道措施，但是依然重重地撞上白色轿车的车尾右侧。轿车前方仍在事故现场逗留的两名驾驶员也被前冲的白色轿车撞飞。

公安部公布新的《道路交通事故处理程序规定》，发生事故后，驾驶员在确保安全下必须组织车上人员撤离，否则一旦发生二次事故，将加重驾驶员的事故责任。

读罢以上材料，你有何感想？除政府部门出台政策、企业加强管理外，是否还可以采取技术手段解决此类问题？

根据上述材料，完成的创新冲动表如表 3-5 所示。

表 3-5 创新冲动表

1. 详细了解问题，确定问题关键； 2. 初步思考的大致解决方案
创新冲动记录表
时间：_____ 地点：_____ 天气：_____

续表

问题描述：	

2017年8月，在S14杭长高速路上，一辆沪D牌重型货车与一辆浙J牌照重型半挂牵引车发生追尾，事故造成一人受伤一人死亡。据交警调查，事故主要原因是前车低速行驶！

2017年12月，在诸永高速，一辆厢式货车追尾一辆前方低速行驶的重型半挂牵引车，导致轻型货车驾驶员当场死亡。据调查，事故主要原因是前车低速行驶。

由于"低速行驶"酿成的事故数不胜数，根据浙江省2017年事故统计分析，在浙江省高速辖区所有亡人事故中因货车低速行驶引发的占比高达18.08%，低速行驶已经成为"隐形杀手"。

根据《中华人民共和国道路交通安全法实施条例》相关规定，驾驶机动车在高速路上正常情况下低于规定时速20%以上的，驾驶员将面临扣3分、罚款200元的处罚。然而，总有一小部分驾驶员由于超载、疲劳、车况不良等各种原因在高速路"低速行驶"，从而酿成严重交通事故。

针对高速路"低速行驶"的问题，能否找到一种比较容易的解决方法

心理状态	
自我暗示	
原因分析	随机抓拍，侥幸心理，容易逃避处罚
思维方法	应随时抓拍，严厉处罚，决不漏网
初步思考方案	智能抓拍，一个也不少

1. 说明：记录时间、地点和天气等信息，便于回忆当时的情景。
2. 思维方法：在一项问题的解决方案中，有多种思维方法。本项目的目的在于思维方法训练，可以专门针对某种思维方法进行类比训练

二、信息收集与处理

收集高速路"低速行驶"的问题，看看交通法，听听专家怎么说，听听交警怎么说，驾驶员怎么说，市民怎么说，再去查阅中国知网中期刊、会议等论文资料，查阅中国专利信息网中的资料，分门别类地整理，依据自己的生活、经验、知识，想想还有没有别的方法，并填在表3-6中。

表3-6 通过百度网、中国知网、中国专利信息网等搜寻"低速行驶"的解决方法

方法类型	解决方法	资料来源
加强教育		
抓拍		
预警		

139

续表

方法类型	解决方法	资料来源
自己思考的方法		

1. 移植法主要有_____、_____、_____等。
2. 什么是移植法？
_____
3. 移植法的特征有_____、_____、_____。
4. 如何培养移植法创新？
_____

针对高速路"低速行驶"的问题，通过中国知网、中国专利信息网等搜寻高速路"低速行驶"的解决方法，一一记录下来并思考新解决的方法。通过讨论要解决两个问题：第一个问题，有切实可行的解决方案吗？第二个问题，能否想到新的方法？有什么样的思维方法可以帮助我们找到新的解决方法。

案例1　草与锯

蜻蜓与直升机
贝壳与悉尼歌剧院
蛙眼与360度摄像头
齿轮传动与气压传动
根系与钢筋混凝土
面包与发泡塑料
缝衣与手术缝合
总结：后一种创新是由前一种现象移植而得到的。

案例2　发糕移植

发糕是由面粉加发酵加工而成的。蒸发糕时，由于发糕内部产生大量气体，发糕体积膨胀，变得松软可口。我们能不能把这种发糕发泡技术进行系列研究并开发新产品，以求创新呢？

根据移植法，可进行下列移植。

（1）移植到食品加工——面包食品。
（2）移植到喂牲口——发酵发泡饲料。
（3）移植到包装领域——发泡塑料。
（4）移植到采光材料——发泡玻璃。
（5）移植到金属——发泡金属。
（6）移植到隔热品——发泡橡胶。
（7）移植到超轻型纱布代用品——发泡树脂。
（8）移植到工业产品——发泡水泥。
（9）移植到保温、隔声——发泡海绵。

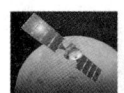

移植法是将某个学科领域中已经发现的新原理、新技术和新方法，移植、应用或渗透到其他技术领域中，用以创造新事物的创新方法。移植法也称渗透法。从思维的角度看，移植法可以说是一种侧向思维方法。

在科学研究活动中，将一个学科领域中发现的新原理或新技术，应用或移植到其他领域中，往往可以使研究者的基本思想豁然开朗，或者会成为所研究问题的关键性解决办法，这种方法在科学研究工作中叫作移植法。这种方法是科学研究中比较有效、比较简便的方法，尤其在应用科学的研究中是运用极为普遍的方法。移植法有以下几个特点。

第一，移植法与已有的理论知识相联系，体现着科学理论的方法功能。方法是理论的结晶。任何有价值的科学理论，都不仅是科学认识的结果，同时也是新的科学认识的起点和方法。移植法通过把某一研究对象的已有理论知识（包括概念、原理及其他理论分析方法等）移植到其他研究对象上，成为所研究问题的关键解法，或者引导研究者打开新的研究思路，实现科学认识由一个研究对象向另一个研究对象的过渡和转化，从而在不同领域、不同层次之间体现科学理论的方法论功能。

第二，移植法与已有的技术手段相联系，具有实践性的品格。由于移植法不仅在理论层次上包含有概念、原理等的移植，同时还包括经验层次上实验方法、技术等的移植，所以它不仅可以在认识范围内变革研究对象，还可以在实践范围内，通过新技术的发明和新技术在不同领域中的移植，实现由理论向实践的转化和飞跃，从而表现出实践性的品格。

第三，移植法与类比法相联系，具有创造性和试探性的双重特征。移植法的应用，往往要借助类比法的启示，或者直接以类比法的应用为前提。要把某一研究对象已知的东西，移植应用到有些属性尚不清楚的其他研究对象上，必须设法找出这两个看起来差异甚大的不同研究对象之间的某些共同点或相似点。在一定观察实验基础上，类比法可以满足移植法的这种要求，因为类比法能够根据两个不同对象之间某些属性的相似性，推出其他方面可能隐含的共同点或相似点。这样，通过类比的推理，把一个研究对象的某种概念、原理等应用于另一个研究对象的相似方面，正好为沟通两个研究对象，创造性地应用移植法架设了一座桥梁。但由于类比法是一种由特殊到特殊的推理方法，在推理中间难免带有某些想象、猜测的成分，使得类推的结果难免带有偶然性。这样，借助类比的启示和沟通所实现的移植，又决定了移植法在很大程度上是一种试探性的方法。创造性和试探性的统一，是移植法的一个突出特点。

1. 原理移植

原理移植是将某种原理向新的领域类推或外延。不同领域的事物总是有或多或少的相通之处，其原理的运用也可相互借用。例如，根据海豚对声波的吸收原理，创造出舰船上使用的声呐；设计师将香水喷雾器的工作原理移植到了汽车发动机化油器上。

在创新过程中，我们应该不断地学习，不断地与不同领域和行业的人沟通，不断地积累移植设计的灵感来源。当我们需要进行移植的时候，才不至于脑中空白。因此，具备了这种职业敏感性的人，积累多，在创新产品时就能将产品功能的移植演绎得恰到好处。

例如，英国外科医生李斯特，常常痛苦地看到许多动过外科手术的病人不是死于手术，而是死于手术后的化脓溃烂。这是什么原因呢？有一次，他看到法国化学家巴斯德的一个实验报告：对经过高温处理的瓶子里的肉汤，只要将其与外界严密隔离，就不会腐

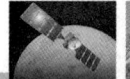

败。巴斯德的原意是要证明生命不能自发地产生，但是他的发现使李斯特在另一方面受到了启发。李斯特想，肉汤腐败，肯定是外界的腐败因子进入的缘故，而伤口化脓，不也是同样的道理吗？于是他把巴斯德的实验移植到医疗领域中，发明了外科手术的消毒法，成千上万病人的生命由此而得到了拯救。

又如，当我们把纸抽的功能移植到垃圾桶后，塑料袋变成了一个连续性的滚筒状的结构，每次装满垃圾往外提取垃圾袋时都会把下一个相邻的垃圾袋提取出来，从而方便使用。在这个创新过程中，创新者大胆地将纸抽和垃圾桶两个看似不相关的物品联系在了一起，进行了完美的移植。

电子语音合成技术最初用在贺年卡上，后来有人把它移植到门禁上，还有人把它移植到玩具上，出现会哭、会笑、会说话、会唱歌、会奏乐的玩具，当然它还可以被移植到其他方面。

2. 方法移植

方法移植是将已经有的技术、手段或解决问题的途径应用到其他新的领域。例如，美国俄勒冈州立大学体育教授威廉·德尔曼发现用传统的带有一排排小方块凹凸铁板压出来的饼不但好吃，而且很有弹性。他便仿照做饼的方法，将凹凸的小方块压制在橡胶鞋底上，穿上这样的鞋走路非常舒服。这样的鞋经过改造，发展成为今日著名的"耐克"运动鞋。

用纸造房屋，经济耐用；用塑料和玻璃纤维取代钢来制造坦克的外壳，不但减小了坦克的质量，还具有避开雷达的隐形功能。

美国发明家威斯汀豪斯为了创造一种能够使整列火车几百个轮子同时制动的装置，一直百思而不得其解。后来在一本专业杂志上偶然看到一则开凿隧道的报道，得知那里使用的凿岩机是由压缩空气驱动的。威斯汀豪斯从中得到启发，利用压缩空气的原理发明了气动刹车装置。

3. 功能移植

功能移植是将此事物的功能为其他事物所用。许多物品都有一种已为人知的主要功能，但还有其他许多功能可以开发利用。例如，美国人贾德森发明了具有开合功能的拉链，人们将其应用在衣服、箱包的开合上非常方便。武汉市第六医院张应天大夫成功地将普通衣用拉链移植到了病人的肚皮上。他在三例重症急性胰腺炎病人腹部切口装上普通衣用拉链，间隔一到二天定期拉开拉链，直接观察病灶，清除坏死组织和有害渗液，直至完全清除坏死组织后再拆除拉链、缝合切口。这一措施减少了感染并避免了多次手术。

现在有很大一部分人群喜欢亲近自然或原生态，因此有设计师直接把树干形态移植在水果架上，不仅将水果有效收纳在水果架上，还还原了水果长在树上的天然面目。当然，设计师并不止于水果架，继续进行移植，将这种天然的树干形法移植在卧室衣架上，让天然而成的造型在居室中显得更加有味道，而树干本身的多枝性也使衣架的挂物能力得到了最大限度的释放。

鲁班小时候上山砍树，不小心被茅草拉破了手。鲁班仔细观察茅草，原来草叶口上有许多排列整齐的小齿，于是他依据小齿发明了木工用的锯子。

4. 结构移植

结构移植是将某种事物的结构形式或结构特征移入另一种事物。例如，有人把滚动轴承的结构移植到机床导轨上，使常见的滑动摩擦导轨成为滚动摩擦导轨。这种导轨与普通滑动导轨相比，具有牵引力小、运动灵敏度高、定位精度高、维修方便（只需更换滚动体）等优点。

将缝衣服的线移植到手术中，出现了专用的手术线；将用在衣服鞋帽上的拉链移植到手术中，完全取代用线缝合的传统技术，"手术拉链"比针线缝合快 10 倍，且不需要拆线，大大减轻了病人的痛苦。

上海动物园也应用了移植的方法来解决资金短缺的问题。园内不少珍贵动物的食物都很匮乏，有人就移植了美国"椰菜头娃娃"销售中的方法，提出一种极富想象力却又有实施可能的构想——"珍贵动物领养证"制度，将传统的捐献活动搞得更诱人、更有艺术性也更含广告价值。例如，一头东北虎，谁能出 10 000 元就可以把这头东北虎的领养证领走；一头大象，谁出 5 000 元，就把这头大象的领养证领走，并在证上写明该领养者的名字。由于领养是一种荣誉，自然会有需求荣誉的"大款"希望能得到这种可以长久保留下来的荣誉。企业也可以借此机会制造公关效应，多方得利。

在一些公共场所需更放置很多座椅供人使用，而在非使用期时又要收纳起来以节省空间，为此将座椅的下方设计为一个可穿插式的空间，改变四条腿的常规结构，让座椅腿和座椅面结合成一体形成字母 C 形的结构，以达到多个座椅可叠加起来节省空间的目的。有人将这种结构移植到超市购物车上，将这种购物车的储物体的背面设计为一个可活动的挡板，即为通体的结构，可以将这种购物车一辆穿过一辆，形成叠加状态，以此来节省空间。

三、案例分析

案例 1 秘密的上油方法

板加温后可用来轧制钢管，轧制完成后，需要在冷却前在钢管内壁涂上一层均匀的润滑油。这个涂油工作看起来似乎比较简单，但实现起来比较复杂。需要设计制造一台专用的可移动机器进入钢管内，完成涂油工作。由于在管内壁作业，是非平面涂油，所以涂油的速度比较慢，导致整个轧制生产的速度下降，影响生产效率。

有人借用双面胶带的方法，制作一种上面涂好润滑油的纸带，直接贴到钢板上，纸会在高温下燃烧，剩下的只有润滑油了。这个纸带作为一次性用品，起到均匀分配润滑油的作用。

案例 2 沙丘与稳定器

中国工程热物理及流体力学专家高歌，1968—1978 年，在青海沙漠地区工作。沙漠里有月牙形的沙丘，它有一个很奇怪的特性，无论风多大，这个沙丘依然保持着它原有的月牙形状。高歌把这个沙丘保持稳定的这种特性用流体学的角度解开了，然后把这个原理移植到了飞机发动机的火箭稳定器上，这样就获得了比较好的效果。

案例 3 姓氏杯

瓷制水杯是一种历史悠久的用品，一点也不新鲜。有家瓷厂决定将精神、文化引入其中，以博取人心，占有市场。他们思维目标明确，思路逐渐集中。注目各种大型社会群体，努力形成强大的消费冲击力。就这样，他们想到将姓氏移植到水杯上，生产姓氏水杯。他们的想法是，中国人重视血统，姓氏代代相传，同姓氏者称"500 年前是一家"，具有浓重的姓氏情结。因此，在水杯上冠以姓氏，必能唤起人们的姓氏归属心理。果然，水杯一上货架，消费者纷纷对号入座，买回属于自己的杯子。尽管单价由原来的 2 元提高到了 7 元，人们仍踊跃购买。

案例 4　出售水声发大财

美国穷困潦倒的失业者弗勒克经历 8 个月的周游，突发奇想：将自然界的有些东西移植到喧嚣的城市中，如果出售大自然的各种水声录音带，必能发财。

他到中南美洲，到巴拿马运河、亚马逊河以及南美热带雨林，用立体声录音机录下许多小溪、瀑布、河流和雨林的各种水声。然后，回到城里复制成录音带高价出售。结果，购买者如潮而至，生意十分兴隆。

后来，弗勒克聘用技艺高超的录音、录像师到澳洲、欧洲、东南亚等地，实地拍摄、录制"水声风光疗法"录像带。

良好的休闲、疗养、治疗效果使弗勒克的水声录音带、录像带受到市场的欢迎。他也因此财源滚滚，成为亿万富翁。

案例 5　深圳旅游项目设置

相传，有人发现荷兰"小人国"旅游项目很好，它的市场是国界分割严重的欧洲，时间紧张的游人可以在这里一眼看完欧洲的风土人情。时值中国改革开放初期，不难发现深圳是中外游人集中的地方，中国人到这里学习改革开放，外国人到这里看一看中国。中国各地当时分为少数开放地区和多数不开放地区，外国人无法去的不开放地区，即便是中国人，大多数也很少有机会去到全中国旅游。所以，中国当时的旅游市场环境类似欧洲。深圳旅游公司就把荷兰的"小人国"项目原理移植到了深圳，结合深圳当地的实际情况，建成了"中华民俗村""锦绣中华"大型旅游项目。他们又利用中国的政策，把该项目办成"爱国主义教育基地"——门票可以由单位报销，项目效益自然可观……中国的主题公园旅游开发就是从深圳这两个项目开始的。荷兰"小人国"项目的市场环境与"深圳民俗村""锦绣中华"市场环境具有结构相似性，都具有广阔的、分隔着的、差异化的腹地，这是有效移植的基础。

案例 6　火烧赤壁

话说曹操引 83 万大军陈兵长江北岸，欲征讨东吴。面对强敌，东吴联合刘备，决定决一死战。他们深知与曹军实力相差悬殊，硬拼不行，须出奇取胜。周瑜与诸葛亮两人一同出谋划策，同时在手心上写出个"火"字，意思是须用火攻。这个火攻之计是曹操万万没有预料到的，因为曹操当年就是一把火烧掉了强敌袁绍的屯粮之地乌巢，而扭转了不利的战局，现在孙刘联军也是用移植法对曹操用火攻。在战争中学习战争，在竞争中学习对手，曹操的陆上火攻之计被周瑜与诸葛亮移植到了水上。

案例 7　充气太阳灶

太阳能对人们极有吸引力，但目前的太阳灶造价高，工艺复杂，又笨重（50 千克左右），调节也麻烦，野外工作和旅游时携带就不方便了。上海的连鑫等同学在调查研究的基础上，把充气玩具的技术、日常商品商标的不干胶贴片、凸透镜似的抛物面结构，移植到新的太阳灶上来，简化太阳灶的制作工艺，减小质量，减少材料消耗，降低成本，获取最大的功率。他们首先把两片圆形塑料薄膜边缘黏结，充气后就膨胀成一个抛物面，再在反光面上贴上真空镀铝涤纶不干胶片。用打气筒向内打气，改变里面气体压强，随着不断打气，上面一层透明膜逐渐向上凸起，反光面逐渐向下凹，可以达到自动会聚反射光线的目的。

案例8　富田惠子与"花罐头"

日本有一个叫富田惠子的家庭主妇，有一次她为一位去欧洲度假的朋友代养了几盆花。由于缺乏养花的经验，施肥、浇水不得法，使很好的几盆花全都被糟蹋了。这事使她常常思考：如何能使不会养花者也可以把花养好呢？有一天，她头脑里突然冒出了一个想法：可以把泥土、花种和肥料装在一个罐里，像食品罐头那样，搞一种"花罐头"。人们买了这种花罐头，要想养花时，只要打开罐头盖，每天浇点水，就能开出各种鲜艳的花朵了。这样花养起来十分简便，任何人都会。花罐头很快便成了销路很好的热门货。

其实，富田惠子头脑里突然出现研制花罐头的想法，不是她采取了什么措施有意识地诱发出来的，而是采用移植法得到的。

案例9　润滑剂的发明

一个人踩到丢弃在路上的香蕉皮时可能会滑倒，为什么呢？有人用显微镜加以观察，发现香蕉皮由几百个薄层构成，层与层间可以滑动。据此，有人推断，采用移植法，如果能找到类似结构，就可由此发现性能优异的润滑剂。在对许许多多的物质进行研究后，人们终于发现二硫化钼和石墨的结构类似于香蕉皮的结构。而石墨早已被用作润滑剂，那么，二硫化钼应该也能做成润滑剂，因为，它具有极薄的层结构，厚度为 0.1 微米，仅为香蕉皮层厚的二百万分之一，其易滑性相当于香蕉皮的二百万倍，它的熔点高达 1 800 ℃，是一种良好的耐热性润滑剂。

案例10　巧移"钟王"

明朝时有一口大钟沉到了西直门外万寿寺前面长河（就是动物园和北京展览馆后面的那条河）的河底。清朝皇帝朱棣得知此事后，下令将这口钟打捞上来，并挪动到觉生寺（现在的大钟寺），然后再修建一个大楼来悬挂这口大钟。好不容易将大钟从河底打捞上岸。但要把这 8 万多斤重的大钟，挪动到五六里以外的觉生寺去，谁也想不出一个可行的办法来。钟是夏天捞出来的，到秋天还没有人想出主意，直到冬天看到有小朋友在滑冰时，轻轻一推就推过去了。坐在旁边的一个平时很少说话的小工匠突然说，何不用冰"移植"一下，即从万寿寺到觉生寺，挖一条浅河，放进一二尺深的水，河里的水结冰后，不用费多大力气便能将大钟从冰上移动到了觉生寺。

案例11　串联稳压电路的设计

当输入电压或输出负载发生变化时，往往使输出电压不稳定，早期采用可变电位器进行监测与调控，手动控制电源，如图 3-15 所示。习惯思维下只能用可变电位器，而有人想到移植一个取样电路和比较电路，于是就产生了自动控制的稳压电源，如图 3-16 所示。

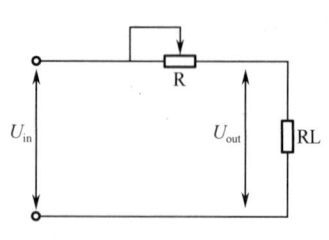

图 3-15　手动控制电源

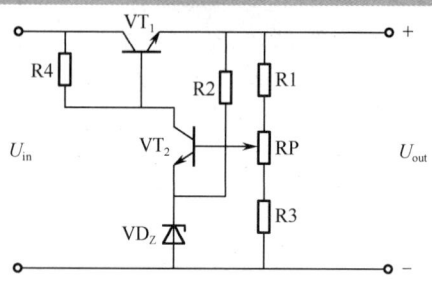

图 3-16　自动控制的稳压电源

扫一扫下载专利案例文件：一种高速路上的低速车辆预警装置、预警系统和预警方法

四、创新实施

1．创建计划书

制订高速路上低速车辆预警装置的创新计划，如表 3-7 所示。

表 3-7　制订高速路上的低速车辆预警装置的创新计划

有些驾驶员由于超载，或疲劳，或车况不良，在高速路上低速行驶，给公共交通安全带来了很大的隐患。为此，需要设计一种产品来防止此类事故发生。 通过学习移植创新方法，可移植其他可行的功能到我们设计的产品中。在日常生活中，骑自行车上下班，当前面有行人，需要提醒他时我们用铃声以警示对方，把这一原理移植到高速路上的汽车中，当车速较慢时，将车速发给后面的车辆，警示他们，前方的车辆速度较慢，请注意避让		
1．高速路"低速行驶"特征描述	低于规定速度或停车	
	不易抓拍	
2．高速路"低速行驶"的解决方法	教育与处罚	
	抓拍	
	预警	创新方法
3．技术管理方法描述	1．抓拍 控制手段有_____ 2．预警 控制手段有_____	
4．解决方案描述	预警方法，及时发现低速行驶的车辆，对低速行驶的车辆告之违规，对后方车辆进行预警，防止追尾	
5．高速路"低速行驶"设计	1．设计速度传感器，采集车辆速度；设计位置传感器，采集车辆位置； 2．检测到的低速车辆的速度与位置信息发送给管理中心； 3．管理中心通知相应车辆预警。 结论：方便使用	
6．自我评价	1．列出你的所有方案。 2．找出一种或多种可实现的方案。 3．说说用到了哪种移植法。	

2. 撰写专利文件的案例

针对创新计划书，通过分析与比较，依据现有技术的不足，本发明所要解决的技术问题是提供一种高速路上的低速车辆预警装置、预警系统和预警方法，能快速发现高速路上的低速车辆并进行预警，防止发生交通事故。

文件1:　　　　　　　　　　　**说明书摘要**

本发明涉及智能交通领域，尤其涉及提供一种高速路上的低速车辆预警装置、预警系统和预警方法，所述预警步骤为：预警装置发送车辆GPS信号至高速路管理平台，高速路管理平台按高速路线对车辆进行分类，形成车辆分类信息；预警装置采集当前车辆的即时速度和GPS信号，形成低速车辆信息并发送至高速路管理平台；高速路管理平台接收低速车辆信息，并根据车辆分类信息将低速车辆信息发送至对应高速路线上的正常行驶车辆；正常行驶车辆接收高速路管理平台发送的低速车辆信息，形成预警信息并预警；本发明可提醒驾驶员周边车辆的行驶状况，有效防止车辆追尾和发生二次交通事故。

文件2:　　　　　　　　　　　**权利要求书**

1. 一种高速路上的低速车辆预警装置，其特征在于：该预警装置（1）安装于车辆上，采用车载电源供电，所述预警装置（1）包括通信模块（103）、数据采集模块（102）、处理模块（101）和预警模块（104）；所述通信模块（103）、数据采集模块（102）和预警模块（104）均连接于所述处理模块（101）。

所述数据采集模块（102）包括速度采集模块和GPS信号采集模块。

所述处理模块（101）用于预设速度阈值和时间阈值，并与当前车辆的即时速度和GPS信号进行对比形成低速车辆信息；用于接收低速车辆信息并获取其相对位置，形成预警信息。

所述通信模块（103），用于接收低速车辆信息，并将低速车辆信息输出至远程的高速路管理平台（2）；用于接收远程的高速路管理平台（2）发出的低速车辆信息并传输给处理模块（101）。

所述预警模块（104）根据预警信息进行预警。

2. 根据权利要求1所述的一种高速路上的低速车辆预警装置，其特征在于：所述速度采集模块为测速表，所述GPS信号采集模块为GPS定位器。

3. 根据权利要求1所述的一种高速路上的低速车辆预警装置，其特征在于：所述处理模块（101）为单片机，型号为89C51。

4. 根据权利要求1所述的一种高速路上的低速车辆预警装置，其特征在于：所述通信模块（103）为采用4G网络进行通信的4G通信模块。

5. 根据权利要求1所述的一种高速路上的低速车辆预警装置，其特征在于：所述预警模块（104）为显示屏或扬声器。

6. 一种高速路上的低速车辆预警系统，其特征在于：其包括高速路管理平台（2）和权利要求1~5任一项所述的预警装置（1）。

所述高速路管理平台（2）包括数据处理中心（201）和连接于数据处理中心（201）的通信单元（202），所述通信单元（202）用于与所述预警装置（1）的通信模块（103）

之间的通信，所述数据处理中心（201）用于根据车辆的 GPS 信号获取车辆位置信息按高速路线对车辆进行分类，形成车辆分类信息；用于接收低速车辆信息，并根据车辆分类信息将低速车辆信息发送至对应高速路线上的正常行驶车辆。

7. 根据权利要求 6 所述的高速路上的低速车辆预警系统，其特征在于：所述通信单元（202）与通信模块（103）的信号传输方式相同。

8. 一种高速路上的低速车辆预警方法，其特征在于，使用如权利要求 6 或 7 所述的预警系统，所述预警方法步骤如下。

步骤 1：GPS 信号采集模块实时采集车辆的 GPS 信号获取车辆位置信息，并通过通信模块（103）发送至数据处理中心（201），数据处理中心（201）根据车辆位置信息按高速路线对车辆进行分类，形成车辆分类信息。

步骤 2：预警装置（1）采集当前车辆的即时速度，结合 GPS 信号采集模块采集的车辆 GPS 信号形成低速车辆信息，并发送至高速路管理平台（2），具体步骤如下。

步骤 2.1：用户给处理模块（101）预设速度阈值和时间阈值。

步骤 2.2：速度采集模块采集当前车辆的即时速度。

步骤 2.3：处理模块（101）根据速度阈值、时间阈值、当前车辆的即时速度和 GPS 信号产生低速车辆信息，具体为处理模块（101）判断当前的即时速度是否低于预设的速度阈值，若当前的即时速度低于预设的速度阈值，开始时间计数；若计数时间大于预设的时间阈值，当前车辆的即时速度和 GPS 信号形成低速车辆信息。

步骤 2.4：通信模块（103）发送低速车辆信息至高速路管理平台（2）。

步骤 3：高速路管理平台（2）的通信单元（202）接收低速车辆信息，数据处理中心（201）根据车辆分类信息和低速车辆信息获取低速车辆对应的该条高速路线上的正常行驶车辆的位置信息，通过通信单元（202）将低速车辆信息发送至该条高速路线上的正常行驶车辆。

步骤 4：正常行驶车辆的预警装置（1）接收高速路管理平台（2）发送的低速车辆信息，形成预警信息并预警，具体步骤如下。

步骤 4.1：正常行驶车辆的通信模块（103）接收高速路管理平台（2）的通信单元（202）发送的低速车辆信息。

步骤 4.2：正常行驶车辆的处理模块（101）调用自身车辆的 GPS 信号与低速车辆信息进行对比，获取自身车辆和低速行驶车辆的相对位置，形成预警信息。

步骤 4.3：正常行驶车辆的预警模块（104）根据预警信息进行预警。

9. 根据权利要求 8 所述的高速路上的低速车辆预警方法，其特征在于，所述预警方法的步骤还包括

步骤 5：若车辆驶离高速路，高速路管理平台（2）的数据处理中心（201）删除该车辆位置信息。

文件 3： 说明书

一种高速路上的低速车辆预警装置、预警系统和预警方法。

技术领域

本发明涉及智能交通领域，尤其涉及一种高速路上的低速车辆预警装置、预警系统

和预警方法。

背景技术

随着我国高速路里程的不断增加，高速出行与货物运输成为首选，与此同时，由于高速路车辆多、速度快，交通事故的数量日益增加，尽管交管部门采取了很多有效的措施，但交通安全面临的形势依然严峻。有数据显示，2011 年，我国有 54 089 人死于高速路车祸，通过对近年高速路发生的涉及人员死亡的交通事故进行分析，40.3%因追尾相撞导致，21.9%为碰撞重固定物或静止车辆导致，由此可以看出，在高速路上低速行驶、违法占道和二次交通事故占到了人员死亡事故的 60%。因此，及时判断前方车辆的速度与位置是防止发生交通事故的有效途径之一。

发明内容

本发明的目的是提供一种高速路上的低速车辆预警装置、预警系统和预警方法，提醒驾驶员周边车辆的行驶状况，有效防止车辆追尾和发生二次交通事故。

为解决以上技术问题，本发明的技术方案为：提供一种高速路上的低速车辆预警装置，其特征在于，所述预警装置安装于车辆上，采用车载电源供电，所述预警装置包括通信模块、数据采集模块、处理模块和预警模块；所述通信模块、数据采集模块和预警模块均连接于所述处理模块；所述数据采集模块包括速度采集模块和 GPS 信号采集模块；所述处理模块用于预设速度阈值和时间阈值，并与当前车辆的即时速度和 GPS 信号进行对比形成低速车辆信息；用于接收低速车辆信息并获取相对位置，形成预警信息；所述通信模块，用于接收低速车辆信息，并将低速车辆信息输出至远程的高速路管理平台；用于接收远程的高速路管理平台发出的低速车辆信息并传输给处理模块；所述预警模块根据预警信息进行预警。

按以上方案，所述速度采集模块为测速表；所述 GPS 信号采集模块为 GPS 定位器；所述速度采集模块用于采集车辆的即时速度；所述 GPS 信号采集模块用于采集车辆的 GPS 信号实时获取车辆的位置信息，实时性好、定位精度高。

按以上方案，所述处理模块为单片机，型号为 89C51。

按以上方案，所述通信模块为采用 4G 网络进行通信的 4G 通信模块；4G 通信模块同时传送声音及数据信息，速度快、实时性高。

按以上方案，所述预警模块为显示屏或扬声器；用户可根据自身需求进行自主选择，适用性强。

一种高速路上的低速车辆预警系统，其特征在于：其包括高速路管理平台和安装于车辆的预警装置；所述预警装置包括通信模块、数据采集模块、处理模块和预警模块；所述通信模块、数据采集模块和预警模块均连接于所述处理模块；所述数据采集模块包括速度采集模块和 GPS 信号采集模块；所述处理模块用于预设速度阈值和时间阈值，并与当前车辆的即时速度和 GPS 信号进行对比形成低速车辆信息；用于接收低速车辆信息并获取相对位置，形成预警信息；所述通信模块，用于接收低速车辆信息，并将低速车辆信息输出至高速路管理平台；用于接收高速路管理平台发出的低速车辆信息并传输给处理模块；所述预警模块根据预警信息进行预警；所述高速路管理平台包括数据处理中心和连接于数据处理中心的通信单元，所述通信单元用于与所述预警装置的通信模块之间的通信，所述数据处理中心用于根据车辆的 GPS 信号获取车辆位置信息按高速路线对车辆进行分类，形成车辆分类信息；用于接收低速车辆信息，并根据车辆分类信息将低速车辆信息发送至对应高速路线上的正常行驶车辆。

按以上方案，所述通信单元与通信模块的信号传输方式相同，信号传输的同步性好。

一种高速路上的低速车辆预警方法，其特征在于，使用如权利要求 6 或 7 所述的预警系统，所述预警方法步骤如下。

步骤 1：GPS 信号采集模块实时采集车辆的 GPS 信号获取车辆位置信息，并通过通信模块发送至数据处理中心，数据处理中心根据车辆位置信息按高速路线对车辆进行分类，形成车辆分类信息。

步骤 2：预警装置采集当前车辆的即时速度，结合 GPS 信号采集模块采集的车辆 GPS 信号形成低速车辆信息，并发送至高速路管理平台，具体步骤如下。

步骤 2.1：用户给处理模块预设速度阈值和时间阈值。

步骤 2.2：速度采集模块采集当前车辆的即时速度。

步骤 2.3：处理模块根据速度阈值、时间阈值、当前车辆的即时速度和 GPS 信号产生低速车辆信息，具体为处理模块判断当前的即时速度是否低于预设的速度阈值，若当前的即时速度低于预设的速度阈值，开始时间计数；若计数时间大于预设的时间阈值，当前车辆的即时速度和 GPS 信号形成低速车辆信息。

步骤 2.4：通信模块发送低速车辆信息至高速路管理平台。

步骤 3：高速路管理平台的通信单元接收低速车辆信息，数据处理中心根据车辆分类信息和低速车辆信息获取低速车辆对应高速路线上的正常行驶车辆的位置信息，通过通信单元将低速车辆信息发送至该条高速路线上的正常行驶车辆。

步骤 4：正常行驶车辆的预警装置接收高速路管理平台发送的低速车辆信息，形成预警信息并预警，具体步骤如下。

步骤 4.1：正常行驶车辆的通信模块接收高速路管理平台的通信单元发送的低速车辆信息。

步骤 4.2：正常行驶车辆的处理模块调用自身车辆的 GPS 信号与低速车辆信息进行对比，获取自身车辆和低速行驶车辆的相对位置，形成预警信息。

步骤 4.3：正常行驶车辆的预警模块根据预警信息进行预警。

按以上方案，所述预警方法的步骤还包括

步骤 5：若车辆驶离高速路，高速路管理平台的数据处理中心删除该车辆位置信息。

本发明具有如下有益效果：本发明的预警系统包括高速路管理平台和预警装置，预警装置安装于车辆上，为车载的预警装置，实现高速路管理平台和车载预警装置之间的信息传输，方便实现；车载预警装置将车辆运行情况发送给高速路管理平台，实现高速路数据共享，提高数据的利用率，实时对高速路车辆的状态信息及位置信息进行采集处理，安全性强，车载预警装置为车载装置，使高速路管理平台的监控范围更广，可靠性强；本发明的预警方法中，数据采集模块采集到当前车辆的即时速度发送至处理模块，与处理模块中的预设速度阈值比较，若低于速度阈值就开始时间计数，若计数时间大于预设时间阈值，就上传即时速度和 GPS 信号至高速路管理平台，高速路管理平台根据车辆分类信息将低速车辆信息分类发送给对应高速路上行驶的车辆，该条高速路上行驶的车辆收到该信息后，调用自己车辆的 GPS 数据与收到低速行驶车辆的数据进行比较，统计出自己车辆与低速行驶车辆的相对位置，同时显示低速车辆的速度，进行预警；本发明预警方法中，车辆根据其实时位置按照高速路线被分类，低速行驶车辆的低速车辆信息被上传后，对应高速路线上接收高速路管理平台发送的低速车辆信息，针对性强；低速车辆信息被实时传输至正常行驶车辆后进行预警，驾驶员根据预警信息可针对可能发生的突发状况，获取周边路况，分析判断是否有车辆低速行驶，使驾驶员可以提前避让或采取措施从而及时反应，有效防止车辆追尾和发生二次交通事故，降低车祸发生概率。

附图说明

图 3-17 为本发明实施例中预警装置的整体结构示意图。

图 3-18 为本发明实施例中预警系统的整体结构示意图。

图 3-19 为本发明实施例中形成低速车辆信息的步骤流程图。

附图标记：1 为预警装置；101 为处理模块；102 为数据采集模块；103 为通信模块；104 为预警模块；2 为高速路管理平台；201 为数据处理中心；202 为通信单元。

具体实施方式

为了使本发明的目的、技术方案及优点更加清楚明白，下面结合附图和具体实施例对本发明做进一步详细说明。

参阅图 3-17~图 3-19，本实施例提供了一种高速路上的低速车辆预警装置和预警系统，所述预警系统包括高速路管理平台 2 和预警装置 1。

预警装置 1 安装于车辆上，为车载预警装置，采用车载电源供电。所述预警装置 1 用于采集当前车辆的即时速度和 GPS 信号，形成低速车辆信息并发送至高速路管理平台 2，用于接收高速路管理平台 2 发送的低速车辆信息，形成预警信息并预警，其具体包括通信模块 103、数据采集模块 102、处理模块 101 和预警模块 104。所述通信模块 103、数据采集模块 102 和预警模块 104 均连接于所述处理模块 101。

数据采集模块 102 包括速度采集模块和 GPS 信号采集模块，速度采集模块用于采集车辆的即时速度，GPS 信号采集模块用于采集车辆的 GPS 信号。

处理模块 101 用于预设速度阈值和时间阈值，并与当前车辆的即时速度和 GPS 信号进行对比，判断当前车辆的即时速度是否低于预设的速度阈值，若当前的即时速度低于预设的速度阈值，开始时间计数，若计数时间大于预设的时间阈值，当前车辆的即时速度和 GPS 信号形成低速车辆信息；用于调用正常行驶车辆的 GPS 信号与低速车辆信息进行对比，分析正常行驶车辆和低速行驶车辆的相对位置，形成预警信息；用于接收低速车辆信息并获取相对位置，形成预警信息。

通信模块 103，用于接收低速车辆信息，并将低速车辆信息输出至远程的高速路管理平台 2；用于接收远程的高速路管理平台 2 发出的低速车辆信息并传输给处理模块 101。

预警模块 104，用于正常行驶车辆根据预警信息进行预警。

本实施例中，速度采集模块为测速表，GPS 信号采集模块为 GPS 定位器；处理模块 101 为单片机，型号为 89C51；通信模块 103 为采用 4G 网络进行通信的 4G 通信模块；预警模块 104 为显示屏或扬声器。

高速路管理平台 2 包括数据处理中心 201 和连接于数据处理中心 201 的通信单元 202，所述通信单元 202 用于与所述预警装置 1 的通信模块 103 进行通信，所述数据处理中心 201 用于根据车辆的 GPS 信号获取车辆位置信息按高速路线对车辆进行分类，形成车辆分类信息；用于接收低速车辆信息，并根据车辆分类信息将低速车辆信息发送至对应高速路线上的正常行驶车辆；通信单元 202 与预警装置 1 的通信模块 103 的信号传输方式相同。

本实施例还提供一种高速路上的低速车辆预警方法，使用上述的预警系统，其步骤如下。

步骤 1：GPS 信号采集模块实时采集车辆的 GPS 信号获取车辆位置信息，并通过通信模块 103 发送至数据处理中心 201，数据处理中心 201 根据车辆位置信息按高速路线对车辆进行分类，形成车辆分类信息。

步骤 2：预警装置 1 采集当前车辆的即时速度，结合 GPS 信号采集模块采集的车辆 GPS 信号形成低速车辆信息，并发送至高速路管理平台 2，具体步骤如下。

步骤 2.1：用户给处理模块 101 预设速度阈值 V_1 和时间阈值 T_1。

步骤 2.2：速度采集模块采集当前车辆的即时速度 V。

步骤 2.3：处理模块 101 根据速度阈值 V_1、时间阈值 T_1、当前车辆的即时速度 V 和 GPS 信号产生低速车辆信息，具体为处理模块 101 判断当前的即时速度 V 是否低于预设的速度阈值 V_1，若当前的即时速度 V 低于预设的速度阈值 V_1，开始时间计数；若计数时间 T 大于预设的时间阈值 T_1，判定当前车辆为低速行驶车辆，当前车辆的即时速度 V 和 GPS 信号形成低速车辆信息。

步骤 2.4：通信模块 103 发送低速行驶车辆的低速车辆信息至高速路管理平台 2。

步骤 3：高速路管理平台 2 的通信单元 202 接收低速车辆信息，数据处理中心 201 根据车辆分类信息和低速车辆信息获取低速车辆对应的该条高速路线上的正常行驶车辆的位置信息，通过通信单元 202 将低速车辆信息发送至该条高速路线上的正常行驶车辆。

步骤 4：正常行驶车辆的预警装置 1 接收高速路管理平台 2 发送的低速车辆信息，形成预警信息并预警，具体步骤如下。

步骤 4.1：正常行驶车辆的通信模块 103 接收高速路管理平台 2 的通信单元 202 发送的低速车辆信息。

步骤 4.2：正常行驶车辆的处理模块 101 调用自身车辆的 GPS 信号采集模块，采集自身车辆和低速行驶车辆的相对位置及低速行驶车辆的即时速度 V 形成预警信息。

步骤 4.3：正常行驶车辆的预警模块 104 根据预警信息以显示或广播的方式对驾驶员进行预警。

步骤 5：若低速行驶车辆驶离高速路，高速路管理平台 2 的数据处理中心 201 删除该车辆位置信息。

以上内容是结合具体的实施方式对本发明所做的进一步详细说明，不能认定本发明的具体实施只局限于这些说明。对本发明所属技术领域的普通技术人员来说，在不脱离本发明构思的前提下，还可以做出若干简单推演或替换，都应当视为属于本发明的保护范围。

文件4: 说明书附图

步骤1：数据处理中心根据GPS信号采集模块采集的GPS信号获取车辆位置信息，并根据车辆位置信息按高速路线对车辆进行分类，形成车辆分类信息

步骤2：预警装置采集车辆即时速度，形成低速车辆信息并发送至高速路管理平台

步骤2.1：用户给处理模块设置速度阈值和时间阈值

步骤2.2：速度采集模块采集当前车辆的即时速度

步骤2.3：处理模块根据速度阈值、时间阈值、当前车辆的即时速度和GPS信号生成低速车辆信息

步骤2.4：通信模块发送低速车辆信息至高速路管理平台

步骤3：高速路管理平台的通信单元接收低速车辆信息，数据处理中心根据车辆分类信息和低速车辆信息获取该条高速路线上正常行驶车辆的位置信息，通信单元发送低速车辆信息至正常行驶车辆

步骤4：正常行驶车辆接收高速路管理平台发送的低速车辆信息，形成预警信息并预警

步骤4.1：正常行驶车辆的通信模块接收高速路管理平台发送的低速车辆信息

步骤4.2：正常行驶车辆调用自身车辆的GPS信号采集模块，采集自身车辆和低速行驶车辆的相对位置及低速行驶车辆的即时速度，形成预警信息

步骤4.3：正常行驶车辆的预警模块根据预警信息进行预警

步骤5：若低速行驶车辆驶离高速路，高速路管理平台删除该车辆位置信息

图 3-17

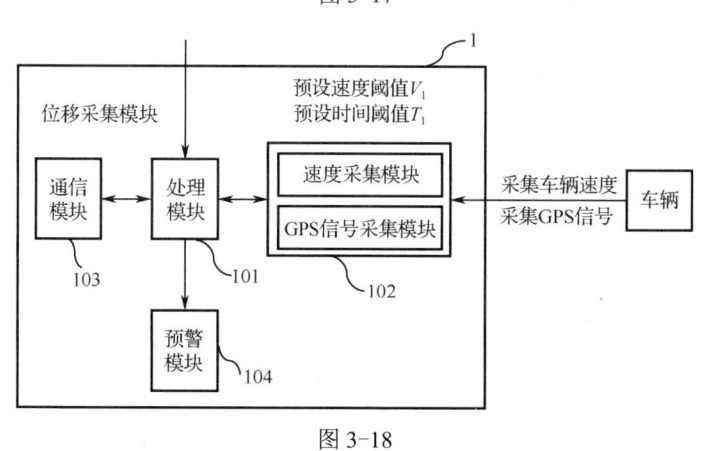

图 3-18

图 3-19

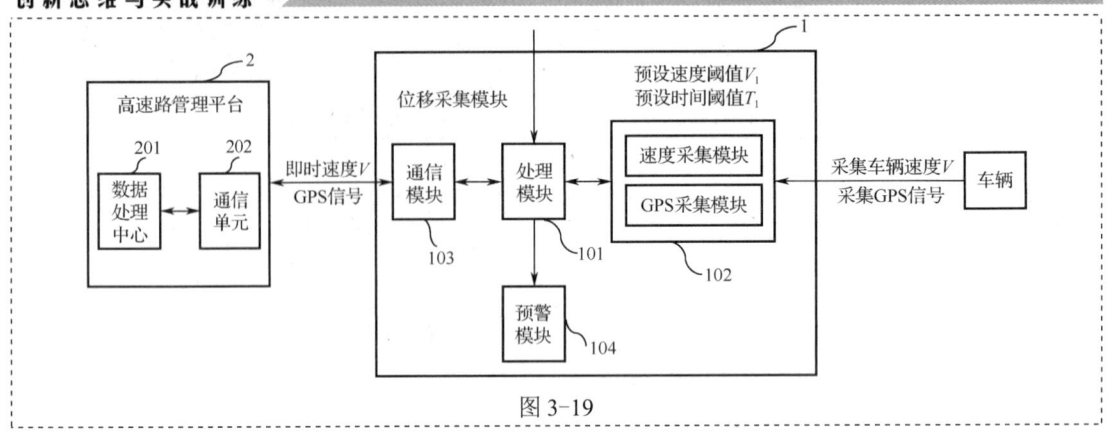

五、检验评估

1. 思考题

（1）试用移植法解决自行车防盗问题。

（2）对汽车进行原理移植，对方便面进行方法移植，对生命进行功能移植。

（3）以下列信息为出发点写出移植链。

轧路机—黑板；粉笔—原子弹；足球—讲台。

（4）借助于移植，进行创新设想：高楼大厦、电视、打火机。

2. 实训题

仔细观察食堂就餐情况，针对点餐、收费、送餐、收餐具、洗餐具等项目，寻找创新项目，也可扩展到食材监控、餐具卫生监控，甚至切菜机、炒菜机等自动化设备。

要求完成：

（1）详细描述食堂点餐、收费、送餐、收餐具、洗餐等动作，并列举出其缺陷。（需要对细节进行详细描写，不少于 300 字。）

（2）根据题意，说明你想解决的问题。（列举不少于 10 条。）

（3）选取其中一条，说明大致的解决方案。（至少有一个可行方案，但可以不知道某些模块的具体方案。）

（4）针对第（3）条，查阅中国知网、中国专利信息网，认真学习别人的专利文件，去读懂其中一个专利，并抄录下来。

3. 完成评价表

完成评价表如表 3-8 所示。

表 3-8　评价表

评价指标	检验说明	检验记录
检查项目	1. 观察题 2. 作图题 3. 判断题 4. 其他	
结果情况		

项目三　创新技法训练

续表

评价内容	检验指标	权重	自评	互评	总评
任务完成情况	1. 过程情况				
	2. 任务完成的质量				
	3. 在小组完成任务的过程中所起的作用				
专业知识	1. 能描述移植法概念				
	2. 能描述移植法特征				
	3. 能找到一个用移植法创新的案例				
	4. 能用移植法去创新一个小项目				
	5. 会写专利文件				
职业素养	1. 学习态度：积极主动参与学习				
	2. 团队合作：与小组成员一起分工合作，不影响学习进度				
	3. 现场管理：积极参与讨论				
综合评价与建议					

任务 3.3　组合法创新训练

扫一扫看本任务教学课件

扫一扫下载专利案例文件：一种移植树木状态监测系统

扫一扫下载专利案例文件：一种雨具寄存柜

学习思维导读

项目描述	上海市食品药品监督管理局抽检全市餐具，发现大饭店逾两成细菌超标，小饭店更有四成卫生不合格。在抽检的 895 件餐具中，215 件不合格，合格率为 76%。推广到全国的餐饮行业，有很多餐具的卫生不合格，严重地威胁了人们的生命安全。 这些餐具的卫生状况给人们带来一种无形的恐惧。通过学习组合创新的方法，了解组合创新法的创新过程，同时也学习如何利组合创新法创新一种消除餐具潜在风险的产品
项目目标	1. 掌握组合法的概念； 2. 了解组合法的类型及创新过程； 3. 掌握组合法的创新步骤
项目任务	1. 收集餐具洁净度的相关信息； 2. 用组合法列举出解决餐具洁净度问题的所有方案； 3. 筛选出切实可行的解决方案； 4. 通过学习专利文件的撰写案例，掌握专利文件撰写方法
项目实施	遇到问题 → 创新冲动 收集信息 → 信息处理 学习讨论 → 类比创新 创新考核 → 检验评估

155

一、感受问题与创新冲动

新闻场景——不洁碗筷成为健康的隐形杀手

2017 年 8 月，上海市食品药品监督管理局对全市的餐具进行了抽检，在抽检的 895 件餐具中，有 215 件不合格，合格率仅为 76%。其中，大型餐饮单位合格率为 94.7%，企事业单位食堂合格率为 80.3%，中型餐饮单位合格率为 73.3%，小型餐饮单位合格率为 60.0%。此次抽检发现 22 家餐饮单位和企事业食堂有半数以上餐具大肠菌群超标，4 家全不合格。大饭店逾两成细菌超标，小饭店更有四成卫生不合格。

1. 清洗马虎

虽然许多饭店都设有专门清洗、消毒碗筷的房间，但大部分餐具都没有消毒清洗，仅用洗洁精冲洗一番。一些店虽买了消毒柜，但根本没插电源，成了碗柜。如检查到的一家豆花店，其负责人对碗筷清洗明显不重视，店里把干净的餐具放在操作台上，只用纱布盖了一部分。洗碗工对餐具消毒流程和操作规范也不了解，只说用开水消毒便可，且不知道要有足够的煮沸时间。又如一家广式餐厅厨房，清洗餐具的地方和未加盖的垃圾桶、未清洗的蔬菜仅隔一米左右。为贪图方便，碗柜还敞着门。隐藏在角落的洗碗机象征性地放在一边，电源指示灯根本未亮。洗碗工解释洗碗机坏了，但知情人称，洗碗机每隔一段时间就要换药水，成本高，生意不好的时候，洗碗机就弃而不用了。

2. 消毒碗筷的"二次污染"

一些大餐馆，对餐具卫生的重视也不够，餐具消毒后随意摆放，面临"二次污染"的危险。如在卢湾区一个美食广场内，餐具清洗后早早地被送到各个小吃摊上，摊主将它们放在叫卖台上，没有任何防护措施。执法人员用快速检测棒随意检测了 3 只碗，其中一只碗的大肠杆菌指标竟达到 248（标准为 100）。

尽管许多饭店按规定对餐具进行了清洗消毒，但使用前没注意保存，致使餐具长时间与空气接触，造成细菌超标。

3. 专门清洗店清洗也不正规

（1）缺乏清洗硬件。许多餐具清洗店只租一间简易门面，隐藏在一隅，根本没有专门的清洗房来清洗消毒餐具。另外，店内聘请的洗碗工多是外地来的打工者，他们中有些人甚至没有健康证。餐具保洁需要的消毒柜、洗碗机等配套设备，因其价格不菲，老板也不舍得这笔开销。

（2）忽视清洗流程。许多清洗店甚至没有清洗流程，如盒饭生产单位、大型餐饮单位多使用洗碗机及用蒸汽方式消毒餐具，在用餐高峰时，他们常缩短消毒时间，导致消毒不彻底。

4. 消费者也忽视餐具卫生

消费者缺乏健康的消费观念，也助长了餐饮业的不卫生之风。许多市民仅关注食品的卫生，而对餐具卫生视而不见。

针对餐具消毒不彻底，有可能出现大肠菌群超标等情况，使用不洁餐具的顾客可能会腹痛、腹泻，严重的甚至可能染上菌痢和伤寒等传染性疾病，食品监察部门正积极想招，对食品消毒的硬件设施专门做了规定。

据上海市食品药品监督管理局的消息，2019年，市食药监局将特别加强对餐具消毒过程的卫生监管。要求稽查人员每月都抽检1000件餐具，对不合格单位限期整改。经过一年的整改，要让大型饭店的餐具卫生总体达到优良标准，小饭店的餐具卫生基本合格。

读了以上资料，你有何感想？除政府部门出台政策、企业加强管理外，是否还可以采用技术手段进行解决？

根据上述材料，完成的创新冲动表，如表3-9所示。

表3-9 创新冲动表

| 1. 详细了解问题，确定问题关键； |
| 2. 初步思考的大致解决方案 |

创新冲动记录表

时间：_____ 地点：_____ 天气：_____

问题描述：
2001年7月广西桂林市铁路小区"小鸭子"酒店因忽视餐具卫生造成就餐者140人到铁路医院就诊，其中60名症状严重者住院治疗。
2006年10月，广州市中大附小采购广州泓毅食品有限公司的加工食品，由于用具清洁消毒不严格，致使185名学生中毒。
2014年6月，海口市美兰区演丰镇艺丰幼儿园发生了69名儿童疑似食物中毒事件。
据统计，大、中、小型餐饮单位餐具消毒合格率分别为92.00%、85.60%、67.78%，表现都不尽如人意，容易引起中毒事故，即使没有引发中毒事故，也会引起传染病的传播，因此，如何消除餐饮企业中餐饮消毒不合格的问题，值得我们思考

心理状态	
自我暗示	
原因分析	顾客不知餐具不洁净
思维方法	希望餐具上标示出餐具洁净度，采用组合创新方法
初步思考方案	将餐具洁净度标示在餐具上

1. 说明：记录时间、地点和天气等信息，便于回忆当时的情景。
2. 思维方法：在一项问题的解决方案中，有多种思维方法。本项目的目的在于思维方法训练，所以专门针对某种思维方法进行类比训练

二、信息收集与处理

收集餐具洁净度的问题，看看医学预防方法、听听专家怎么说、学校怎么做、市民怎么认识，再去查阅中国知网中期刊、会议等论文资料，再查阅中国专利信息网中的资料，分门别类地整理，依据自己的生活、经验、知识，想想还有没有别的方法，并填入表3-10中。

创新思维与实战训练

表 3-10 通过百度网、中国知网、中国专利信息网等搜寻餐具洁净度的解决方法

方法类型	解决方法	资料来源
处罚		
清洗		
标示		
自己思考的方法		

1. 组合创新方法主要有_____、_____、_____、_____等。
2. 什么是组合创新方法？
   _____
3. 组合创新的特征有_____、_____、_____。
4. 如何培养组合法创新？
   _____

针对餐具洁净度的问题，通过中国知网、中国专利信息网等搜寻餐具洁净度的解决方案，都没有找到有效的方案，这时候就需要学习更多的创新法。

老师将学生分成 6 人一组，给每位学生发放小纸条，第 1 组学生在小纸条上写任何同学的名字，第 2 组学生在小纸条上写一个地点，第 3 组学生在小纸条上写事件，第 4 组学生在小纸条上写心情。提示学生，除了名字，其他内容写得越有创意越好，但是要避免低俗的事件发生。

组长收上所有纸条，请一学生上台，分别从 4 组纸条中各抽取一张纸条，按"某人在哪里干什么，心情很……"的句式将抽到的内容用一句话的故事形式说给全班同学听。

为减轻某些内容对被抽中同学造成的尴尬，给抽中名字的同学加分。

小结：任意组合而成的故事，产生了离奇的效果，常给同学们带来意想不到的快乐，这就是组合创造法带来的创新结果。首先学习创新法中最常用的一种方法——组合创造法，我们将了解什么是组合创造法，它有哪些种类、如何进行组合创造。

案例 1 交叉组合，产生新产品

将表 3-11 的产品交叉组合，产生新产品，填入表 3-11 中。

表 3-11 产生新产品

	电视机	收音机	录音机	电冰箱	计算机
时钟					
电风扇					
温度计					

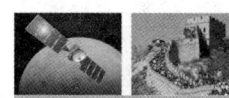

案例 2　不同组合

铅笔与橡皮组合

铅笔与圆珠笔组合

桌子与椅子组合

放音机与录音机组合

衣服与裤子组合

衣服与帽子组合

船舶与大炮组合

组合创新法是按照一定的技术需要，将两个或两个以上的技术因素通过巧妙的组合，以获得具有统一整体功能的新技术、产品的方法。

1. 同物组合法

同物组合：同物组合即若干相同事物的组合。

电风扇被人称为"夏日之花"。的确，一到夏天，商店里的电风扇真是百花齐放，美不胜收。不过，我们看到的电风扇大多只有一面叶扇，如果发现双面叶扇的电风扇，你一定会感叹一声："啊，新产品！"

两面都安装叶扇的电风扇有什么好处呢？显然它能在相对的两个方向同时送风，如果再考虑电动机的整周旋转，便能实现 360 度全周送风。普通单面叶扇的电风扇在这点上只能甘拜下风。

能不能再增加一面叶扇，使之成为三面电风扇呢？据报道，中国台湾的一位发明家真的这样做了。他发明的"三头电风扇"，有一个强主力电动机，经特殊设计的传动系统驱动 3 面叶扇同时运转送风，并通过计算机控制可使 3 面叶扇做 360 度回转或定点式 3 个方向送风，有利于加速室内空气对流。

再如，国外某企业最近开发出一种"长寿"灯泡，其寿命是普通优质灯泡的 2 倍。这种灯泡的外形与一般灯泡相差无几，其"长寿"的奥秘在于灯泡内安装了两根灯丝，灯头上又比普通灯泡多接出两根细钢丝。使用时，与普通灯泡一样，只有一根灯丝接通电源，但当这根灯丝熔断后，用户只需要将灯头上的两根细钢丝连在一起，接上电源后，另一根灯丝就开始工作，灯泡可继续使用。

类似的例子在各行各业都可找到。双排订书机、多缸发动机、双头液化气灶、双层文具盒、双顶鸳鸯晴雨伞等，无不闪烁着同物组合的创意灵光。

显然，同物组合并不是简单地"叠床架屋"，其真正的内涵是要通过量的变化产生某种质的变化，即使组合后的产品能产生出新的性能或服务。如果将两只灯泡安装在同一插座上，除增加亮度外，并没有什么新产品出现，因为变化只是局限在量的范畴内，不是创新；而将两根灯丝安装在同一灯泡内，并产生出"长寿"的实效，相对普通的单灯丝灯泡来便有了质上的变化，因此是一种创新。

同物组合的特点，是组合对象为两个或两个以上的同一事物，组合的目的是在保持单一事物原有功能的前提下，通过数量的增加来弥补其功能的不足，或获取新的性能。从哲学原理上讲，这是由量变引起质变的一种变化。

运用同物组合的方法进行新品策划，技术上有易有难。例如，由单头电风扇变为双头

电风扇，只要有两轴电动机，这种设计是不复杂的。而由单头电风扇变为三头电风扇，技术上的难度要大得多。在使用同一电动机驱动的条件下，不解决传动装置的设计问题，同物组合不过是一种空想。

   2. 异类组合法

　　异类组合即两种及两种以上不同领域技术思想的组合或不同功能物质产品的组合。异类组合又可分为原理组合、功能组合和方法组合等。

　　（1）原理组合：是指将两种或两种以上的技术原理有机地结合起来，组成一种新的复合技术或技术系统。

　　（2）功能组合：是将具有不同功能的产品组合到一起，使之形成一个技术性能更优或具有多功能的技术实体的方法。例如，将收音机和录音机组合在一起，制成的收录机，兼具两者功能，更方便实用。又如，马路上常见到的混凝土搅拌车，不但把搅拌和运输组织在了一起，而且在运输途中进行搅拌，到达工地后即可立即使用搅拌好的水泥。带橡皮的铅笔是由橡皮和铅笔组合而成的，电水壶是由电热器与水壶组合而成。此外，还有带日历的手表、带温度计的台历架、带有圆珠笔的钢笔等。

　　（3）方法组合：是将两种或两种以上的独立方法组合起来，形成一种新方法。例如，把超声波灭菌方法和激光灭菌方法组合，利用"声光效应"可彻底消灭水中的细菌。

　　（4）结构重组：结构重组是改变原有技术系统中各结构要素间的相互连接方式以获得新的性能或功能的组合方法。例如，螺旋桨飞机的一般结构是机首装螺旋桨，机尾装稳定翼。但美国科学家则根据空气浮力和空气推动原理，将飞机螺旋桨放于机尾，而把稳定翼放在机头，重组后的新型飞机具有尖端悬浮系统和更合理的流线型机体等特点。

　　（5）概念组合：概念组合是以两个或两个以上命题或词类进行组合。它又可分为以下几类。

　　① 命题组合：创新有时可以由若干特殊命题组合而产生。例如，命题一，风刮起来会产生很大的力；命题二，需要很大的力是发电机转动的基本条件。去掉相同部分和不重要词汇，可以得到一种新的发电方法——风力发电，或者一种新的发电设备——风力发电机。

　　② 词类组合：将选定的题目与尽可能多的有关动词相结合，以求引发新思想。例如，题目要求是开发一种能上楼梯的车。先寻找有关动词，如走、爬、迈、拖、拉，以及流动、滑动、滚动、飞行、跳跃……再确定选题为滚动上楼梯车。

   3. 信息交合法

　　信息交合法又称坐标法，是我国学者许国泰所创的一种组合创造技法。它是一种在信息交合中进行创新的思维技巧，即把物体的总体信息分解成若干个要素，然后把这种物体与人类各种实践活动相关的用途进行要素分解，生成两种信息要素，用坐标法连成信息标X轴与Y轴，两轴垂直相交，构成"信息反应场"，如用平面坐标系则称作"二元坐标联想法"（简称二元坐标法）；如用三轴空间坐标系，则为"三元坐标"。每个轴上各点的信息可以依次与另一轴上的信息交合，从而产生新的信息。

　　当然，选择信息要素最好取名词、形容词、动词等，如玻璃、扇、气、梯、滑行、日历、清凉、照明、瓶、手摇、管、车、纸、流动、座、三角、笔筒、杯等。将信息要素分别填在 X、Y 轴上，使坐标轴成为信息标，即"信息交合场"。然后，思考交叉点含义。

最后，对有意义的交合信息进行可行性分析，以确定尚未开发的技术中有无开发的可能性。分析时可以考虑有无类似的事物？若有，它们之间有何不同？也可以从原理、结构、性能、制造工艺、材料、用途、能源、价格、寿命和经济效益等方面进行对比。

4．形态分析组合法

形态分析组合法是利用形态学矩阵寻求大量组合设想的创新技法，是借助形态学中的概念和原理求解问题的组合方式。其特点是：把研究对象或问题，分为一些基本组成部分，然后对某一个基本组成部分单独进行处理，分别提供各种解决问题的办法或方案，最后形成解决整个问题的总方案。这时会有若干个总方案，因为是通过不同的组合关系而得到的不同总方案。所有总方案中的每一个方案是否可行，必须采用形态学方法进行分析。机械创新设计构思常用此法。

通常按照以下步骤使用：明确用此技法所要解决的问题（发明、设计）；将要解决的问题，按重要功能等基本组成部分，列出有关的独立因素；详细列出各独立因素所含的要素；将各要素排列组合成创造性设想。

如设计一种新型轻便起重装置，需要一种轻便的可以将某重物顶起的设备。其设备的重要组成部分包括起重模式、顶举部件和动力来源 3 个部分。根据形态组合法对各部分进行分解，构成形态矩阵，如表 3-12 所示。

表 3-12　形态矩阵

起重模式	顶举部件	动力来源
分离式	齿轮	电动机
传动式	液压泵	人力
气动式	螺杆、螺帽套筒	内燃机
抓举式	空气等气体	蒸汽

由表 3-12 可以看出，可以有 4×4×4 种组合方式。最终得到的结果有：分离式—液压泵—电动机；传动式—齿轮—人力；分离式—空气等气体—电动机 3 种类型。

5．综合组合法

综合组合法即为大量先进事物的融合并用，可视其为一种更高层次的组合。

如我国神舟五号载人飞船的研制有多种专业的数万名科学技术人员参加；美国的阿波罗飞船调动了 42 万余名研究人员，历经 11 年的艰苦工作，才把宇航员送到月球并返回地球。阿波罗登月总指挥韦伯指出："阿波罗飞船计划中，没有一项是突破性的新技术，关键在于综合。"

三、案例分析

案例 1　椅子与磅秤的联姻

某家具厂专业生产皮面高档沙发靠背椅，市场表现很好，急需扩大生产规模。想兼并衡器厂，但无力处理衡器厂的一条先进生产线。

为了求得最佳方案，两家企业都发动全体员工积极想办法。时过数月，一无所获。一天，一个工人提出了一个怪想法，倒引起人们的兴趣。他用的是强制联想法，将椅子与磅秤这两个毫无瓜葛的东西强加在一起——生产能自动称量体重的椅子。理由是：高档皮椅的消费者多数是条件优越的人，这些人需要减肥的多。椅子时时提醒体重，必受欢迎。再说，家中偶尔需要称量重物时，也挺方便的。这个创意，两厂的人都觉得新鲜。

案例2　女式两用裙裤

在一次体育课上，一女生穿裙子跳木马因裙子被木马挂住而摔破脸和腿时，女生们便像一群小麻雀"叽叽喳喳"开了。她们纷纷反映：夏天，她们之所以喜欢穿裙子，一为美观，二图凉爽，但穿裙子参加某些活动又非常不方便，便只好另带短裤。女生们的话启发了王忠容，她想：把裙子和短裤的优点"切割"下来，再组合成一种由"裙"和"裤"合而为一的整体的"裙裤"，难道不比裙子和短裤各自分开更好些吗？不久，式样大方、穿着舒适的时装——"女式两用裙裤"就诞生了。

案例3　编码杆秤

杆秤这种传统的计量工具，使用时间不下千年，但由于它秤杆和秤砣是分开的两个部件，所以携带很不方便，特别是有些人还利用换秤砣的方式坑人，使消费者深受其害。于是，四川的张鹏程同学对传统的杆秤做了改进，他在杆秤上开槽，把秤砣做成条形，并把两者通过活节铆在一起，使两者不能分开，再刻上编码，不用时，可以把秤砣镶在杆秤的槽里，既携带方便，又可防止弄虚作假。

案例4　饭菜盒

日本人普遍带便当，都是喜欢用铝制饭盒买饭或带饭，但这种饭盒盛菜时很不方便，饭菜容易混合在一起，吃得不清爽。能不能把盒盖与盒体组合在一起制成"饭菜盒"呢？首先可以将普通饭盒的盒盖加深些，使之可盛菜，其次将盒盖与盒体用合页连接起来，买饭时，打开盒盖，盒体盛饭，盒盖盛菜，用一只手即可端住，特别是在无桌放饭盒时特别方便。

案例5　超声波电动牙刷

有人将超声波与牙刷结合起来，利用组合法，发明了一种超声波电动牙刷，清洁效果优于一般的电动牙刷和普通牙刷。超声波牙刷在刷牙时，利用强力的摆动速度，通过流体动力来清洁牙齿，摆动频率每分钟可达 31 000 转，利用共振的原理，产生动态流体强力清洁。由于超声波牙刷是利用超声波能量的空化效应达到清除牙周的病菌和不洁物的目标，其可以全方位深入手动刷牙根本无法到达的牙缝甚至牙根内。超声波能量通过刷头的刷毛被传递到牙齿表面，使菌斑、牙垢和细小的牙石松动，破坏在牙齿周围各处隐藏的细菌的繁殖。同时，超声波能量通过触及牙刷的刷毛被传递到牙根及内部，作用于细胞膜后，可以加速血液循环，促进新陈代谢，从而抑制牙周炎症、出血等，防止牙龈萎缩。超声波与牙刷来自不同的领域，它们组合在一起就属于是异类组。

案例6　组合销售

有一家公司既经营鲜牛奶又经营面包、蛋糕等食品。这家公司出售的牛奶质优价廉，每天都能在天亮以前将牛奶送到订户门前的小木箱内。牛奶的订户不断增多，公司获利越来越大。可是这家公司经营的面包、蛋糕等食品，虽然也质优价廉，但一直销售不大。该公司老板从牛奶订户不断增多的事实中感到，针对这个消费群体进行宣传不仅能收到很大效果，还能通过他们不断扩大影响。于是他想到了"组合"创新营销法。要为面包、蛋糕等食品做宣传，首先倡导牛奶加面包的早餐方式，让用户从心里接受牛奶加面包。这家公司的老板想出的办法是：设计、印制一种精美的小卡片，正面印各种面包、蛋糕的名称和价格，卡片的背面是订货单，可填写需要的品种、数量和送货时间，以及顾客的签名。每天把它挂在牛奶瓶上送给订户，第二天再由送奶人收走，第三天便能将所订的面包蛋糕等食品随同牛奶一起送到订户家中。用这种方法解决了订户们要自己上街去买面包、蛋糕的问题。这样，使得公司面包、蛋糕业务一下增长了许多倍。公司老板通过"组合"创新而想出的这种推销面包、蛋糕的办法，扩大了销路，增加了盈利。

案例7 声控与光控组合

有一盏光控灯，装在楼道里，可晚上无论是否有人都长亮，浪费了能源。有人想到增加一个声控系统，当有人走过时，声控系统接收到人的脚步声进行点亮，可节约能源。其原理，如图3-20所示。

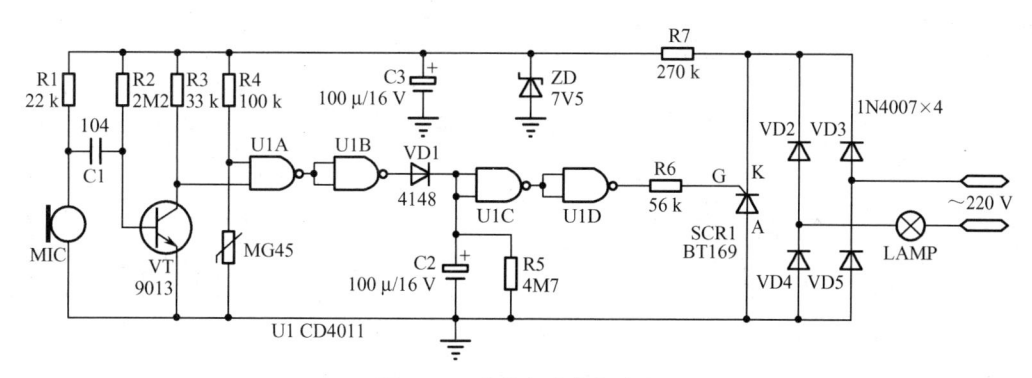

图3-20 声控与光控组合灯

220 V 交流电通过 H 及整流全桥后，变成直流脉动电压，作为正向偏压，加在可控硅 VS 及 R 支路上。白天，亮度大于一定程度时，光敏二极管 VD 呈现低阻状态≤1 kΩ，使三极管 VT 截止，其发射极无电流输出，单向可控硅 VS 因无触发电流而阻断。此时，流过灯泡 H 的电流≤2.2 mA，灯泡 H 不能发光。电阻 R1 和稳压二极管 ZD 使三极管 VT 偏压不超过 6.8 V，对三极管起保护作用。夜晚，亮度小于一定程度时，光敏二极管 VD 呈现高阻状态≥100 kΩ，使三极管 VT 正向导通，发射极约有 0.8 V 的电压，使可控硅 VS 触发导通，灯泡 H 发光。RP 是清晨或傍晚实现开关转换的亮度选择元件。

案例8 调频电路

在一个电容三点式高频振荡器振荡管 VT 基极加一个送话器，经过 C1 隔离。当送话器输入语音时，经 C1 到三极管 VT 使其 c-b 结电容变化，振荡频率随之变化，实现频率变化，即实现调频，如图3-21所示。

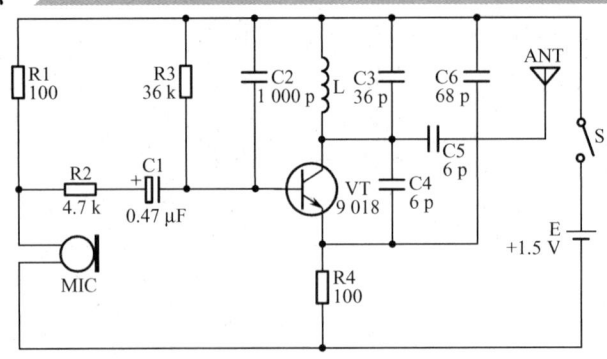

图 3-21 调频电路

四、创新实施

1. 创建计划书

制订餐具洁净度的创新计划，如表 3-13 所示。

扫一扫下载专利案例文件：一种餐具洁净度检测系统

表 3-13 制订餐具洁净度的创新计划

现在，餐饮安全越来越成为全民关注的焦点，特别是餐具的卫生问题。目前，大部分餐饮单位的餐具都是统一外包给餐具清洁公司进行清洗消毒的。卫生部门会不定期对餐具清洁公司进行检查监督，但卫生部门并不能对每个餐具进行检查，能否找到一种智能检查方法呢？ 学习了组合创新法，就模仿人工检查法去创新一种检查设备。 分析一下人工检测的方法，清洗后的餐具，使用 ATP 生物反应方法进行洁净度检测，然后得出结论。采用组合法需要：将洁净度检测仪增加到自动清洗机后，并增加一个清洁度写入设备，在餐具上增加一个显示设备。之后，食客就可以在餐具上清楚地看到餐具的洁净度了		
1. 餐具洁净度特征描述	清洗干净	
	电子标示	
2. 提高餐具洁净度的方法	政策强制管理	制定政策，或用经济处罚方式
	加强清洗	改进清洗机
	标示监控	创新方法
3. 技术管理方法描述	1. 加强清洗 控制手段有 _____ 2. 标示监控 控制手段有 _____	
4. 解决方案描述	将清洗干净的餐具的洁净度用读写器写入餐具嵌入的电子屏中，便于食客查看	
5. 餐具清洁度检测系统设计	设计有存储器，将清洗好的餐具洁净度写入其中。 设置有按钮，食客按按钮时，CPU 可读出存储器中洁净度参数，通过显示屏显示给食客。 结论：不可篡改，随时可查看	
6. 自我评价	1. 列出你的所有方案。_____	
	2. 找出一种或多种可实现的方案。_____	
	3. 说说用到了哪些组合创新方法。_____	

2. 撰写专利的主要内容

针对创新计划书，通过分析与比较，依据餐具清洗的情况，既可监督餐饮企业对餐具进行消毒，提高餐具的消毒质量，又可让食客直接查询餐具的清洁度，解除食客对餐具清洁度的担忧。

文件1：**说明书摘要**

本发明公开了一种餐具洁净度检测系统，包括反应装置和检测装置。反应装置包括反应杯、基座、设置在基座上方的转盘和驱动转盘转动的电机。电机固定设置在基座中，电机的输出轴与转盘之间连接有转轴；转盘上设有用于固定反应杯的通孔，反应杯放置在转盘的通孔中；反应杯的顶部设有进样管和进酶管，反应杯的底部设有出液管；检测装置包括顶端开口的中空壳体，开口处设有顶盖，壳体的外壁设有键盘和显示屏，壳体内设有检测试管、电源模块、荧光检测模块、第一单片机和发送模块，检测试管通过软管与反应装置的出液管连通。本发明利用反应装置将餐具的水样与荧光素酶充分反应得到反应液，利用荧光检测装置检测反应液得到餐具的洁净度，检测效率高。

文件2：**权利要求书**

1. 一种餐具洁净度检测系统，其特征在于包括反应装置和检测装置。

所述反应装置包括反应杯、基座、设置在基座上方的转盘和驱动转盘转动的电机，电机固定设置在基座中，电机的输出轴与转盘之间连接有转轴，转轴与转盘固定连接；转盘上设有用于固定反应杯的通孔，通孔小于反应杯的杯口，反应杯放置在转盘的通孔中；反应杯的顶部设有进样管和进酶管，反应杯的底部设有出液管，进样管、进酶管和出液管上均设有电磁阀。

所述检测装置包括顶端开口的中空壳体，开口处设有顶盖，壳体的外壁设有键盘和显示屏，壳体内设有检测试管、电源模块、荧光检测模块、第一单片机和发送模块，电源模块分别为荧光检测模块、第一单片机、发送模块、键盘和显示屏供电，荧光检测模块、发送模块、键盘和显示屏均与第一单片机连接，检测试管通过软管与反应装置的出液管连通；键盘用于输入检测命令并将检测命令发送给第一单片机，荧光检测模块用于检测试管中的荧光信号，将荧光信号转换成电信号传输给第一单片机；第一单片机将检测电信号进行处理生成检测信息，所述检测信息包括洁净度和检测时间；显示屏用于显示检测信息；发送模块用于将检测信息发送给外部设备。

2. 根据权利要求1所述的餐具洁净度检测系统，其特征在于，所述荧光检测模块包括光电二极管和放大电路，光电二极管输出反向电流经放大电路后转换并放大成电压信号发送给第二单片机。

3. 根据权利要求1所述的餐具洁净度检测系统，其特征在于，还包括设置在餐具上的电子标签。所述电子标签包括开设有显示窗口的标签壳体和装在标签壳体内的主板显示器和电池，主板显示器与电池连接，主板显示器包括用于从荧光检测装置获得检测信息的接收模块、显示该检测信息的电子屏幕、与所述电子屏幕和接收模块连接的用于控制检测信息在电子屏幕上显示和更新的第二单片机，电子屏幕对着显示窗口。

4. 根据权利要求 3 所述的餐具洁净度检测系统，其特征在于，所述电子标签的标签壳体由柔软的绝缘材料制成。

5. 根据权利要求 3 所述的餐具洁净度检测系统，其特征在于，所述电子标签的接收模块与荧光检测装置的发送模块均为 WiFi 模块，电子标签与荧光检测装置通过无线网络通信。

6. 根据权利要求 3 所述的餐具洁净度检测系统，其特征在于，所述电子标签的接收模块与荧光检测装置的发送模块均为蓝牙模块，电子标签与荧光检测装置通过蓝牙通信。

7. 根据权利要求 3 所述的餐具洁净度检测系统，其特征在于，所述电子标签的接收模块为 RFID 标签，荧光检测装置的发送模块为 RFID 读写器，荧光检测装置利用 RFID 读写器将检测信息写入电子标签的 RFID 标签中。

文件 3： 说明书
一种餐具洁净度检测系统

技术领域

本发明属于智能餐饮领域，尤其涉及一种餐具洁净度检测系统。

背景技术

近几年，随着生活水平的逐步提升，外出就餐人数逐渐增加，餐饮安全越来越成为全民关注的焦点。餐饮安全的保障不仅是要确保食品安全，还要保障餐具的卫生安全。目前，大部分餐饮单位的餐具都是统一外包给餐具清洁公司的，由餐具清洁公司进行清洗消毒，最后封装。卫生部门会不定期对餐具清洁公司进行检查，对封装好的餐具随机抽取进行洁净度检测。洁净度检测使用 ATP 生物反应方法，利用荧光素酶和荧光素与微生物中的 ATP（三磷酸腺苷）进行反应并产生光子且光子量与 ATP 量成正比的原理，采集餐具表面物，与荧光素酶和荧光素反应，通过感光仪对光子进行定量检测，根据光子测量数据对餐具表面的微生物量进行判断，获得洁净度。为减小突发性公共卫生事件中因餐具卫生不合格引发传染病的比例，卫生部门要加大检测频率和检测效率。由于现有检测方法中每步使用不同的检测工具且每步均需人为操作，不能随时且对所有餐具进行洁净度检测，限制了对餐具的检测频率和检测效率。

发明内容

为解决上述问题，本发明提出了一种餐具洁净度检测系统，该检测系统可自动对待检测餐具的水样进行检测得出洁净度。

本发明的具体技术方案如下：一种餐具洁净度检测系统，包括反应装置和荧光检测装置；所述反应装置包括反应杯、基座、设置在基座上方的转盘和驱动转盘转动的电机，电机固定设置在基座中，电机的输出轴通过转轴与转盘连接，转轴与转盘固定连接；转盘上设有用于固定反应杯的通孔，通孔小于反应杯的杯口，反应杯放置在转盘的通孔中；反应杯的顶部设有进样管和进酶管，反应杯的底部设有出液管，进样管、进酶管和出液管上均设有电磁阀；所述荧光检测装置包括顶端开口的中空壳体，开口处设有顶盖，壳体的外壁设有键盘和显示屏，壳体内设有检测试管、电源模块、荧光检测模块、第一单片机和发送模块，电源模块分别为荧光检测模块、第一单片机、发送模块、键盘和显示屏供电，荧光检测模块、发送模块、键盘和显示屏均与第一单片机连接，检测试管通过软管与反应装置的出液管连通；键盘用于输入检测命令并将检测命令发送给第一单片机，荧光检测模块用于检测检测试管中的荧光信号，将荧光信号转换成电信号传输给第一单片机；第一单片机用于将检测电信号进行处理生成检测信息，所述检测信息包括洁净度和检测时间；显示屏用于显示检测信息；发送模块用于将检测信息发送给外部设备。

进一步，所述荧光检测模块包括光电二极管和放大电路，光电二极管输出电流经放大电路后转换并放大成电压信号发送给第二单片机。

进一步，还包括设置在餐具上的电子标签，所述电子标签包括开设有显示窗口的标签壳体和装在标签壳体内的主板显示器和电池。主板显示器与电池连接，主板显示器包括用于从荧光检测装置获得检测信息的接收模块、显示该检测信息的电子屏幕、与所述电子屏幕和接收模块连接的用于控制检测信息在电子屏幕上的显示和更新的第二单片机，电子屏幕对着显示窗口。每个餐具上均设有一个显示该餐具洁净度的标签，让使用者了解该餐具的卫生情况，使用电子标签从荧光检测装置获得洁净度，可更新洁净度信息，重复利用率高。

进一步，电子标签的标签壳体由柔软的绝缘材料制成，更好、更贴合地设置在餐具上。

进一步，电子标签的接收模块与荧光检测装置的发送模块均为 WiFi 模块或蓝牙模块，电子标签与荧光检测装置通过无线网络或蓝牙通信，餐具不需要与荧光检测装置接触即可获得检测信息。

进一步，电子标签的接收模块为 RFID 标签，荧光检测装置的发送模块为 RFID 读写器，荧光检测装置利用 RFID 读写器将检测信息写入电子标签的 RFID 标签中。

本发明的有益效果：本发明餐具洁净度检测系统利用反应装置将待检测餐具的水样与荧光素酶充分反应得到反应液，利用荧光检测装置检测反应液得到餐具的洁净度，系统结构简单；在检测过程中检测员仅需将待检测餐具的水样和荧光素酶分别通入反应杯的进样管和进酶管中，开启进样管和进酶管上的电磁阀，当水样与荧光素酶进入反应杯后，关闭进样管和进酶管上的电磁阀，开启电机驱动转盘转动，一段时间后关闭电机，开启出液管上的电磁阀，使反应液进入荧光检测装置的检测试管中，荧光检测装置自动检测显示出洁净度，无须复杂的人为操作，使用简单方便，检测速度快；本发明餐具洁净度检测系统可安装在餐具清洗装置上，将反应装置的进样管连通到清洗装置最后一个清洗池中，通过检测最后的清洗水得到该批所有餐具的洁净度，可直观显示该批餐具清洗是否合格，检测效率高；也可在饭店中使用，供卫生负责人或顾客抽检即将使用的餐具的洁净度，具有较好的市场前景。

附图说明

图 3-22 是本发明的一种实施例的结构示意图。

具体实施方式

下面结合具体实施例和附图，对本发明餐具洁净度检测系统做进一步说明。

如图 3-22 所示，餐具洁净度检测系统包括反应装置和荧光检测装置。反应装置包括反应杯 11、基座 12、设置在基座上方的转盘 13 和驱动转盘转动的电机（图 3-22 中未示出），电机固定设置在基座中，电机的输出轴与转盘 13 之间连接有转轴 14，转轴 14 与转

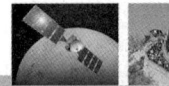

盘 13 固定连接，电机运行带动转轴转动，从而驱动转盘转动。转盘 13 上设有用于固定反应杯的通孔，通孔小于反应杯 11 的杯口，反应杯 11 放置在转盘的通孔中。反应杯 11 的顶部设有两根进液管 112、113，反应杯 11 的底部设有一根出液管 114，进液管与出液管上均设有电磁阀 115。其中一根进液管用于加入待检测餐具的水样，另一根进液管用于加入荧光素酶，出液管用于输出反应液。水样和荧光素酶分别从两根进液管加入反应杯后，启动反应装置，电机运行驱动转盘旋转，从而反应杯相对于转盘中心做圆周运动，使杯内液体充分混合反应，控制出液管上的电磁阀，输出混合好的反应液。

荧光检测装置包括顶端开口的中空壳体 21，开口处设有顶盖 22，壳体的外壁上设有键盘 24 和显示屏 23，壳体内设有检测试管、电源模块、荧光检测模块、第一单片机和发送模块，电源模块分别为荧光检测模块、第一单片机、发送模块、键盘和显示屏供电，荧光检测模块、发送模块、键盘和显示屏均与第一单片机连接，检测试管通过软管与反应装置的出液管连通。

检测试管从反应杯中获得反应液后，反应液产生的荧光被荧光检测模块接收，荧光检测模块将荧光信号转换成电信号，当第一单片机接收到来自键盘上的检测命令后，采集荧光检测模块得到电压信号，第一单片机自带的 AD 转换器将电压信号转换成数字信号进行处理生成检测信息，发送给显示屏显示，也可将检测信息经发送模块发送给外部设备。所述检测信息包括洁净度和检测时间。

本发明具体实施例中，荧光检测模块包括光电二极管和放大电路，光电二极管反向电流随荧光信号的变化而变化，光电二极管的反向电流经放大电路后转换并放大成电压信号，由第一单片机内置的 AD 转换器转换成数字信号供第一单片机处理。

另一实施例中，荧光检测模块还可由 PMT（光电倍增管）构成，实现荧光信号的采集和转换。

优选实施例中，餐具洁净度检测系统还包括设置在餐具上的电子标签。所述电子标签包括开设有显示窗口的标签壳体和装在标签壳体内的主板显示器和电池，主板显示器与电池连接，主板显示器包括用于从荧光检测装置获得检测信息的接收模块、用于显示该检测信息的电子屏幕、与所述电子屏幕和接收模块连接的用于控制检测信息在电子屏幕上的显示和更新的第二单片机，电子屏幕对着显示窗口。

使用时，电子标签的接收模块通过线缆或无线网络与荧光检测装置的发送模块连接，获得该餐具的检测信息，向第二单片机传输该数据，第二单片机更新已存信息，控制电子屏幕显示检测信息。该电子标签的标签壳体由柔软并绝缘材料制成，电子标签可设在餐具底部，也可设置在餐具的侧壁。电子标签可通过热缩膜来固定在餐具上，考虑到一套餐具的清洗环境、条件和时间一致，而且封装在一起，为了节约成本，一套餐具设置一个电子标签即可。

具体实施例中，电子标签的接收模块与荧光检测装置的发送模块均为 WiFi 模块或蓝牙模块，电子标签与荧光检测装置通过无线网络或蓝牙进行通信。

另一实施例中，电子标签的接收模块为 RFID 标签，荧光检测装置的发送模块为 RFID 读写器，荧光检测装置利用 RFID 读写器将检测信息写入电子标签的 RFID 标签中。

文件4:　　　　　　　　　　**说明书附图**

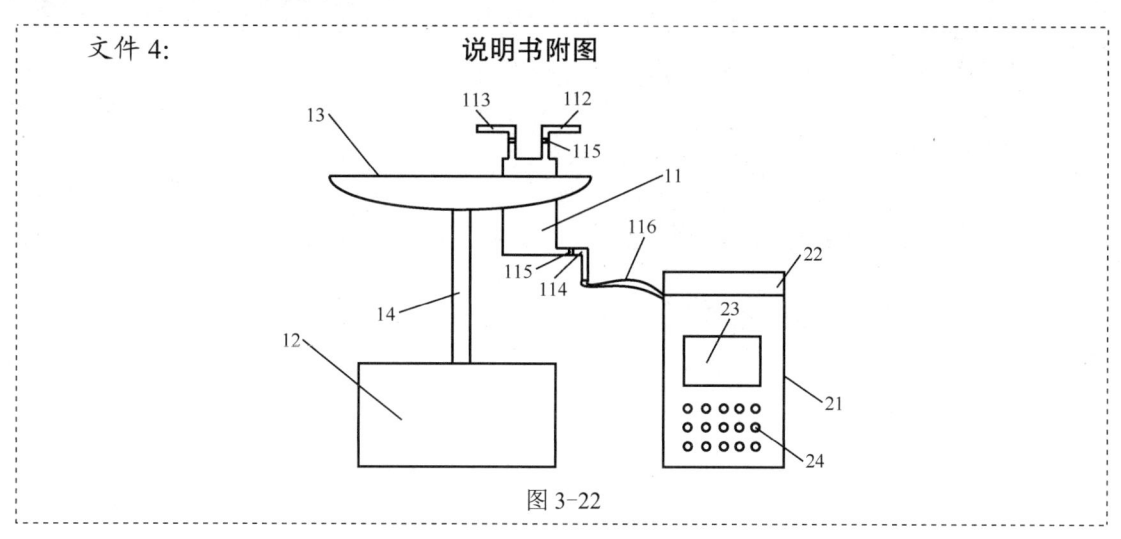

图 3-22

五、检验评估

1. 思考题

（1）故事接龙。规则：第一位同学开始，用任何一个词语开头；第二个同学接下去，用下列词语接着讲，如草地、书包、汽车、风筝、熊皮、矿泉水、江水、友谊、膝盖、笑脸。

（2）重组组合法练习。甲队与乙队比赛掰手腕，每队 3 组，实力分为上、中、下 3 个级别。乙队每个等级的队员都比甲队同等级的队员强。你能想个办法让甲队获胜吗？

（3）任选两个或两个以上物品进行巧妙组合，说说组合方案：电视机、茶杯、扬声器、手电筒、冰箱、暖水杯、香烟、电子表。

（4）主体附加：结合下面的主体产品添加另一种功能产生新产品。

照相机、电视机、汽车、冰箱。

（5）异类组合：将下面不同类别的产品组合成新产品。

电视、电话、刮胡刀、日历式笔架、收音机、计算机。

（6）同类组合：将下面相同类别的产品组合成新产品。

猎枪、枕头、手表、笔、插座、椅子、刀片。

（7）重组组合：将下面的重组产品增加功能产生新产品。

组合音响、录音电话机、连衣裙、指纹锁。

（8）信息交合：曲别针可弯成 123456+、−、×、÷等数字和符号。作为 X 轴的数学点，同理，Y 轴上的文字点为铁质、木质、土质、石质、塑料材质，依据信息交合，曲别针可做成哪些东西？

（9）形态组合：做一个传送字符的通信系统。

（10）综合组合：由餐具、衣服、手机和桌子组合创新一个产品。

2. 实训题

仔细观察自行车，针对车锁、车把、座椅、车轮、传动条等利用组合技法进行创新，

169

也可依据上述项目进行拓展，如在骑行、防闯信号、安全方面等进行创新。

要求完成：

（1）详细描述车锁、车把、座椅、车轮、传动条等自行车部件，并列举出其缺陷。（需要对细节进行详细描写，不少于300字。）

（2）根据题意，说明你想解决的问题。（列举不少于10条。）

（3）选取其中一条，说明大致解决方案。（至少有一个可行方案，但可以不知道某些模块的具体方案。）

针对第（3）条，查阅中国知网、中国专利信息网，认真学习别人的专利文件，读懂其中一个专利，并抄录下来。

3. 完成评价表

完成评价表，如表3-14所示。

表3-14 评价表

评价指标	检验说明	检验记录			
检查项目	1. 思考题 2. 观察题 3. 作图题 4. 判断题 5. 其他				
结果情况					
评价内容	检验指标	权重	自评	互评	总评
任务完成情况	1. 过程情况				
	2. 任务完成的质量				
	3. 在小组完成的任务过程中所起的作用				
专业知识	1. 能描述组合法创新的概念				
	2. 能说出有哪些组合法				
	3. 能找到一个用组合法创新的案例				
	4. 会用组合法创新一个产品				
	5. 会写专利文件				
职业素养	1. 学习态度：积极主动参与学习				
	2. 团队合作：与小组成员一起分工合作，不影响学习进度				
	3. 现场管理：积极参与讨论				
综合评价与建议					

项目三　创新技法训练

任务 3.4　列举法创新训练

扫一扫看本任务教学课件

扫一扫下载专利案例文件：一种润滑油中机械杂质含量粗检装置

扫一扫下载专利案例文件：一种预防与矫正青少年脊椎轻度弯曲的装置与方法

扫一扫下载专利案例文件：一种预防电动车闯信号灯的装置

学习思维导读

项目描述	润滑油中的机械杂质不溶于汽油或苯，只能过滤出来。润滑油的机械杂质不但影响油品的使用性能，如堵塞输油管线、油嘴、滤油器等，也降低了发动机的效率，给齿轮造成较大程度的磨损、腐蚀和积碳等，甚至会造成严重的安全事故。 　　目前，工业上检测非常复杂，先取样品进行稀释、过滤、蒸发，提取样品杂质称重，求出机械杂质含量。 　　针对这种复杂的检测方法，费时费力，能不能通过学习列举创新方法，来创新一种润滑油中的机械杂质检测方案，提高检测效率
项目目标	1. 掌握列举法的概念； 2. 了解列举法的类型及创新过程； 3. 掌握列举法的创新步骤
项目任务	1. 收集润滑油的杂质检测的相关信息； 2. 用列举法列举出解决润滑油杂质检测的所有方案； 3. 筛选出切实可行的解决方案； 4. 通过学习专利文件的撰写案例，掌握专利撰写方法
项目实施	遇到问题 → 创新冲动 收集信息 → 信息处理 学习讨论 → 类比创新 创新考核 → 检验评估

一、感受问题与创新冲动

新闻场景——润滑油中机械杂质的危害

给汽车更换机油时，往往会发现机油是黑色的，这是为什么呢？这是因为机油中含有大量的机械杂质。什么是机械杂质？一般来说，机械杂质就是以悬浮或沉淀状态存在于润滑油中、不溶于汽油或苯、可以过滤出来的物质。润滑油的机械杂质是在油品加工时处理不净或在储运、使用过程中外界掉入的灰尘、泥沙、铁屑等物质。这些物质不但造成输油管线、油嘴、滤油器等堵塞，还会增加对设备的腐蚀性，破坏油膜而增加磨损和积碳等，因此轻质油品绝对不允许有机械杂质存在，而重质油品则要求不那么严格，一般限制在 0.005%～0.1%。

在润滑油的各种污染物中，机械杂质的危害最大，机械杂质污染引起的故障占总污染故障的 60%～70%。因此，在使用润滑油时一定要重视机械杂质的危害。机械杂质的危害程度与颗粒的粒径有关：在润滑油中小于油膜厚度的各种污染物，可通过改变润滑油的流变效应而影响润滑性能；大于油膜厚度的颗粒物，会导致温升和油膜破裂，影响润滑效果。

润滑油中的机械杂质，特别是能擦伤机械表面的坚硬固体颗粒，会增加发动机零件的磨损和堵塞滤油器。

使用中的润滑油，除含有尘埃、砂土等杂质外，还含有碳渣、金属屑等。这些杂质在润滑油中集聚的多少会随设备的使用情况而不同，因此对设备磨损的程度也不同。因此机械杂质不能单独作为润滑油报废或换油的指标。那么怎样检测润滑油中的机械杂质？

轻质油品的机械杂质测定，通常用目测法，严格要求时，可按 GB/T 511—2010、SH/T 0093—1991 方法进行测定；对于重质油品，测定应按 GB/T 511—2010 方法进行（具体可以选用 YT-511 机械杂质测定仪）。

读了上述材料，你对机械杂质有什么认识？从中可以看出，检验润滑油中的机械杂质并不方便，甚至有些麻烦，更不可在线检测，你想想，能找到更好的检测方法吗？

根据上述材料，完成的创新冲动表，如表 3-15 所示。

表 3-15 创新冲动表

| 1. 详细了解问题，确定问题关键； |
| 2. 初步思考的大致解决方案 |

创新冲动记录表

时间：_____ 地点：_____ 天气：_____

问题描述：

机械杂质就是以悬浮或沉淀状态存在于润滑油中、不溶于汽油或苯、可以过滤出来的物质。润滑油的机械杂质在油品加工时处理不净或在储运、使用中从外界掉入的灰尘、泥沙、铁屑等物质。这些物质不但影响油品的使用性能，如堵塞输油管线、油嘴、滤油器等，也降低了发动机的效率。坚硬固体颗粒擦伤机械表面，使摩擦面造成较大程度的磨损，还会增加对设备的腐蚀性，破坏油膜而增加机械磨损和积碳等。因此，轻质油品绝对不允许有机械杂质，而重质油品则要求限制在 0.005%～0.1%。

由于检测起来过程复杂，不易实现在线检测，所以能否找到一种较好的方法或设备，容易操作，能很好地解决滑油中的机械杂质检测，且检测精度与可靠性都有提高呢

心理状态	
自我暗示	
原因分析	润滑油中的机械杂质常规方法不易测定
思维方法	从润滑油中的机械杂质触觉可以感知，希望能发明一种触觉传感器，仿照人的触觉，能可靠检测出润滑油中的机械杂质
初步思考方案	列举现在检测设备的缺陷，找到一种可靠的、简单易行的检测方法

1. 说明：记录时间、地点和天气等信息，是便于回忆当时的情景。
2. 思维方法：在一项问题的解决方案中，有多种思维方法。本项目的目的在于思维方法训练，所以专门针对某种思维方法进行类比训练。

二、信息收集与处理

收集机油杂质检测的问题，看看国家标准检测方法、听听专家怎么说、企业怎么做，去查阅中国知网中期刊、会议等论文资料，再查阅中国专利信息网中的资料，分门别类地整理，依据自己的生活、经验、知识，想想还有没有别的方法，并填入表3-16中。

表3-16 通过百度网、中国知网、中国专利信息网等搜寻机油杂质检测的解决方法

方法类型	解决方法	资料来源
加热过滤称重		
机器磨损程度		
仿人体触觉方法		
自己思考的方法		

1. 列举法主要有_____、_____、_____等。
2. 什么是列举法？
_____
3. 列举法的特征有_____、_____、_____。
4. 如何采用列举法创新？
_____

针对润滑油的机械杂质检测的问题，通过中国知网、中国专利信息网等搜寻润滑油的机械杂质检测的解决方法，一一记录下来并思考新解决的方法。通过讨论要解决两个问题：第一个问题，有切实可行的解决方案吗？第二个问题，能否想到新的方法？有什么样的思维方法可以帮助我们找到新的解决方法。

案例1 减震球拍

日本美津浓有限公司原是一家规模较小的生产体育用品的工厂，为了拓展产品销售市场（如销至海外），公司研发人员进行市场调查。在调查过程中，他们了解到，最令初学网球者头疼的就是打不到球，即使打到也是一个"触框球"。但国际网联规定，球拍面积必须小于710平方厘米。而研发人员就网球拍的这一"缺陷"向公司提议研发建议，经过商讨决定制作一些比标准网球拍框大30%的供初学者使用的网球拍。这种球拍一上市，销量就极好。

公司研发人员后来又了解到初学者打网球时，手腕容易患一种称为"网球腕"的皮炎

症，这是腕力弱的人打球时因承受强烈的腕震而造成的。于是，公司用发泡聚氨酯作材料，经过无数次试验，制成了著名的"减震球拍"，产品行销国际市场。

公司通过调研，列举了球拍两个缺点：一个是对初学者而言球拍太小，另一个是对初学者而言球拍容易造成腕震而导致一种皮炎症。

针对列举的两个缺点进行了两次改造，两次都得到了市场的认可。这就是"缺点"对于创新的魅力。

案例2　黑板刷的改进

用黑板刷在刷黑板时，粉笔灰常会在黑板前飞舞，容易导致教师的职业病，使黑板刷用起来不是很方便。

针对黑板刷的这个缺点，采用例举缺点法：第一，在黑板刷上加一个把手，方便拿；第二，在黑板刷的下面周围套上一个橡皮围拢，防止粉笔灰四处乱飞；第三，可做成自动黑板刷，自动刷黑板并吸尘。

案例3　圆珠笔的发明

匈牙利的比罗是一家报社的记者，工作中常常受到自来水笔漏油的困扰，他决定采用例举缺点法发明一种更方便、好用的笔。比罗注意到印刷报纸的油墨可以很快干燥，而且不会洇纸，但油墨不能在普通钢笔中使用。一次，他在布达佩斯的一个公园里看到一群孩子在泥地上玩滚球游戏，这激发了他的灵感。比罗看到沾上泥的球在滚动时身后会留下一条泥印，于是联想到在圆筒上装一个钢珠，并在管中装上油墨。比罗的兄弟，化学家乔格帮助比罗在油墨的基础上研制出了圆珠笔用的墨水，它很黏稠，但能保持足够的流动性，既不会从笔尖漏出，又能从钢珠中通过，并且同纸接触后能迅速变干。这样，比罗发明了现代圆珠笔的原型，并于1938年申报了专利。

战国时，有位庖丁解牛，动作非常娴熟。据说，他的牛刀连续使用19年未曾磨过。有人问他刀为什么不用磨？厨师说：我刚学宰牛时，感到无从下手，但时间一长，就熟悉了它的骨骼结构。从此，我宰牛连看都不用看，就能顺着牛的关节、经络下刀。"恢恢乎，其游刃必有余。"这段典故告诉我们，对任何事物，只有非常熟悉了，就可化大为小、化整为零。

人们对某一事物的改进创新，往往会感到束手无策。任何复杂的问题都是简单问题的叠加，把一个复杂的问题分解为若干部分，然后逐个击破，整体的问题就迎刃而解了。如美国阿波罗飞船总指挥韦伯指出："阿波罗飞船计划中，没有一项是突破性的新技术，关键在于综合。"即由许多已有的技术组合而成的。反过来，对每一件产品也可以进行分解。列举法就是对每一件进行分解与列举，只不过不仅是列举它的部件，而要包括列举它的动作或形状。列举法是由美国创造学家克劳福德教授归纳、总结出来的一种发明技法。他提出用一个词来描述产品的一个特性，这些词分为名词（部件、材料、制造方法等），形容词（形状、颜色、状态等），动词（功能、作用等）三大类。然后，逐一思考每个词的替代、修改、取消、补充。只要某一特性得到改进，其整体性能就可能出现质的飞跃。

列举法是把与创新对象有关的方面一一列举出来，进行详细分析，然后探讨改进的方法。列举法是最常用的，也是最基本的创新技法。

1. 特征列举法

特征列举法是根据事物的特征或属性，将事物的特征或属性都列举出来，将问题化整为零，以便产生创新设想的创新技法。例如，需要创新出一台收音机。若笼统地寻求创新出整台收音机的设想，恐怕不知从何下手；如果将收音机分解成各种要素，如外形、外壳、旋钮、频道标尺、天线、电源、电路及声音等，再分别逐个分析、研究改进办法，则是一种有效的促进创造性思考的方法。

特性列举法的操作程序如下：

① 确定研究对象；

② 从 3 个方面进行特征列举，包括名词特性——整体、部分、材料、制造方法等，形容词特性——颜色、形状、性质、状态，以及动词特性——功能、作用；

③ 对 3 个方面属性的各项目提出可能的创新设想，引出新方案。

下面以尼龙绸折叠式花伞为例对特性列举法进行说明。

确定研究对象：尼龙绸折叠式花伞。

（1）特征列举如下。名词性特征：伞把、伞杆（铁的）、伞架（铁的）、伞尖、弹簧（钢的）、开关机构（铁的）、伞面（尼龙绸）；动词性特征：手举、折叠、打开、闭合、握、提、挂、放、晒、遮雨；形容词性特征：圆柱形的（伞把）、曲形的（伞把）、直的（伞架）、硬的（伞架）、尖的（伞尖）、花形的（伞面）、圆的（伞面）等。

（2）提出创新设想、引出新方案。

新设想包括：将直的、硬的、铁的伞架变换为软的充气管式伞架以便于携带。

将伞面改用透明材料，以扩大视线。

将用手举的伞变换为用肩固定的伞或用头固定的伞，解放双手。

将伞变为可放音乐的伞、带指南针或带手电筒的伞。

可否再增加一些新功能，如可以装水杯或装纸巾？

（3）新方案有：透明的伞戴在头上的充气型小伞、伞中内藏收音机或手电筒的、可带水杯的伞。

2. 缺点列举法

缺点列举法是偏向改善现状型的思考，通过不断检讨事物的各种缺点及缺漏，再针对这些缺点一一提出解决和改善问题的方法。从发展的眼光来看，世界上的一切事物都不可能尽善尽美，一旦找到这些事物的"缺点"并加以改进，事物就会在原有基础上得到提高。

缺点列举法就是发现已有事物的缺点，将其一一列举出来，通过分析选择，确定创新目标，制订革新方案，从而进行创造发明的创新技法。它是改进原有事物的一种创新方法。例如，普通游标卡尺就有读数麻烦的缺点。

缺点列举法的操作步骤是先决定主题，然后列举主题的缺点，再根据选出的缺点考虑改善方法，具体可以分为以下 3 步。

（1）确定对象。任何事物都有缺点，用"显微镜"去观察。

（2）尽量列举"对象"的缺点、不足，可用智力激励法展开调查。

（3）将所有缺点整理归类，找出有改进价值的缺点，即突破口，针对缺点进行分析、改进，创造出理想的新事物。

下面以日光灯为例对缺点列举法进行说明。

（1）确定对象为日光灯。

（2）列举缺点并整理。有改进价值的缺点如下：玻璃管容易打坏；安装不方便；容易闪烁；耗电量大；寿命短。

（3）提出改进创新方案。

开发钢化玻璃制的 LED 灯。这种灯不易损坏；而且采用 LED 发光，节省电量，发热量少；频率高不会闪烁；安装也方便。

新型接线座：接线座是机械制造、电工、纺织等行业广泛使用的电器件。随着各行业产品的更新换代，对接线座也提出了更高、更新的要求，但研制、改进一个产品，又不是件容易事。这里逐一列举存在的缺点，以求得创造思路的拓展。经过分析，老式接线座有三方面缺点：一是采用热固性塑料作绝缘体，在潮湿环境条件下，质量差，容易发生击穿、漏电等故障，拟改用热塑性塑料作绝缘件；二是使用上对接线座有阻燃要求，拟通过筛选，选择合适的材料；三是接线时不方便，部件易散落，拟采用组合螺钉+经过翻边攻牙的导电件，来取代原来的导电件+螺钉+螺母的结构形式。新型接线座至少有三大优点：第一，构造简化，从而使生产工艺简化。组合螺钉把螺钉、螺母、弹簧垫圈三者合为一体，提高了生产效率，减少了生产中的操作工序。第二，节省原材料，省去了螺母、弹簧垫圈，降低了生产成本。第三，使用方便。安装方便，连接、拆卸也省时、省力。

3. 希望点列举法

希望点列举法是指通过提出对产品的希望作为创新的出发点寻找创新目标的一种创新技法。

希望点列举法的操作程序：①确定对象；②提出希望点；③提出创新方案。

下面以轴承为例对希望点列举法进行说明。

（1）确定对象为轴承。

（2）提出希望点。发明轴承是为了减少机械运动的摩擦，那么，能否使旋转轴和轴承（滑动）的接触面尽可能减小；能否更大地减少旋转轴和轴承（滑动）接触面间的摩擦系数；能否找到或制造使摩擦系数为零的润滑剂；能否在轴转动时，使旋转轴与轴承（滑动）互不接触。

（3）提出创新方案。在轴套部分吹入高压空气，用空气层代替润滑剂，减少摩擦；根据磁性材料同极相斥的原理，研制磁性无接触轴承；利用超导材料的特性，研制轴悬浮轴承。

综合运用特征列举法、希望点与缺点列举法、焦点法和信息交合法进行产品创新时，可采取以下步骤：①明确课题名称；②应用特征列举法列出该物品的特征；③应用缺点及希望点列举法对特征进行分析；④提出新产品设想，初步选出新产品方案；⑤根据初步选出的新产品方案，找出关键部件（要素），应用信息交合法进一步完善所提出的新产品方案（二次方案）；⑥应用焦点法再次分析，获得功能与造型方面的改进，形成新产品的三次方案；⑦综合思考、改进前述方案，确定最终方案，完成方案设计。

三、案例分析

案例1　家用小铁铲

已经使用了几十年的家用小铁铲，大家都认为它结构合理，常常看不到它的缺点，即使看到了，也会忽略的。山西太原市的中学生王刚发现用小铁铲来铲垃圾或蜂窝灰等东西时不容易端平，导致小铁铲上的东西常常往下掉，总是铲不干净东西。如果用手或扫帚压住铲里的东西，拿着又很别扭。于是王刚根据小铁铲的缺点进行设计、实验。他用一根较粗的、比小铁铲柄长的铁丝，一端安在小铁铲的把柄上，另一端连在小铁铲铲口小铁皮上，把小铁皮做成铲口大小，呈环形。环形的下端敲扁，向下折成90°角，当铁铲铲上东西后，用手捏紧把柄与铁丝，使铲与小铁皮合拢，铁铲里的东西就再也掉不下来了。当松开铁丝时，铁丝向上弹起，铲里的东西可以很方便地倒出来。

案例2　列举体温表的缺点

容易碎（表体是玻璃）、使用不方便（要解开衣服放置）、不卫生（消毒后轮流使用）、看不清刻度（要转动表体找刻度）、测试时间长（至少5分钟）、存放不方便、水银有毒（破碎后不好清除）、能够弄虚作假、冬天使用时发凉、只能从一面看刻度（从其他角度看不见）、夜间无光线时无法使用、重病人夹持不住、测量精度低、表体太光滑、容易脱落、样式单一、功能单一、易污染环境、使用前要甩动表体（有些人不易掌握该方法）、技术落后（靠液体受热膨胀）、盲人无法使用（无法读数）、测量部位单一、小孩看了害怕等。

案例3　圆珠笔的特性列举

运用特性列举法对圆珠笔进行特性分析，可提出许多改进设想。

（1）名词特性。

① 部件：笔杆、笔帽、笔夹、笔芯、笔珠、弹簧等。可设想：笔杆中能否放置一小卷备用纸？能否将油墨直接灌入笔杆中？笔帽是否可以取消？笔夹能否设计成内嵌式？笔芯能否加粗？笔芯能否重复使用？笔珠能否用其他耐磨材料取代？弹簧非要不可吗？

② 材料：塑料、金属、竹木、油墨等。可设想：能否采用其他材料？能否制造一种永不褪色的油墨？能否制造一种可擦写的油墨？能否制造一种定时褪色的油墨？

③ 制造方法：注塑、冲压、装配等。可设想：能否一次性注塑而成？能否进行流水线作业？能否应用机器人装配？能否使生产过程全部自动化？

（2）形容词特性。

① 形状：圆柱形。可设想：能否采用三棱柱形、头圆尾扁形、鹅毛形、尖刀形、汤匙形？笔杆能否按手指压痕塑造？能否采用动物或植物造型？

② 颜色：白、红、蓝、绿、黑、紫等。可设想：能否采用一些淡雅颜色来保护视力？能否在笔上设置一些变幻图案，以吸引消费者？

③ 状态：固定式、活动式、单色笔、双色笔等。可设想：能否设计一种可自由弯曲的笔？能否设计一种可折叠的多色笔？

（3）动词特性。

① 功能：书写、复写、绘图等。可设想：可否制成带磁性按摩器的笔？可否制成带指

南针的笔？可否制成带放大镜的笔？可否制成带发光装置的笔？可否制成带计算器的笔？可否制成带反光镜的牙科笔？可否制成涂胶水的笔？

② 作用：文具。可设想：能否拓展为工艺精品笔？能否拓展为生肖纪念笔？能否拓展为情侣对笔？

案例 4　奶粉的缺点列举

主要缺点：

（1）喝了牛奶，肚子会发胀，不易消化。

（2）牛奶的营养成分不够全面。

（3）口味单调，味太重容易倒胃。

（4）热值偏高，喝了易发胖。

（5）对婴儿来说，牛奶还不能完全取代母乳。

改进方案：

（1）某些人因肠道缺乏一种酶，不易消化牛奶，只要在奶粉中添加少量的乳糖酶，就可生产出易消化型的奶粉。

（2）强化牛奶成分和营养量，适当添加一些动物蛋白或植物蛋白，就可生产出鸡蛋牛奶、黄豆牛奶等新产品。

（3）如果在奶粉中添加些果汁粉、蔬菜粉、可可粉等，就可改变牛奶的口味。

（4）为解决牛奶热值偏高的问题，可通过技术手段生产出脱脂奶粉、低胆固醇奶粉。

（5）由于母乳中的成分较多，还有一些机理尚未揭示，所以用牛奶取代母乳需要有一个较长的过程。

案例 5　列举长柄弯把雨伞的缺点

（1）伞太长，不便于携带。

（2）弯把手太大，在拥挤的地方会钩住别人的口袋。

（3）打开和收拢不方便。

（4）伞尖容易伤人。

（5）太重，长时间打伞手会疼。

（6）伞面遮挡视线，容易发生事故。

（7）伞湿后，不易放置。

（8）抗风能力差，刮大风时会向上开口成喇叭形。

（9）骑自行车时打伞容易出事故。

（10）伞布上的雨水难以排除。

（11）长时间打伞走路太无聊。

（12）两个人使用时挡不住雨。

（13）手中东西多时，无法打伞、无法收拢。

（14）夏天太阳下打伞太热。

针对以上这些缺点，可以提出许多改进方案，具体如下。

（1）可折叠伸缩的伞。

（2）伞布经防水处理，伞就不会透水。

（3）伞布有多种图案，既增加美观，又便于识别，不易拿错。
（4）伞尖改为圆形，不易伤人。
（5）伞顶加装集水器，上车收伞时雨水不会滴在车内。
（6）伞骨不用铁制，就不会生锈。
（7）开收方便的自动伞。
……

四、自我训练

1．创建计划书

制订润滑油中机械杂质的检测装置的创新计划，如表3-17所示。

表3-17　制订润滑油中机械杂质的检测装置的创新计划

针对润滑油中的机械杂质检测过程复杂，不能自动检测，也不易实现在线检的缺陷，利用列举创新法，对人工检测装置的缺点进行列举：（1）需要加热；（2）过滤；（3）烘干；（4）称重。 人工检测是目的是得到杂质的含量。不称重也能得到杂质含量，每升中含有多少颗粒也能得到含量，只需求出颗数，将压力传感器移植过来，将润滑油对着压力传感墙加压，可求出单位面积墙上杂质的数量而得到结果。		
1．润滑油的机械杂质检测特征描述	颗粒很小，不易检测	
	含量小	
2．润滑油的机械杂质检测的方法	加热过滤称重	
	机器磨损程度	
	仿人体触觉方法	
3．技术管理方法描述	1．加热过滤称重 控制手段有＿＿＿＿＿＿＿＿＿＿ 2．机器磨损程度 控制手段有＿＿＿＿＿＿＿＿＿＿ 3．机器仿人体触觉方法 控制手段有＿＿＿＿＿＿＿＿＿＿	
4．解决方案描述	现有的检测方法就是加热过滤称重的烦琐方法，不太容易改进。根据检测机器磨损程度判断润滑油的机械杂质，不易实现。而采用仿人体触觉的方法较易实现	
5．润滑油的机械杂质检测的系统设计	设计若干压力传感器，将加热的润滑油压到压力传感器板上，去检测单位面积杂质的个数；由于杂质微小，不易感知到微小的压力，借鉴显像管的扫描原理，利用电子束才可实现；构建润滑油机械杂质个数与油品的关系模型；由显示器显示油品质量。 结论：仿人体触觉方法可实现	
6．自我评价	1．列出你所有的方案。 ＿＿ 2．找出一种或多种可实现的方案。 ＿＿ 3．在一个雨伞的创意中，说说列举了哪些缺陷？ ＿＿	

2. 撰写专利的主要内容

针对创新计划书，通过分析与比较，依据润滑油中机械杂质含量的检测装置的现状，采用对润滑油中机械杂质含量的检测的解决方案，以提高检测的效率。

文件 1: **说明书摘要**

本发明公开了一种润滑油中机械杂质含量检测装置，包括支架，设置在支架上的加压器、润滑油容器、采压器、控制器和显示屏；采压器包括壳体、设置在壳体中的电子枪和偏转线圈；润滑油容器靠近采压器的侧壁上设置有压电靶，压电靶为多个微型压电式压力传感器正交组成传感器阵列；温度传感器、加压器、加热器、压电靶、采压器和显示屏均与控制器之间电连接。当润滑油容器中充入润滑油后，加热器将润滑油加热到 70～80 ℃后，加压器向采压器方向移动加压，润滑油中机械杂质就会在采压器的压电靶上产生不同的电压，杂质含量越高，产生电压的传感器越多，通过处理器进行处理后，把结果显示在显示屏上。检测方便、效率高，且检测结果精度高。

文件 2: **权利要求书**

1. 一种润滑油中机械杂质含量检测装置，其特征在于，包括支架，设置在支架上加压器、润滑油容器、采压器、控制器和显示屏，润滑油容器位于加压器和采压器之间，润滑油容器底部设置有加热器，润滑油容器中设置有温度传感器，支架上设置有滑轨，润滑油容器活动式卡设在滑轨上。

所述采压器包括壳体、设置在壳体中的电子枪和偏转线圈；润滑油容器靠近采压器的侧壁上设置有压电靶，压电靶为多个微型压电式压力传感器正交组成传感器阵列。

所述温度传感器、加压器、加热器、压电靶、采压器和显示屏均与控制器之间电连接。

采用上述装置检测润滑油中机械杂质含量的方法，包括如下步骤。

步骤 1：将含有机械杂质的润滑油灌装在润滑油容器，控制器控制加热器工作，将润滑油加热至设定温度后，控制器控制加压器推动润滑油容器向采压器方向移动，润滑油中的机械杂质颗粒挤压对应的各个压力传感器，压力传感器受压后，产生电荷。

步骤 2：通过控制器控制采压器工作，电子枪发射的电子在聚焦线圈产生的磁场作用下，聚焦成细电子束，当电子束接触到压电靶上某个压力传感器受压产生的电荷后，电子枪阴极、压电靶等效电阻、负载 RL 和电源构成一个回路，回路中有电流流过。

步骤 3：电子束在偏转线圈产生的磁场作用下，按一定规律扫过压力靶靶面上的各个压力传感器，润滑油中杂质含量越高，产生电荷的压力传感器越多，则负载 RL 上依次得到与机械杂质含量相对应的电流信号，控制器根据该电流信号统计压力靶面上产生电荷的压力传感器的个数，连续统计 N 次，N 为正整数，且 $N \geq 3$，通过对 N 次统计结构求平均数得出润滑油中的机械杂质含量，并将结果通过显示屏显示。

2. 根据权利要求 1 所述的润滑油中机械杂质含量检测装置，其特征在于，所述压电式压力传感器采用石英晶体材料制成，压力传感器不受压时，无电荷输出，受压时，输出电荷。

3. 根据权利要求 1 或 2 所述的润滑油中机械杂质含量检测装置，其特征在于，所述润滑油容器为长方体壳状，其上端开口，润滑油容器上靠近加压器的侧壁为压力板，该压力板上设置有第二电磁铁；加压器为固定在支架的第一电磁铁；通过控制器控制第一电磁铁和第二电磁铁的通、断，所述第一电磁铁和第二电磁铁通电后，磁极相同。

4. 根据权利要求 3 所述的润滑油中机械杂质含量检测装置，其特征在于，所述第二电磁铁的控制电路包括三极管 VT1，VT1 的基极经电阻 R1 接控制器的输出端，三极管 VT1 的集电极接地，三极管 VT1 的发射极通过并联的第二电磁铁 HA 与保护二极管 VD1 连接稳压模块的输出端，VT1 的发射极经电阻 R2 连接控制器的输入端，并经电阻 R3 接地；三极管 VT1 为开关。

5. 根据权利要求 4 所述的润滑油中机械杂质含量检测装置，其特征在于，所述润滑油容器和加压器之间设置有复位弹簧。

6. 根据权利要求 1 所述的润滑油中机械杂质含量检测装置，其特征在于，所述润滑油设定的加热温度为 70~80 ℃，当加热温度超过 80 ℃后，控制器控制加压器推动润滑油容器向采压器方向移动。

文件 3：　　　　　　　　　　说明书
一种润滑油中机械杂质含量检测装置

技术领域

本发明涉及一种润滑油中机械杂质含量检测装置。

背景技术

润滑油中的机械杂质，则会破坏油膜，增加磨损，堵塞油过滤器，促进生成积炭等，由于检测起来过程复杂，不易实现在线检测。

发明内容

本发明的目的在于提供一种润滑油中机械杂质含量检测装置，解决现有技术中润滑油中的机械杂质检测过程复杂，不易实现在线检的技术问题。

本发明为了解决上述技术问题，采用如下技术方案。

一种润滑油中机械杂质含量检测装置，包括支架，设置在支架上加压器、润滑油容器、采压器、控制器和显示屏。润滑油容器位于加压器和采压器之间，润滑油容器底部设置有加热器，润滑油容器中设置有温度传感器，支架上设置有滑轨，润滑油容器活动式卡设在滑轨上。

所述采压器包括壳体、设置在壳体中的电子枪和偏转线圈；润滑油容器靠近采压器的侧壁上设置有压电靶，压电靶为多个微型压电式压力传感器正交组成传感器阵列；所述温度传感器、加压器、加热器、压电靶、采压器和显示屏均与控制器之间电连接。

采用上述装置检测润滑油中机械杂质含量的方法，包括如下步骤。

步骤 1：将含有机械杂质的润滑油灌装在润滑油容器上，控制器控制加热器工作，将润滑油加热至设定温度后，控制器控制加压器推动润滑油容器向采压器方向移动，润滑油中的机械杂质颗粒挤压对应的各个压力传感器，压力传感器受压后，产生电荷。

步骤 2：通过控制器控制采压器工作，电子枪发射的电子在聚焦线圈产生的磁场作用下，聚焦成细电子束，当电子束接触到压电靶上某个压力传感器受压产生的电荷后，电子枪阴极、压电靶等效电阻、负载 RL 和电源构成一个回路，回路中有电流流过；且电流的大小取决于压力靶该压力传感器受压产生的电荷值，电荷值越大的流过负载 RL 的电流

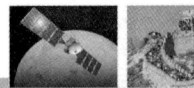

就越大，负载 RL 两端产生的压降也就越大。

步骤 3：电子束在偏转线圈产生的磁场作用下，按一定规律扫过压力靶靶面上的各个压力传感器，润滑油中杂质含量越高，产生电荷的压力传感器越多，负载 RL 上依次得到与机械杂质含量相对应的电流信号，控制器根据该电流信号统计压力靶面上产生电荷的压力传感器的个数，连续统计 N 次，N 为正整数，且 $N \geq 3$，通过对 N 次统计结构求平均数得出润滑油中的机械杂质含量，并将结果通过显示屏显示。

进一步改进，所述压电式压力传感器采用石英晶体材料制成，压力传感器不受压时，无电荷输出，受压时，输出电荷。因此可认为靶面是由许多细小的各自独立单元压力素组成的，每一个压力素都可采集到润滑油中的一个机械杂质。

进一步改进，所述润滑油容器为长方体壳状，其上端开口，润滑油容器上靠近加压器的侧壁为压力板，该压力板上设置有第二电磁铁；加压器为固定在支架的第一电磁铁；通过控制器控制第一电磁铁和第二电磁铁的通、断，所述第一电磁铁和第二电磁铁通电后，磁极相同。

进一步改进，所述第二电磁铁的控制电路包括三极管 VT1，VT1 的基极经电阻 R1 接控制器的输出端，三极管 VT1 的集电极接地，三极管 VT1 的发射极通过并联的第二电磁铁 HA 与保护二极管 VD1 连接稳压模块的输出端，VT1 的发射极经电阻 R2 连接控制器的输入端，并经电阻 R3 接地；三极管 VT1 为开关，通过控制器输出高、低电平控制三极管 VT1 的导通或关断，使得第二电磁铁通电或断电，第二电磁铁通电时产生磁性，且与第一电磁铁的磁极相同，在第一电磁铁的推动力作用下，润滑油容器向采压器移动。

进一步改进，所述润滑油容器和加压器之间设置有复位弹簧，当第二电磁铁断电后，磁场消失，在弹簧的恢复力作用下润滑油容器向加压器一侧移动。

进一步改进，所述润滑油设定的加热温度为 70～80 ℃，当加热温度超过 80 ℃后，控制器控制加压器推动润滑油容器向采压器方向移动。

与现有技术相比，本发明的有益效果如下。

本发明包括加热器、加压器、润滑油容器、采压器、控制器和显示屏。加压器与采压器之间为润滑油容器，润滑油容器带有加热器、采压器经过处理器与显示屏相连。当润滑油容器中充入润滑油后，加热器将润滑油加热到 70～80 ℃后，加压器向采压器方向移动加压，润滑油中机械杂质就会在采压器的压电靶上产生不同的电压。杂质含量越高，产生电压的传感器越多，通过处理器进行处理后，把结果显示在显示屏上。本检测装置操作简单，仅需充入少量润滑油到容器中，就能快速检测出润滑油中的机械杂质含量。检测方便、效率高，且检测结果精度高。

附图说明

图 3-23 为润滑油中机械杂质含量检测装置的结构示意图。

图 3-24 是本发明采压器结构图。

图 3-25 是本发明压电靶的结构图。

图 3-26 是本发明的电子枪结构图。

图 3-27 是本发明采压器的工作原理图。

图 3-28 是本发明第二电磁铁的控制电路。

具体实施方式

为使本发明的目的和技术方案更加清楚，下面将结合本发明实施例对本发明的技术方案进行清楚、完整地描述。

实施例一

如图 3-23～图 3-26 所示，一种润滑油中机械杂质含量检测装置，包括支架，设置在支架上加压器 1、润滑油容器 3、采压器 4、控制器 5 和显示屏 6。润滑油容器 3 位于加压器 1 和采压器 4 之间，润滑油容器 3 底部设置有加热器 2，润滑油容器中设置有温度传感器，支架上设置有滑轨，润滑油容器活动式卡设在滑轨上。

所述采压器包括壳体、设置在壳体中的电子枪 22 和偏转线圈 24；润滑油容器靠近采压器的侧壁上设置有压电靶 21，压电靶 21 为多个微型压电式压力传感器正交组成传感器阵列；所述温度传感器、加压器、加热器、压电靶、采压器和显示屏均与控制器之间电连接。

在本实施例中，所述压电式压力传感器采用石英晶体材料制成，压力传感器不受压时，无电荷输出，受压时，输出电荷。因此可认为靶面是由许多细小的各自独立单元压力素组成的，每一个压力素都可采集到润滑油中的一个机械杂质。

在本实施例中，所述润滑油容器为长方体壳状，其上端开口，润滑油容器上靠近加压器的侧壁为压力板，该压力板上设置有第二电磁铁；加压器为固定在支架的第一电磁铁；通过控制器控制第一电磁铁和第二电磁铁的通、断，所述第一电磁铁和第二电磁铁通电后，磁极相同。

在本实施例中，如图 3-28 所示，所述第二电磁铁的控制电路包括三极管 VT1，VT1 的基极经电阻 R1 接控制器的输出端，三极管 VT1 的集电极接地，三极管 VT1 的发射极通过并联的第二电磁铁 HA 与保护二极管 VD1 连接稳压模块的输出端，VT1 的发射极经电阻 R2 连接控制器的输入端，并经电阻 R3 接地；三极管 VT1 为开关，通过控制器输出高、低电平控制三极管 VT1 的导通或关断，使得第二电磁铁通电或断电，第二电磁铁通电时产生磁性，且与第一电磁铁的磁极相同，在第一电磁铁的推动力作用下，润滑油容器向采压器移动。

在本实施例中，所述润滑油容器和加压器之间设置有复位弹簧，当第二电磁铁断电后，磁场消失，在弹簧的恢复力作用下润滑油容器向加压器一侧移动。

如图 3-24 所示，其中所述采压器包括电子枪 22，并且装在玻璃管 23 内，在玻璃管 23 外还装有偏转线圈 24，所述压电靶 21 位于采压器的前端，它是由许多微型压电式压力传感器正交组成的传感器阵列，压电靶 21 的结构如图 3-25 所示，在不受压时，无电荷输出，受压时，输出电荷，因此可认为靶面是由许多细小的各自独立单元压力素组成的，每一个压力素都可采集到润滑油中的一个机械杂质。

在本实施例中，所述电子枪 22 被封装在真空度很高玻璃管壳内，如图 3-26 所示，由灯丝（F）、阴极（K）、栅极（G）、加速极（第一阳极 A1）、聚焦极（第三阳极 A3）、高压阳极（第二阳极 A2、第四阳极 A4）组成。灯丝由钨丝组成，接上额定电压，钨丝发热，加热阴极，使之发射电子。阴极是一个金属圆筒，筒内罩着灯丝，筒上涂有金属氧化物，受热后可以发射电子。栅极也是一个金属圆筒，中间有一个小孔，让电子束通过。

由于它距离阴极很近，其电位的变化对穿过的电子束有很大的影响。实际中要求栅极电位低于阴极，形成一个负栅极电压，即 UGK=UG-UK 为负值。UGK 的负值越大，阴极发射电子的数量越少，束电流越小。加速极加有几百伏的正电压，用以加速电子。聚焦极加上所需的正常可调正电压，使电子束聚成很细的一束。聚焦电压在几百伏内。高压阳极是用金属连接起来的两个中央有小孔的金属圆筒，中间隔着第三阳极，给它们加上正常的工作电压，使电子束进一步加速和聚焦。高压阳极电压为 10 kV 以上。高压由高压帽提供，它经高压插座与管壁内的石墨层相通，再通过金属弹簧片和第二、四阳极相接。

在本实施例中，如图 3-27 所示为偏转线圈的外形及结构，水平与竖直偏转线圈都是由两组完全相同的绕组串联或并联连接而成的，但水平偏转线圈呈马鞍形绕制，竖直偏转线圈呈环形绕制。所述偏转线圈（DY）安装在采压管的颈部，其作用是当在偏转线圈中流过锯齿波电流时，能够产生按照设定频率变化的相互垂直的偏转磁场，控制电子束完成从左到右、从上到下的扫描，采集各点的压力信号。进一步，所述偏转线圈（DY）中锯齿波电流由专用锯齿波发生器产生，其频率可人为设定。

采压器的工作过程，如图 3-27 所示。当含有机械杂质的润滑油通过微型加压器加压到压电靶上时，润滑油中的每一个机械杂质会在压力靶对应的压力传感器上产生电荷。由于润滑油中的机械杂质含量不同，所以靶面各单元受压强度不同，导致靶面各单元电荷输出不同，有机械杂质的传感器输出电荷，无机械杂质的传感器不输出电荷。杂质越多，有电荷输出的传感器越多。结合图 3-27，电子枪能发射电子，其发射的电子能在聚焦线圈产生的磁场作用下，聚焦成很细的电子束，当电子束接触到靶面某单元时，就使电子枪阴极、光电靶等效电阻、负载、电源构成一个回路，在负载 RL 中就有电流流过，而电流的大小取决于压力靶在单元的电荷值。电荷值越大的流过负载 RL 的电流就越大，因而在 RL 两端产生的压降也就越大。

当电子束在偏转线圈产生的磁场作用下，按一定规律扫过靶面各单元时，便在负载 RL 上依次得到与机械杂质含量相对应的电信号，从而完成了一幅压力靶面的机械杂质统计，连续统计 N 次压力靶的数据，可通过求平均数的方法，得出润滑油中的机械杂质含量。

实施例二

采用上述装置检测润滑油中机械杂质含量的方法，包括如下步骤。

步骤 1：将含有机械杂质的润滑油灌装在润滑油容器上，控制器控制加热器工作。将润滑油加热至 70～80 ℃，当加热温度超过 80 ℃后，控制器控制加压器推动润滑油容器向采压器方向移动，润滑油中的机械杂质颗粒挤压对应的各个压力传感器，压力传感器受压后，产生电荷。

步骤 2：通过控制器控制采压器工作，电子枪发射的电子在聚焦线圈产生的磁场作用下，聚焦成细电子束。当电子束接触到压电靶上某个压力传感器受压产生的电荷后，电子枪阴极、压电靶等效电阻、负载 RL 和电源构成一个回路，回路中有电流流过；且电流的大小取决于压力靶该压力传感器受压产生的电荷值，电荷值越大的流过负载 RL 的电流就越大，负载 RL 两端产生的压降也就越大。

步骤 3：电子束在偏转线圈产生的磁场作用下，按一定规律扫过压力靶靶面上的各个压力传感器。润滑油中杂质含量越高，产生电荷的压力传感器越多，负载 RL 上依次得到与机械杂质含量相对应的电流信号，控制器根据该电流信号统计压力靶面上产生电荷的压力传感器的个数，连续统计 N 次，N 为正整数，且 $N \geq 3$，通过对 N 次统计结构求平均数得出润滑油中的机械杂质含量，并将结果通过显示屏显示。

本发明中未做特别说明的均为现有技术或通过现有技术即可实现的，而且本发明中所述具体实施案例仅为本发明的较佳实施案例而已，并非用来限定本发明的实施范围。即凡依本发明申请专利范围的内容所做的等效变化与修饰，都应作为本发明的技术范畴。

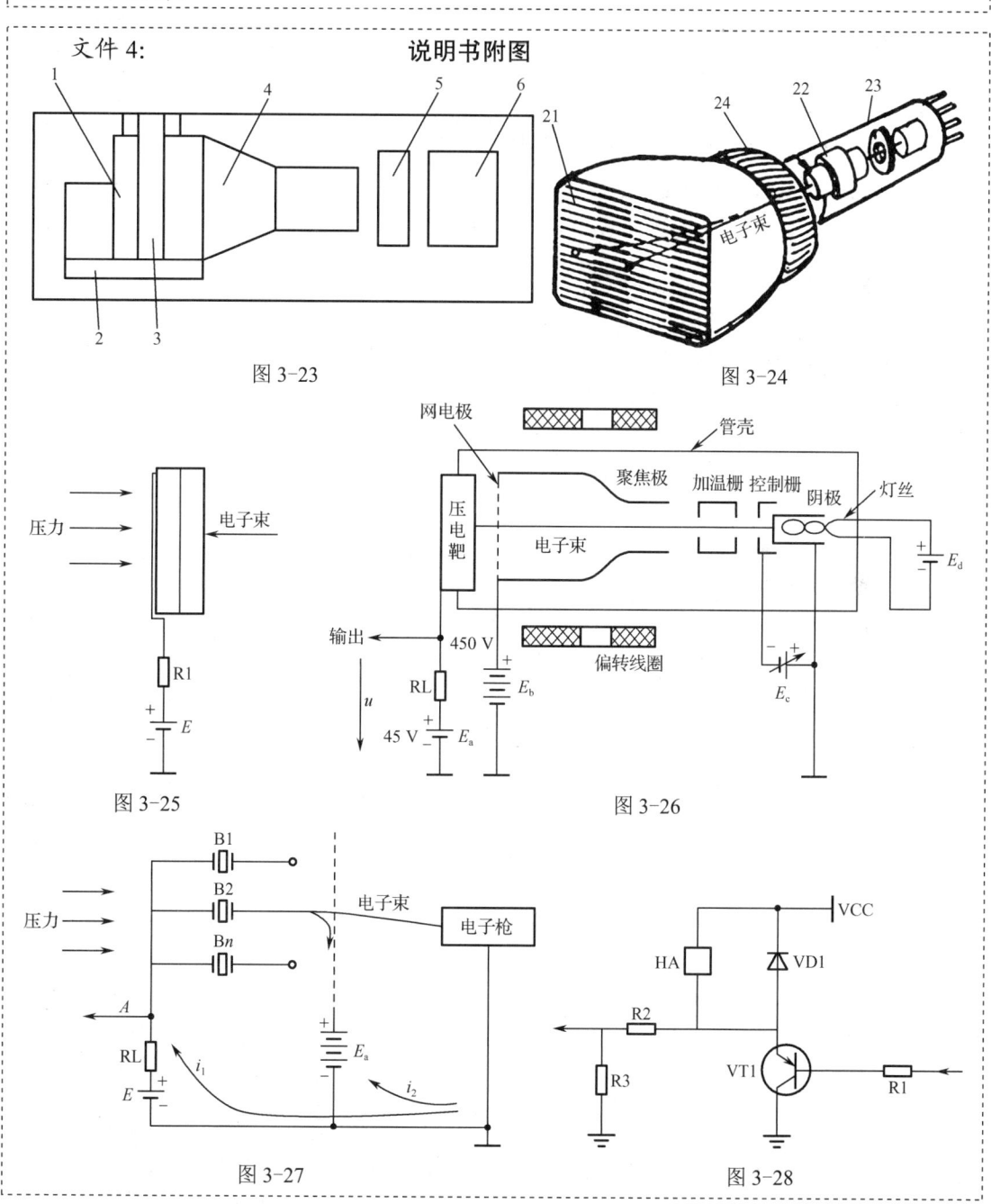

文件4： 说明书附图

图 3-23

图 3-24

图 3-25

图 3-26

图 3-27

图 3-28

五、检验评估

1. 思考题

（1）什么是特性列举法？

（2）列举缺点的目的是什么？

（3）列举缺点应从哪些方面入手？

（4）一般产品的特性可按哪三大类进行分解？

（5）为什么要把所有的特性列举出来？

（6）请写出特性列举法的步骤？

（7）运用特性列举法对手表进行改进。

（8）尽可能多地列举下列物品的缺点：眼镜、日光灯、裤子、热水袋、收音机。

（9）还有什么方法能让肥皂不易粘住肥皂盒底？（凸点、凸条、开孔等。）

2. 创新题

（1）下面的材料给出了"蚊子和蚊香"的问题。请提出一个改进蚊香的方案。

① 在炎热的夏天，讨厌的蚊子，叮咬人，也传染疾病。

② 点上蚊香，气味太重，容易中毒。

③ 蚊子有趋光性，但晚上又必须开灯。

在一块由 PTC 材料制成的加热器上放置除虫菊脂药片的新型"电子蚊香"，受热时挥发出清香的气味，达到了驱蚊的目的，但效果也不佳，还增加了电耗。

（2）怎样克服自行车的不足？

自行车是一种交通工具，经常骑自行车可以锻炼身体。但自行车也有缺点：不防雨、上坡费力。你能否给自行车做一点新的改进？

3. 实训题

仔细观察电梯本体、电梯运行情况和安全情况。针对垂直电梯、自动扶梯可分开观察，特别是电梯的安全情况，采用缺点列举法进行创新。

要求完成：

（1）详细描述电梯运行情况，并列举出其安全缺陷。（需要对细节进行详细描写，字数不少于300字）

（2）根据题意，说明你想解决的问题。（列举不少于10条）

（3）选取其中一条，说明大致解决方案。（至少有一个可行方案，但可以不知道某些模块的具体方案）

（4）针对第（3）条，查阅中国知网、中国专利信息网，认真学习别人的专利，读懂其中一个专利，并抄录下来。

4. 完成评价表

完成评价表，如表3-18所示。

表 3-18 评价表

评价指标	检验说明	检验记录
检查项目	1. 思考题 2. 观察题 3. 作图题 4. 判断题 5. 其他	
结果情况		

评价内容	检验指标	权重	自评	互评	总评
任务完成情况	1. 过程情况				
	2. 任务完成的质量				
	3. 在小组完成任务的过程中所起的作用				
专业知识	1. 能描述列举法创新的概念				
	2. 能说出从哪些方面去列举产品的缺陷				
	3. 能找到一个用列举法创新的案例				
	4. 会用列举法创新一个产品				
	5. 会写专利文件				
职业素养	1. 学习态度：积极主动参与学习				
	2. 团队合作：与小组成员一起分工合作，不影响学习进度				
	3. 现场管理：积极参与讨论				
综合评价与建议					

项目四

专利文件撰写与申请训练

如何写好专利申请文件？由于很多专利申请人都是第一次申请，因此，可能会有一种神秘感和些许恐惧。不妨先了解一下创新发明的相关知识。

一、创新发明的特点与属性

一个优秀的创新发明，应具备新颖性、先进性、实用性和科学性。

1. 新颖性

新颖性指在提出这项创新以前，或是在申请该专利以前，没有出现过同样功能、构思、技术的东西，或者同样的制作方法。这里指过去时间上从没有出现过，公开方式上包括从没有在国内或国外的报刊、书籍、广播、电视、电影、展览中出现过，生产、生活实践中公开使用过的；从"体性"来看，判断一项发明是否具有新颖性，限于将现在的一个创新的"个体"同过去已有的同类东西的"个体"进行比较，而不能同时把过去已有的许多"个体"拼凑起来比，即不能用过去的众多"个体"同现在的一个"个体"进行比较；从"主体"来看，这项创新的主体部分同过去已有的东西进行比较，是不是具有新的功能，是不是有新的使用方法。假如，它们只在外形上做些改变，而主体结构和功能同过去已有的东西基本相同，就不能称具有新颖性。

如何使你的创新具有新颖性呢？一般要求：第一，可以满足人们生活和生产的需求，社会需要什么新用品，你就发明什么；第二，可以对已有创新发明进行改进与完善，即可做"补充创新发明"；第三，可以使老产品功能更强大，性能更优秀；第四，也可在没有任何已有发明的借鉴下，完全凭个人的知识和经验，运用各种创新技法进行独创，这就具有绝对的新颖性。

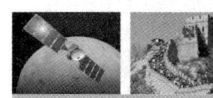

2. 先进性

先进性是创新的又一个重要质量标准。具有了新颖性，并不就是一项优秀的创新了。因为，对创新而言，除新颖性外，还要看它使用起来是否方便又省力，是否提高了工作效率，技术上是否比已有的东西先进？

衡量一项创新的先进性，主要采取比较的方法。创新的先进性是指一项创新在与原有类似产品相比时，其用途和性能是否更先进，技术是否更进步，是否解决了以前没有解决的难题。或者，在制作上是否采用了新的方法、工艺，提高了其性能。

3. 实用性

一项优秀的创新不但应具备新颖性和先进性，还应该具备实用性。实用性也是创新的一条重要的质量标准。有些创新，虽然结构新颖，技术也比较先进，但是不实用，或者制作难度很大，或者不能投入生产，或者即使生产出来，使用起来也极为不便，这些作品的社会效益很差。这样的创新就不具备实用性。因此，在进行一项创新时，一定要先认真想一想，这项创新发明有没有实用性。因此，创新的实用性不能只有想法、构思、设计图纸、象征性的模型，而是要做成实物，经过检验，证明这些想法、设计是合理的、可行的，可否达到预想的效果，显示出其使用价值。接着，要看创新能不能解决生产、工作、生活中的实际问题，以及能否产生良好的社会效益。

4. 科学性

科学性也是衡量创新的一个重要标准。科学性指创新的性能、原理、构造、方法等要有科学依据，不违背科学原理，不损害人们、社会的整体、长远的利益。

创新发明的科学性要经过实验检查、分析、鉴定。科学性不仅考虑创新本身，还要考虑环境、安全等其他因素。例如，有一位同学发明了一种无泪蜡烛，是用几层塑料薄膜把普通蜡烛包起来，使蜡烛亮度增大，不流泪，耐燃。但这种蜡烛在燃烧过程中，周围的塑料也跟着燃烧，而塑料燃烧时放出有毒气体，造成了环境污染，危害人们的健康。所以，这项创新发明不具有科学性。因此，在创造发明过程中，一定要按照一定的科学道理进行构思、设计与制作，决不能盲目行事。

二、创新发明的程序

任何一个创新发明的创作都有一个循序渐进的程序，包括需求与观察、联想与设计、绘图与制作、实验与说明。这个程序往返重复、逐步提高，就能获得创新的作品。

1. 需求与观察

需求来自生活，因此，需要仔细观察生活与工作中的某一需求，充分调查，选定创新的目标，然后下功夫进行研究，从而获得创新。如有人观察到生活中草帽不用时背在背上很不方便，而且淋雨后会变色，影响美观。他们调查了解到人们不但需要太阳帽的美观、结实，还要能折叠，易携带等，然后针对这种需求，反复研究，发明了尼龙面料、折叠式太阳帽。

创新发明需要观察。世界闻名的生物学家达尔文说过，我既没有突出的理解力，也没有过人的机智，只是在觉察那些稍纵即逝的事物并对它进行精细观察的能力上，我比众人强。要想搞创新作品，首先要注重观察，善于观察周围的事物，提高自己的观察能力。如法国园艺师约瑟夫·莫尼尔观察到水泥同沙子、石头混合，可制作成混凝土，具有很好的耐高压性，但它的抗拉强度比较低。莫尼尔又观察到植物根系在松软的土壤里，相互交叉成网状的结构，尽管土壤很松散但交叉成网状的植物根系把土壤抱成了一团变得很有抗拉强度。于是，莫尼尔在制作混凝土时在里面加了一些网状结构的铁丝，制作出了非常坚固的钢筋混凝土。

事实上，每个人每一天都在观察，但有些人能从观察中找到发明，而有些人却找不到。为什么呢？法国细菌学家巴斯德说得好："在观察的领域中，机遇只偏爱那种有准备的头脑。"那么，怎样才能提高自己的观察能力呢？

第一，观察要有目的。观察时要明确观察什么？主要是要弄清楚被观察事物的特性、特点和原理。这样才能发现事物最本质的特征，才有可能进一步发现问题，提出问题，进而解决问题。

第二，观察要仔细。要观察事物的方方面面，善于发现某种事物或现象的微小变化，不放弃任何一点值得探求的线索，这样才会发现事物的一些新特征，产生新的构思。

第三，观察要深入。观察时不仅要用"放大镜"看问题，还要用"显微镜"看问题，要从外部深入内部去观察，这样能发现事物的内部特征和本质，才能启发灵感，产生创造发明的新选题。

第四，观察时要有比较。通过深入的观察，比较两种事物之间的不同特征和它们之间的联系，发现其中的不同点和相同点，并且通过比较、想象，构思出新的事物或新的方法。

由此可知，要想步入学科创新的大门，首先要经过有目的的、仔细的、深入的观察，要养成善于观察、善于提出问题的习惯。如果对平时司空见惯的东西，熟视无睹，那绝对不会从身边的事物中发现那些不满意、不方便、不习惯或不顺手的地方，这样也就找不到发明创造的选题了。为了养成发现问题的好习惯，就要用"陌生的眼光"看待每一样东西，多问几个为什么。

2. 联想与设计

什么叫联想？联想是从彼事物想到此事物的一种心理过程，从当前的事物回忆起相关的另一种事物，或者从想起的一种事物又想到另一种事物，都是联想。如石家庄的王学青同学借鉴气球的原理，发明了"充气地球仪"，解决了常用的大地球仪体积大，携带不方便的问题。因此，联想能力就是将旧观念同现实结合，进而产生新观念的能力，它能为我们捕捉发明的灵感。联想也可以使人们接收到更多信息的启示，激发灵感，加速创新的进程。

只有具有广博的知识、丰富的阅历，并勇于突破传统思想和习惯的束缚，才能做到善于联想，把握联想瞬间迸发出的创新火花。

针对某一事物的优缺点，提出大量的问题并产生众多的联想，由于受知识的限制，其中有的是可能达到的想象，有的是创造性的积极幻想，但有的是毫无把握的空想。要获得"创新发明"的选题，还必须从联想中进行筛选，淘汰那些不切合实际或暂时达不到的想法。如针对雨衣上流下来的雨水会淋湿裤脚和鞋子这一缺点，可以想出许多方法，如将雨衣同鞋子连起来做成连鞋雨衣，但不大方便；又如将雨衣的下摆做成雨伞模样的硬边，远

离裤子，但携带不方便；而北京小学生林恒韬同学将雨衣的下边改成雨伞的模样，在雨衣的底边装上一个可充气的塑料管，穿时吹满气撑开，不用时把气放掉，既方便又可实现。

因此，对于各种联想需进行筛选，有了基本上可行的想法，就可以进行初步的设计。在对某一想法的各种设计中，又会出现简单问题复杂化和复杂问题简单化的情况，既有创造性、先进性的，也有没有创造性、过时的；既有有使用价值的，也有没有使用价值的。这时就需要再次进行筛选，寻找确属创新的、可行的设计方案。

3. 绘图与制作

可行性设计方案往往只是一个想象的简单轮廓。无论想象物多么简单，都必须绘出加工图纸。这是制作创新前的必要步骤。同时，这也有利于训练绘图能力，培养科学、严谨的工作作风。

有了加工图纸，准备好原材料和各种制作工具，然后按图纸制作。制作过程中，如果发现图纸有问题，可以修改图纸或重绘。当然，在制作过程中可能会遇到各种意想不到的问题，需要及时解决。

4. 实验与说明

创新发明作品制作完成后，要进行实验，在实验中证实或修订设计方案。创新发明是需要不断改进、设计、实验和修正的，如此循环往复，才能有高水平的创新。

创新发明作品完成后，在公开时，要写出说明书，以便推广使用。说明书的内容，一般包含功能、结构、器材、制作、操作、原理等。有些发明作品，一看示意图就明白的，就可写得简单一些，不需要面面俱到。

总之，创新发明的目的就是要创造出新的事物和方法，在创新发明的过程中创造思维贯穿始终。从创造心理上分析，一般可分为准备、酝酿、顿悟、验证4个阶段。

准备阶段。它是创造思维围绕着掌握的问题和收集资料而展开的，并决定着创造思维以后发展的方向。需要发明者有第一手的资料和与其有关的技术等方面的材料。这些材料要靠发明者观察、分析、探索实际问题来获得。在此基础上研究发明的方向和解决问题的关键。同时，对这些资料进行分析、比较、综合的思考，使发明的对象概念化、图像化和可视化。

酝酿阶段。这是探索解决问题的潜伏期，这一时期常常需要较长的时间。针对掌握的问题和收集的资料，发明者常常借助于发散性思维（求异思维、扩散思维），广开思路，从不同方面去思考、分析、比较、综合寻找解决问题的最好方法。

顿悟阶段。这是解决发明的具体问题的明朗时期，也称为灵感期。灵感在技术发明活动中的作用是十分突出的。它是人们在自觉或不自觉地想着某一问题时，在头脑中突然产生的一种使问题得到解决的想法。灵感往往是对某一问题进行长期研究，但久思不得其解，因此将其暂时搁置起来，去做一些与它无关的事的时候产生的。一般在做一些轻松愉快的事时更容易产生灵感。

验证阶段。这是对发明成果进行实际验证，判断其解决方法是否正确，并寻求更科学、更合理的创造途径的阶段。此时，需不倦地思索和探求，全力以赴，使发明成果更加完善。

三、申请前的准备

首先，必须进行专利申请前的准备工作。需要先到国家知识产权局的官方网站，看一下相关的专利申请受理和审批办事指南，以下介绍具体申请步骤。

1. 申请前查询

可以点击国家知识产权局的官方网站专利申请指南有关页面的链接，查询一下创意是否已有人注册过。但不建议这么做，原因是各种各样的专利多如牛毛——如果你要那么做，会耗费不少的时间——当然，如果时间和精力比较多，多查询多搜索也是非常有益的。检索时，建议使用相关行业、相关技术的通用词汇或技术关键字进行检索。例如，想申请一个关于鼠标改进的专利，不妨输入"鼠标""滑鼠"试试。当然，或许还可以输入"电脑""计算机"等。想怎么搜就怎么搜！如果已有人注册过，说明你的想法很好，人家早就想到了，你找到了同行人。如果没有，说明你的想法很独到，或者说，你是有此想法的世界第一人。如果最后的结果让你感觉自己的创意是最新的、最有价值的，加上正确的方法，专利申请的成功率就相当高。

2. 其他方面的考虑

（1）确定要申请的专利类型。如是发明专利，需确认是实用新型专利还是外观设计专利？如果是集成电路，就申请集成电路布图设计专利（2001年10月1日起新增）。

（2）确定是否需要专利代理。根据自己的需要，如果想试写一下专利申请书，就自己动手。如果是申请发明专利，或对自己的写作能力没有太多的自信，或是不想咬文嚼字，就让专利代理机构操刀。

（3）作为个人或受托开发单位，要确定是否为职务发明创造。作为个人，如果要申请的专利与自己的工作同属一个领域（或紧密相关），一定要取得单位的书面证明才能去申请个人专利。否则，专利申请成功后很可能引起所有权纠纷。而作为受托开发单位也要一开始就与委托人签订合同确定专利的所有权，否则也可能会有纠纷。

3. 申请文件准备

由于通常申请"实用新型专利"的居多，所以，以下就只讲实用新型专利的申请，其他的如法炮制即可。发明专利与实用新型专利的申请文件格式一样，只是把"实用新型"几个字换成"发明"（但审批方式有很大的区别，发明专利要经过实质审查才能授权）。

申请前，需要填写各种各样的申请表。这些都是固定格式的，在国家知识产权局的网站可以下载。

按照规定，申请实用新型专利，应当提交实用新型专利请求书、权利要求书、说明书、说明书附图、说明书摘要、摘要附图。所有申请文件应当一式两份。

建议下载相关"撰写示例"文档。如果需要申请实用新型专利，就下载"实用新型申请撰写示例（说明书）"。因为撰写的示例文档可以让你"依葫芦画瓢"，而且有许多详细的解释，可以让你少走弯路，节省更多的时间。下载完示例文档之后，再点击"表格下载"的链接，这样就进入与专利申请相关表格下载页面了。如果是第一次申报专利，只需要关注第一栏"与专利申请相关"的内容，再逐一下载相关文件：说明书、说明书附图、权利

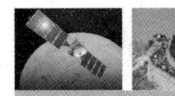

要求书、说明书摘要、接要附图、实用新型专利请求书、申请后提交文件清单、费用减缓请求书。

四、专利文档撰写

1. 实际操作步骤

先看"实用新型申请撰写示例（说明书）"，再依葫芦画瓢写出与你专利相对应的各部分内容。随后检查，确认无误后，将相关部分复制到权利要求书、说明书、说明书附图、说明书摘要、摘要附图中。最后，再填写"实用新型专利请求书""申请后提交文件清单"及"费用减缓请求书"。接下来就是打印上述除撰写示例文档外的所有文档各一份，再复印一份。如果没有复印机，就需要打印一式两份。事实上，专利局要求一份打印，另一份复印，以保证两份文档的高度一致性。整理好后就可以上交国家专利局了。

2. 具体操作

（1）仔细研读示例文档。具体操作时，首先打开"实用新型申请撰写示例（说明书）"文档（P020060510438053585660.doc），多看几遍。如果还不太明白，多看看其他已申请专利的格式和写作方法，直到完全看明白为止。

（2）依葫芦画瓢，填写相关内容。填写时，注意要严格按照示例文档中的要求进行，这是成功申请的前提。

（3）填写完成后，按上面步骤（1）介绍的方法完成其他各步即可。

3. 专利撰写格式

1）专利名称

（1）应简明、准确地表明实用新型专利请求保护的主题。这个名称，应该是需要保护的专利最具概括性的描述。例如，如果要申请一个新型鼠标方面的专利，用"3D 流线型暖手调温带 LED 照明的鼠标"就远比"一种鼠标"或"新型鼠标"更准确，保护的主题也更有针对性。它列出了要保护权利的诸多关键词：

"3D 流线型"——说明形状、外观；

"暖手""调温""带 LED 照明"——说明了重要的功能；

"鼠标"——说明了对象的主体。

言简意赅，个个词语切中要害。人家看到这个标题，就想试用这个产品。

（2）名称中不应含有非技术性词语，不得使用商标、型号、人名、地名或商品名称等。

（3）名称应与请求书中的名称完全一致，不得超过 25 个字。

这一点要特别注意，因为在填写申请书的过程中，可能需要不断地调整修改专利名称，以达到（1）所述的要求。有可能改了一个地方，另一些地方忘记修改了。事实上，这里的名称除"实用新型申请撰写示例（说明书）"内部需要统一外，与"实用新型专利请求书""费用减缓请求书"等相关文档中相应的专利名称描述也要严格保持一致。另外，要像（1）中所述的，要言简意赅，这样专利名称控制在 25 字是没有问题的。万一功能确实多，超过了 25 字，就应该将不太重要的词语去掉，如上面的"3D 流线型"。

2）专利说明书格式

专利说明书有一些常用的固定格式，具体如下。

所属技术领域

本实用新型涉及一种××××××，尤其是××××××（或者其特征是××××××）。

背景技术

目前，××××××。

这里指出目前现有问题，引证文献资料。可以指出当前的不足或有待改进之处或你的发明创造中有什么更有利的东西等，为了方便专利审查专家们审核专利，引经据典的要注明出处。

发明内容

为克服××××××的不足，本实用新型专利××××××。（要解决的技术问题。）

本实用新型专利解决其技术问题所采用的技术方案是：××××××。

这里需要严格按照示例文档中的要求写。

（1）技术方案应当清楚、完整地说明实用新型专利的形状、构造特征，说明技术方案是如何解决技术问题的，必要时应说明技术方案所依据的科学原理。

（2）撰写技术方案时，机械产品应描述必要零部件及其整体结构关系；涉及电路的产品，应描述电路的连接关系；机电结合的产品还应写明电路与机械部分的结合关系；涉及分布参数的申请时，应写明元器件的相互位置关系；涉及集成电路时，应清楚公开集成电路的型号、功能等。

（3）技术方案不能仅描述原理、动作及各零部件的名称、功能或用途，还需描述出与现有技术相比所具有的优点及其有益效果。

本实用新型专利的有益效果是××××××。（写出你的实用新型和现有技术相比所具有的优点及其有益效果。）

附图说明

下面结合附图和实施例对本实用新型专利进一步说明。

图1是本实用新型的××××××原理图。

图2是××××××构造图。

图3是××××××图。

……

图中：

1. ××× 2. ××× 3. ××× 4. ×××

5. ××× 6. ××× 7. ××× 8. ×××

……

附图说明：应写明各附图的图名和图号，对各幅附图做简略说明，必要时可将附图中标号所示零部件名称列出。

具体实施方式

在图1中，××××××。在图2中，××××××……

具体实施方式是实用新型专利优选的具体实施例。具体实施方式应当对照附图对实用

新型专利的形状、构造进行说明，实施方式应与技术方案相一致，并且应当对权利要求的技术特征给予详细说明，以支持权利要求。附图中的标号应写在相应的零部件名称之后，使所属技术领域的技术人员能够理解和实现，必要时说明其动作过程或操作步骤。如果有多个实施例，每个实施例都必须与本实用新型所要解决的技术问题及其有益效果相一致。

……

这些常用的格式，依葫芦画瓢就好，不用"发明"或"创造"。

例如，一种防盗印的印章的专利说明书说明如下。

说明书
一种防盗印的印章

技术领域

本发明涉及印章技术领域，具体涉及一种防盗印的印章。

背景技术

印章是一种印于文件上表示鉴定或签署的工具，从古代就开始被使用，如陶谦三让徐州，关羽挂印封金等著名历史事件中均使用到。即使在技术高速发展的现代社会，印章在生产生活中仍然被广泛使用。但是传统的印章一直存在着一个问题，就是容易被盗用，损害权益人的利益，甚至影响正常的经济和社会秩序。为了规范印章的使用，国家、企事业单位，以及各组织机构的各种印章都由专管人员进行保管，只有专管人员才可使用印章进行加印，一般保管的方式也仅仅是将印章锁入保险柜、抽屉或工具柜中，这种方法使用极为不便。如果印章没有锁入或携带外出时，就会处于失控状态，易被盗用。所以目前迫切需要从技术上解决印章使用不安全的问题。

发明内容

为解决上述问题，本发明提出一种防盗印的印章，印章本身的结构限制了无权限人员的使用。

本发明的具体技术方案如下：一种防盗印的印章，包括外壳和设置在外壳内腔中的印章本体。印章本体设有印章头，外壳具有一个供印章头伸出的印章出口。外壳内腔中还设有用于驱动印章本体在第一设定位置和第二设定位置之间移动的电机传动组件。印章本体处于所述第一设定位置时，印章头位于外壳内腔中；印章本体处于所述第二设定位置时，印章头位于外壳外。所述电机传动组件包括支撑件、螺杆和固定安装在支撑件上的电机。支撑件固定安装在外壳内壁上，螺杆的一端与电机连接，另一端与印章本体螺纹连接，外壳的内壁设有轨道，印章本体的外壁设有与轨道匹配的滑块。所述印章还包括权限控制装置。权限控制装置包括指纹采集器、微处理器、存储器、计时器、电机驱动模块和电源模块。指纹采集器、存储器、计时器和电机驱动模块均与微处理器连接。电源模块为指纹采集器、微处理器、存储器、计时器和电机驱动模块供电，电机驱动模块连接电机。

作为本发明的进一步改进，所述外壳的内壁设有卡槽，外壳的内腔中设有电子锁。电子锁包括电磁铁、衔铁和用于推动衔铁向卡槽方向移动的弹簧，电磁铁固定安装在印章本体上，电磁铁的绕组线通过三极管开关电路与微处理器连接，弹簧的两端分别与电磁铁和衔铁抵接。加设电子锁对印章本体的移动进行限制，只有有权限的人员使用时，电子锁才会释放印章本体，从而在电机传动组件的驱动下移动，可起到更好的防盗作用。

作为本发明的进一步改进，所述权限控制装置还包括用于与管理终端设备通信的无线通信模块，无线通信模块与微处理器连接。印章的微处理器通过无线通信模块与管理终端设备进行通信，便于管理人员对本印章进行管理。

作为本发明的进一步改进，所述外壳的外壁上设有微型摄像头，微型摄像头与微处理器连接。使用微摄像头对盖章文件进行拍照记录，便于后期管理。

作为本发明的进一步改进，所述权限控制装置还包括语音模块，语音模块与微处理器连接。语音模块提示使用者印章状态，提示效果明显。

作为本发明的进一步改进，所述防盗印印章还包括印章盖。印章盖活动设置在外壳的印章出口处，用于封闭外壳的印章出口，防止灰尘或水进入外壳内腔中破坏印章本体，使用印章时可打开开放印章出口，供印章头伸出。

作为本发明的进一步改进，所述指纹采集器为超声波指纹采集器，检测更稳定、更精确。

本发明的有益效果：本发明将印章本体设于外壳内，只有通过电机传动组件的驱动才能伸出外壳，而电机传动组件又受权限控制装置的控制。权限控制装置进行使用者身份的识别，通过指纹验证当前使用者是否为合法使用者。只有是合法使用者时才控制电机传动组件驱动印章本体伸出外壳；若是非法使用者，印章本体仍然藏于外壳中，无法正常盖印，有效防止被偷盖。本印章无须锁入保险柜、抽屉等，使用方便，即使携带外出甚至被盗，非法使用者也无法使用盖章。权限控制装置限制本印章的使用时间，固定时间后控制电机驱动组件驱动印章本体缩回外壳，需再次经过指纹验证才能继续使用盖章，避免印章长时间处于可使用状态，给别有用心的人提供可乘之机。

附图说明

图 4-1 是本发明印章的剖视图。

图 4-2 是本发明印章的权限控制装置的结构框图。

具体实施方式

本发明提出一种防盗印的印章，如图 4-1 所示，包括外壳 1、设有印章头的印章本体 2、电机传动组件和权限控制装置。印章本体 2 和电机传动组件安装在外壳 1 的内腔中，印章本体 2 的一端与电机传动组件连接，另一端设有印章头，外壳上设有一个供印章头伸出的印章出口。使用印章时电机传动组件驱动印章本体向印章出口方向移动使印章头从印章出口伸出外壳，使用完后电机传动组件驱动印章本体向相反方向移动使印章头从印章出口缩回至外壳内腔中。

具体的，电机传动组件包括支撑件 5、螺杆 4 和固定安装在支撑件上的电机 3 上，支撑件 5 固定安装在外壳内壁上，螺杆 4 的一端与电机 3 连接，印章本体 2 开设有螺纹孔 21，螺杆的另一端旋拧地穿入该螺纹孔，外壳的内壁设有轨道 11，印章本体的外壁设有与轨道匹配的滑块 22。电机驱动螺杆转动，在印章本体的滑块与外壳内壁的导轨配合下，印章本体在第一设定位置和第二设定位置之间移动。印章本体处于第一设定位置时，印章头位于外壳内腔中，印章本体处于第二设定位置时，印章头伸出印章出口位于外壳外。其中第一设定位置和第二设定位置的设定可通过在导轨上对应设置第一限位件和第

二限位件实现，印章本体的滑块滑动至第一限位件处时为第一设定位置，此时印章头藏于外壳内腔中，滑动至第二限位件处时为第二设定位置，此时印章头位于外壳外。

如图 4-2 所示，权限控制装置包括指纹采集器、微处理器、存储器、计时器、电机驱动模块和电源模块（图中未示出），指纹采集器、存储器、计时器和电机驱动模块均与微处理器连接，电机驱动模块连接电机。指纹采集器用于采集当前使用者的指纹数据并发送给微处理器；存储器用于存储至少一个有权限使用该印章的人员的指纹数据；电机驱动模块用于驱动电机正反转；微处理器用于提取存储器中的指纹数据，并与指纹采集器采集的指纹数据进行匹配，当指纹采集器采集的指纹数据与存储器中的某个指纹数据匹配成功时，控制电机驱动模块驱动电机并控制计时器计时，比较计时时间和预设时间阈值，当计时时间到达预设时间阈值时控制电机驱动模块驱动电机；计时器用于在微控制器的控制下计时；电源模块为指纹采集器、微处理器、存储器、计时器和电机驱动模块供电。一般指纹采集器设于外壳的外壁，微处理器、存储器、计时器、电机驱动模块和电源模块设于外壳的内腔中。

微处理器将指纹采集器采集的指纹数据与存储器中的指纹数据进行匹配，若指纹采集器采集的指纹数据与存储器中的某个指纹数据匹配成功，即当前使用者是有权限使用该印章的人员，则微处理器触发电机驱动模块控制电机传动组件的电机正转（或反转），从而驱动印章本体在外壳的内腔中向印章出口移动使印章头从印章出口伸出外壳；若指纹采集器采集的指纹数据与存储器中的所有指纹数据均不匹配，即当前使用者没有权限使用该印章，则微处理器不做任何控制，印章头仍然位于外壳内腔中，当前使用者无法使用盖章。当微处理器触发电机驱动模块控制电机转动时，微处理器控制计时器开始计时，当计时时间到达预设时间阈值时，微处理器触发电机驱动模块控制电机反转（或正转），从而驱动印章本体在外壳的内腔中向相反方向移动使印章头缩回外壳内，此时使用者需再次经过指纹验证才能继续使用印章，避免印章长时间处于可使用状态，给别有用心的人提供可乘之机。

本发明优选实施例中，印章本体上还设有电子锁，电子锁包括电磁铁、弹簧和衔铁，电磁铁固定安装在印章本体上，外壳的内壁设有供衔铁插入的卡槽，电磁铁的绕组线通过三极管开关电路与微处理器连接，弹簧的两端分别与电磁铁和衔铁抵接，弹簧赋予衔铁向卡槽方向移动的力。当印章本体处于第一设定位置时，衔铁在弹簧的作用下插入外壳内壁的卡槽中，限制了印章本体的移动。当微处理器判断指纹采集器采集的指纹数据与存储器中的某个指纹数据匹配成功时，在触发电机驱动模块控制电机传动组件的电机转动的同时，微处理器控制三极管开关电路使电磁铁上的绕组线通电，从而电磁铁的铁芯产生磁力，吸引衔铁移出卡槽，印章本体在电机传动组件的驱动下可向第二设定位置移动。当计时时间到达预设时间阈值时，微处理器控制电机传动组件驱动印章本体移动到第一设定位置，即印章头位于外壳内腔中，此时微处理器控制三极管开关电路使电磁铁上的绕组线断电，电磁铁的铁芯失去磁力，衔铁在弹簧恢复力的作用下向外壳内壁的卡槽方向移动从而插入卡槽，限制印章本体移动。加设电子锁对印章本体的移动进行限制，起到更好的防盗用作用。

本发明优选实施例中，权限控制装置还包括无线通信模块，无线通信模块与微处理器连接。微处理器通过无线通信模块与管理终端设备建立通信连接从而进行数据传输，管理终端可对存储器中的有权限使用该印章的人员的指纹数据进行管理更新，也可对该印章的使用状态进行管理。

本发明优选实施例中，权限控制装置还包括语音模块，语音模块与微处理器连接。当微处理器判断指纹采集器采集的指纹数据与存储器中的指纹数据是否匹配时，可将匹配结果通过语音模块发出语音提示告知当前使用者，提醒效果明显。

本发明优选实施例中，外壳的外壁上设有微型摄像头，微型摄像头与微处理器连接。微型摄像头用于对使用本印章盖章的文件进行拍照，并将数据传送给微处理器，微处理器对拍摄的图片进行处理后保存到存储器中，以便后期查看，也可通过无线通信模块发送给管理终端设备。

本发明优选实施例中，防盗印印章还包括印章盖，印章盖活动设置在外壳的印章出口处，用于封闭印章出口，防止灰尘或水进入外壳内腔中破坏印章本体，使用印章时可打开使印章出口开放，供印章头伸出。

本发明优选实施例中，指纹采集器为超声波指纹采集器，可穿透玻璃、不锈钢或塑料等材质进行指纹扫描，因此可将指纹采集器安装在外壳的内腔中，不需外露，且能够不受手指上可能存在的污物影响，如汗水、护手霜等，使检测更稳定、更精确。

3）说明书附图格式

（1）每一幅图都应当用阿拉伯数字按顺序编图号。例如，图1，图2……图N。

（2）附图中的标记应当与说明书中所述标记一致。附图标记当使用阿拉伯数字编号，申请文件中表示同一组成部分的附图标记应当一致。但并不要求每一幅图中的附图标记连续，说明书文字部分中未提及的附图标记不得在附图中出现。

（3）有多幅附图时，各幅图中的同一零部件应使用相同的附图标记。

建议给每个不同的部件取一个标记，按数字序号分别取名。如果附图较多，而且各附图中部件很多。在给部件做标记时，可以采用"图号+部件号"的方式。

假如有10幅图，图1中有20个部件，图2中部件非常多，如有138个部件，图3有8个部件等，其中图2中有两个部件正是图3中的某两个部件。为保持所有附图的统一性，可以采用：图1中的部件标记为1001，1002，…，1020（其中，第1个数字"1"表示图1，后面的001、002等表示部件序号）。图2中的部件标记为2001，2002，…，2138等（其中，第1个数字"2"表示图2，后面的表示部件序号）。图3中的部件可能就是：3001，3002，…，2008，2100，…，3006等（其中第1个数字"3"表示图3，但有两个部件2008、2100是图2中已标明的部件，也就是同一部件，所以不用3×××为编号）。

这么做的好处很明显，就是一看前面第一个数字，就可以知道此部件属于哪一张附图的，不会出现混淆不清的情况，不同部件的编号也不会重复。而且，这样编号显得专业。

（4）附图中不应当含有中文注释。除一些必不可少的词语外，如"水""蒸气""开""关""A—A剖面"，图中不得有其他注释。

（5）应使用制图工具按照制图规范绘制，剖视图应标明剖视的方向和被剖视图的布置。剖面线间的距离应与剖视图的尺寸相适应，不得影响图面整洁（包括附图标记和标记引出线）。图中各部分应按比例绘制。

（6）图形线条为黑色，图上不得着色。应当使用制图工具和黑色墨水绘制，线条应当

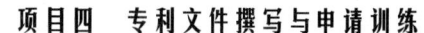

均匀清晰、足够深，不得着色和涂改，不得使用工程蓝图。

（7）附图应当尽量竖向绘制在图纸上，彼此明显分开。当零件横向尺寸明显大于竖向尺寸必须水平布置时，应当将附图的顶部置于图纸的左边，一页图纸上有两幅以上的附图，且有一幅已经水平布置时，该页上其他附图也应当水平布置。一幅图无法绘在一张纸上时，可以绘在几张图纸上，但应另绘制一幅缩小比例的整图，并在此整图上标明各分图的位置。

（8）附图的大小及清晰度：应保证在该图缩小到 2/3 时仍能清晰地分辨出图中的各个细节，并适合于用照相制版、静电复印、缩微等方式大量复制。

例如，一种防盗印的印章的专利说明书附图。

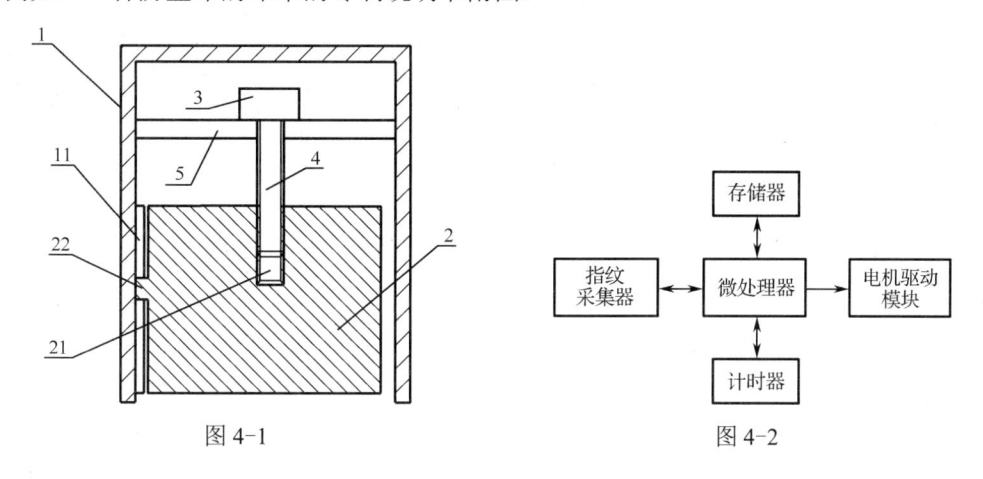

图 4-1　　　　　　　　　图 4-2

4）说明书摘要的格式

（1）摘要应当写明发明的名称、所属技术领域、要解决的技术问题、主要技术特征和用途。不得有商业性宣传用语和过多的对发明创造优点的描述。

（2）摘要中可以包含最能说明发明创造技术特征的数字式或化学式。发明创造有附图的，应当指定并提交一幅最能说明发明创造技术特征的图，作为摘要附图。摘要附图应当画在专门的摘要附图表格上。

（3）除非经审查员同意，摘要的文字部分一般不得超过 300 个字，摘要附图的大小和清晰度，应当保证在该图缩小到 4 厘米时，仍能清楚地分辨出图中的细节。

例如，"一种防盗印的印章"的专利要求书。

本发明提出了一种防盗印印章，包括外壳和设有印章头的印章本体。印章本体设于外壳的内腔中，外壳的内腔中还设有用于驱动印章本体在第一位置和第二位置之间移动的电机驱动组件，印章本体处于所述第一位置时，印章头位于外壳的内腔中，印章本体处于所述第二位置时，印章头位于外壳外。所述印章还包括权限控制装置，权限控制装置包括指纹采集器、微处理器、存储器、计时器、电机驱动模块和电源模块，指纹采集器、存储器、计时器和电机驱动模块分别与微处理器连接，电机驱动模块连接电机传动组件的电机。本发明印章通过指纹验证当前使用者是否为合法使用者，只有是合法使用者时才控制印章本体伸出外壳，否则印章本体藏于外壳中，有效防止被偷盖。

5）权利要求书格式

（1）每条由一句话构成。需要简洁、精炼，突出需要保护的关键点。每一条都是一个"框"，如果有人侵犯了你的专利，就凭这个"框"来套，来认定人家是否侵犯了你的某条专属权利，只允许在该项权利要求的结尾使用句号。

（2）有固定的格式。例如，第 1 条，就是"一种××××××，其特征是××××××。"××××××部分是你自己的内容。

（3）一项实用新型专利应当只有一个独立权利要求。

（4）除第一条权利要求外，其他的权利要求为从属权利要求，它们的书写格式为"根据权利要求 N 所述的××××××，其特征是××××××。"（其中 N 为权利要求书中的条款编号）。从属权利要求应当用附加的技术特征，对所引用的权利要求做进一步的限定。

（5）权利要求书应当以说明书为依据，说明要求保护的范围。权利要求书应使用与说明书一致或相似语句，从正面简洁、明了地写明要求保护的实用新型专利的形状、构造特征，如机械产品应描述主要零部件及其整体结构关系；涉及电路的产品，应描述电路的连接关系；机电结合的产品还应写明电路与机械部分的结合关系；涉及分布参数的申请，应写明元器件的相互位置关系；涉及集成电路，应清楚公开集成电路的型号、功能等。

（6）权利要求应尽量避免使用功能或用途来限定实用新型专利；不得写入方法、用途及不属于实用新型专利保护的内容；应使用确定的技术用语，不得使用技术概念模糊的语句，如"等""大约""左右"等；不应使用"如说明书……所述"或"如图……所示"等用语。

（7）权利要求书中使用的科技术语应当与说明书中使用的一致，可以有化学式或数学式，必要时可以有表格，但不得有插图。不得使用"如说明书……部分所述"或"如图……所示"等用语。

例如，"一种防盗印的印章"的专利要求书。

1. 一种防盗印的印章，其特征在于，包括外壳和设置在外壳内腔中的印章本体。印章本体设有印章头，外壳具有一个供印章头伸出的印章出口，外壳内腔中还设有用于驱动印章本体在第一设定位置和第二设定位置之间移动的电机传动组件，印章本体处于所述第一设定位置时，印章头位于外壳内腔中，印章本体处于所述第二设定位置时，印章头位于外壳外。所述电机传动组件包括支撑件、螺杆和固定安装在支撑件上的电机，支撑件固定安装在外壳内壁上，螺杆的一端与电机连接，另一端与印章本体螺纹连接，外壳的内壁设有轨道，印章本体的外壁设有与轨道匹配的滑块。所述印章还包括权限控制装置，权限控制装置包括指纹采集器、微处理器、存储器、计时器、电机驱动模块和电源模块，指纹采集器、存储器、计时器和电机驱动模块均与微处理器连接，电源模块为指纹采集器、微处理器、存储器、计时器和电机驱动模块供电，电机驱动模块连接电机。

2. 根据权利要求 1 所述的防盗印印章，其特征在于，所述外壳的内壁设有卡槽，外壳的内腔中设有电子锁，电子锁包括电磁铁、衔铁和用于推动衔铁向卡槽方向移动的弹簧，电磁铁固定安装在印章本体上，电磁铁的绕组线通过三极管开关电路与微处理器连接，弹簧的两端分别与电磁铁和衔铁抵接。

3. 根据权利要求 1 或 2 所述的防盗印印章，其特征在于，所述权限控制装置还包括用

于与管理终端设备通信的无线通信模块，无线通信模块与微处理器连接。

4. 根据权利要求3所述的防盗印印章，其特征在于，所述外壳的外壁上设有微型摄像头，微型摄像头与微处理器连接。

5. 根据权利要求1所述的防盗印印章，其特征在于，所述权限控制装置还包括语音模块，语音模块与微处理器连接。

6. 根据权利要求1所述的防盗印印章，其特征在于，所述防盗印印章还包括印章盖，印章盖活动设置在外壳的印章出口处。

7. 根据权利要求1所述的防盗印印章，其特征在于，所述指纹采集器为超声波指纹采集器。

6）文档格式的注意事项

所有文档尽量要求都是机打或印刷的，特别是说明书、权说明书摘要、权利要求书。字迹应当整齐清晰，黑色，符合制版要求，不得涂改，字高应当在 3.5~4.5 毫米，行距应当在 2.5~3.5 毫米。

如果相关文档有两页及两页以上，每页末的下部正中位置必须有页码。建议在页眉右侧加上"第 N/M 页"的字样（其中 N 为当前页的序号，M 为总页数），字体大小应与页末下部正中位置的页码文字大小保持一致。

7）关于"费用减缓请求书"的填写

减缓理由中，请写明个人的年收入。目前规定只有年收入小于 2.5 万元的才有减缓，填写时"发明创造名称"需要与专利主题名称保持一致。

五、专利提交与费用

当专利文档准备好以后，就可以向国家知识产权局申请专利，具体的申请要求和步骤及收费请查阅国家知识产权局官方网站相应的说明，按照要求进行注册后一步一步完成申请。在符合专利法的条件下，发明专利、实用新型专利通常分别需要 1 年、3 年左右才能被授权。

参考文献

[1] 史宪文. 现代企划：原理、案例、技术[M]. 北京：清华大学出版社，2010.
[2] 王惠连，赵欣华，伊嫱. 创新思维方法[M]. 北京：高等教育出版社，2004.
[3] 赵新军，李晓青. 创新思维与技法[M]. 北京：中国科学技术出版社，2014.
[4] 余华东. 创新思维训练教程[M]. 北京：人民邮电出版社，2007.
[5] 周苏，褚赟. 创新创业：思维、方法与能力[M]. 北京：清华大学出版社，2017.
[6] 宫承波. 创新思维训练教程[M]. 二版. 北京：中国广播影视出版社，2016.
[7] 于雷. 逻辑思维训练500题[M]. 北京：中国言实出版社，2008.
[8] 周苏. 创新思维与方法[M]. 北京：机械工业出版社，2017.
[9] 苏玉堂. 创新能力教程[M]. 北京：中国人事出版社，2006.